铁矿选矿新技术与新设备

印万忠　丁亚卓　编著

北　京

冶金工业出版社

2013

内 容 简 介

本书系统论述了我国铁矿选矿技术及设备的最新进展，系统介绍了铁矿资源及工艺矿物学、破碎磨矿、筛分、磁分离、浮选、重力分选、磁化焙烧和产品处理、节能减排等领域的最新技术和设备，其中重点反映了铁矿选矿技术进步过程中的科研和生产成果，主要包括一些最新的基础研究成果和设备，也包括已经应用的成果。

本书可供从事铁矿选矿生产、科研、设计和教学的人员参考。

图书在版编目（CIP）数据

铁矿选矿新技术与新设备/印万忠，丁亚卓编著 . —北京：冶金工业出版社，2008.11（2013.6 重印）
ISBN 978-7-5024-4755-7

Ⅰ. 铁… Ⅱ. ①印… ②丁… Ⅲ. ①铁矿床—选矿—新技术 ②铁矿床—选矿机械 Ⅳ. TD951

中国版本图书馆 CIP 数据核字（2008）第 166267 号

出 版 人　谭学余
地　　址　北京北河沿大街嵩祝院北巷 39 号，邮编 100009
电　　话　（010）64027926　电子信箱　yjcbs@ cnmip. com. cn
责任编辑　李　雪　美术编辑　张媛媛　版式设计　张　青
责任校对　石　静　责任印制　李玉山
ISBN 978-7-5024-4755-7
冶金工业出版社出版发行；各地新华书店经销；三河市双峰印刷装订有限公司印刷
2008 年 11 月第 1 版，2013 年 6 月第 3 次印刷
787mm×1092mm　1/16；14.25 印张；342 千字；218 页
36.00 元
冶金工业出版社投稿电话：（010）64027932　投稿信箱：tougao@ cnmip. com. cn
冶金工业出版社发行部　电话：（010）64044283　传真：（010）64027893
冶金书店　地址：北京东四西大街 46 号（100010）　电话：（010）65289081（兼传真）
（本书如有印装质量问题，本社发行部负责退换）

前　言

近年来，世界钢铁生产得到了飞速发展，世界钢铁产量从 2003 年的 9.7 亿 t，增加到 2007 年的 13.4 亿 t，中国钢铁产量更是从 2003 年的 2.22 亿 t 增加到 2007 年的 4.89 亿 t。自 1996 年以来，中国的钢铁产量一直居世界首位。然而我国铁矿石却呈现严重供不应求的局面，2003 年中国取代日本成为铁矿最大进口国，2007 年铁矿石进口量高达 3.83 亿 t。钢铁产量的增加导致全球铁矿石需求和生产的迅猛增长，也促使世界铁矿石价格呈逐年上涨趋势，2003 年至 2008 年铁矿石价格的涨价幅度分别为 8.9%、18.6%、71.5%、19%、9.5% 和 79.88%。面对国际铁矿石价格不断上升的局势，为了保证中国钢铁行业健康稳定发展，中国必然必须考虑利用现有国内外先进的矿物加工技术与设备，对我国铁矿石资源进行高效、经济、环保的深度开发与加工，以满足国内市场对铁矿石的需求，故作者编写了本书。

钢铁工业的发展大大促进了铁矿选矿技术的进步与革新。特别是近年来，优质铁矿石资源逐渐开发殆尽，国内外矿物加工工作者针对难选铁矿石的开发利用进行了深入系统的研究工作，开发了许多先进的选矿技术、工艺、装备和药剂。其中一些技术、药剂与设备已投入了工业应用，为企业创造了巨大的经济效益。以我国为例，铁矿石的主要特点是"贫"、"细"、"杂"，平均铁品位 32%，比世界平均品位低 11 个百分点。占中国总储量 97% 以上的铁矿石需要选矿处理，并且复杂难选赤铁矿所占比例大（占铁矿石储量的 20.8%）。近年来，我国选矿工作者针对鞍山式难选赤铁矿的分选，开发了"阶段磨矿、粗细分选、重选—磁选—阴离子反浮选"工艺，使赤铁矿选矿技术达到了一个新阶段。另外，新型破碎、磨矿、细筛、磁选、浮选和过滤设备的应用，也大大提高了我国的铁矿选矿技术水平。

本书着重介绍近年来世界，特别是我国铁矿选矿的新技术和新设备，内容包括铁矿石类型和工艺矿物学研究方法、铁矿石分选新工艺和实践、铁矿石选矿设备、铁矿石选矿药剂、复杂难选铁矿石选矿、产品处理、选矿厂的节能减排与综合利用等，旨在总结近年来在铁矿选矿技术方面取得的最新研究成果，供从事铁矿选矿技术研究的专家和从事铁矿生产的工程技术人员参考。

本书由印万忠、丁亚卓共同撰写。全书共分八章，其中第 1、2、5、6、8 章由印万忠教授执笔，第 3、4、7 章由丁亚卓博士执笔。全书由印万忠教授统稿和整理。

本书的编写和出版，得到了东北大学各级领导的关怀和支持，也得到了冶金工业出版社的大力协助，在此表示衷心的感谢。另外，书中也引用了其他选矿工作者相关论文中的精华部分，在此一并表示感谢。

由于作者水平有限，书中疏漏之处，敬请广大读者指正。

印万忠

2008 年 10 月于沈阳

目　　录

1 绪 论

1.1 世界铁矿资源概况

世界铁矿资源丰富。据美国地质调查局报告，截至 2005 年底，世界铁矿石储量为 1600 亿 t，储量基础为 3700 亿 t；铁金属储量为 800 亿 t，储量基础为 1800 亿 t。世界铁矿资源分布的特点是南半球国家富铁矿床多，如巴西、澳大利亚、南非等国；北半球国家贫铁矿床多，如前苏联、美国、加拿大、中国等国。我国铁矿富矿少、贫矿多，97% 的铁矿石为 30% 以下的低品位铁矿，国内尚存大量未被开发利用的难选铁矿。另外，自进入 21 世纪以来，铁矿石资源需求呈逐渐上升态势，2005~2007 年全球铁矿石价格分别增长了 71.5%，19% 和 9.5%，2008 年在 2007 年的基础上暴涨了 79.88%。

根据中国国土资源部的资料，2000 年我国储量套改后，全国铁矿石资源储量为 576.62 亿 t，储量为 115.84 亿 t，基础储量为 212.38 亿 t，资源量为 364.23 亿 t。中国已探明的铁矿产地分布极不均匀。从地理分布来看，东部和中部地区各占 46.5%，西部地区只占 7%。从其大行政分布来看，东北、华北和西南地区最多，华东和中南地区次之，西北地区最少。从其省、市、自治区分布来看，中国半数以上的铁矿集中在辽宁、河北、四川、内蒙古、山西 5 省、自治区，安徽、云南、湖北、山东、河南、新疆、西藏、甘肃、贵州、青海、陕西、广西、福建、江西、重庆等省、市、自治区次之，浙江、宁夏、上海、天津等省、市、自治区最少。

据不完全统计，中国 67.3% 储量的铁矿集中在以下几个主要矿区：鞍本地区、冀东地区、鄂东矿区、白云鄂博矿区、攀西矿区和宁芜矿区。大型矿床仅占矿产地的 5%。全国已开发利用铁矿区 1079 个，占已查明储量的 42.99%；可规划矿区 353 个，占已查明资源量的 33.27%；难以利用的矿区 550 个，占已查明资源量的 23.74%。

我国铁矿石资源禀赋较差，丰而不富。尽管探明储量有 463 亿 t，但已被利用和可供选择利用的储量只有 256 亿 t，且多为贫矿，平均品位仅有 31.95%，比世界平均品位低 11 个百分点，贫矿占储量的 94.3%，均需经过选矿富集才能达到炼铁生产对品位的要求。同时我国铁矿石性质较为复杂，其特点是贫、细、杂，上述因素促进了我国选矿新工艺、新技术、新设备研究工作的开展，一系列高效精选设备在选矿厂得到应用，一些选矿新工艺和技术达到了国际先进水平。

1.2 世界铁矿生产、消费和需求概况

进入 21 世纪，世界铁矿石产销增长势头强劲。自 1995 年世界铁矿石产量首次突破 10 亿 t 后，一直到 1999 年，产量呈现平中略降态势。但从 2003 年开始，增长幅度较大，至 2007 年已达到 17.61 亿 t。引起世界铁矿石产量增加的主要因素是中国钢铁工业对铁矿石的强劲需求，中国不仅自产铁矿石大幅度增加，也拉动了其他主要铁矿石生产国的生产

增长，澳大利亚、巴西、印度、南非等国继续主宰着全球铁矿的生产。

表 1.1 是 1999~2007 年世界铁矿石生产总量。表 1.2 是我国 1999~2007 年铁矿石生产总量。

表 1.1　1999~2007 年世界铁矿石生产总量

年 份	1999	2000	2001	2002	2003	2004	2005	2006	2007
产量/亿 t	9.905	10.5	10.47	9.89	10.80	11.84	13.16	16.86	17.61

表 1.2　1980~2007 年中国铁矿石生产总量

年 份	1999	2000	2001	2002	2003	2004	2005	2006	2007
产量/亿 t	2.400	2.170	2.170	2.310	2.500	3.100	3.101	5.882	7.071

近年来，我国钢铁产量以每年递增 25% 左右的速度增长，据统计，2005 年我国生铁产量已达到 3.3 亿 t，若以吨铁消耗成品矿 1.55t 计，则需要成品矿为 5.1 亿 t，而 2005 年我国铁矿石产量为 3.101 亿 t，矿石缺口高达 2 亿 t。因此，近年来我国对铁矿石的对外依存度呈逐年增加趋势，导致铁矿石价格高位运行，从而促进了我国采矿、选矿业的发展。

1.3　世界铁矿选矿新技术和新设备发展概况

我国作为世界第一铁矿石生产与消费大国，加上其铁矿资源"贫、细、杂、散"，开发利用难度大的特点，近几年已成为世界铁矿选矿技术研究开发的中心，其工艺技术达到了国际领先水平。中国铁矿选矿技术研究进展主要集中在以下几个方面：一是实施"提铁降硅"战略；二是针对脉石为含铁硅酸盐的细粒嵌布磁铁矿、赤铁矿、菱铁矿、褐铁矿、鲕状赤铁矿等复杂难处理铁矿石，研究开发高效节能选矿新技术；三是新型破碎磨矿、筛分、磁选和浮选设备的研制与应用。

在提纯降硅方面，提高高炉入炉料的含铁品位，降低杂质含量，可以提高高炉利用系数，降低能耗，是高效率、低成本炼铁的基础。但以前，中国对"精料方针"的理解仅停留在高铁品位上，对硅、铝等杂质的影响关注不够，同时，在技术经济评价时，仅局限在选矿厂内部核算，对选矿除杂成本低于高炉除杂没有充分认识。故长期以来，我国铁精矿的质量（铁品位和硅、铝等杂质含量）都低于进口矿石。因此，国产铁精矿缺乏竞争力，像鞍钢这样的特大型企业的高炉利用系数长期徘徊在 $1.8t/(m^3 \cdot d)$，钢铁企业对进口矿的依赖度越来越高。

进入 21 世纪，为了改善高炉的技术经济指标，降低成本，提高自产矿的竞争力，从而保证钢铁生产的经济技术安全，国内专家提出了"提铁降杂"的学术思想，推动了铁矿选矿新技术的研究。通过近几年选矿工作者的共同努力，使中国在贫赤铁矿选矿工艺技术方面居国际领先水平，磁铁矿选矿工艺技术有了新进展。

20 世纪 50~70 年代，处理贫赤铁矿的主流技术是焙烧—磁选和单一浮选。生产技术指标较差，鞍钢东鞍山选矿厂是处理能力最大的贫赤铁矿石浮选厂，精矿品位在 62% 以下，回收率小于 70%，处理难选矿时，精矿品位小于 59%，回收率仅 46% 左右。虽经不断攻关改造，技术经济指标有所改善，但没有突破性进展。2001 年以来，鞍钢齐大山铁矿选矿分厂、齐大山选矿厂和东鞍山烧结厂率先实施"提铁降杂"战略，成功地研究出"连续磨矿—弱磁—强磁—

阴离子反浮选"和"阶段磨矿、精细分选、重—磁—阴离子反浮选"全套工艺流程，并配套开发了新型高效阴离子捕收剂 RA 系列和 MZ 系列，在国内首次成功地将阴离子反浮选技术工业应用于赤铁矿选矿，在齐大山铁矿选矿分厂取得精矿品位 66.80%、SiO_2 含量 3.90%、精矿回收率 84.28% 的指标；在齐大山选矿厂取得精矿品位 67.1%、SiO_2 含量 4.50%、精矿回收率 72% 的指标；东鞍山烧结厂铁精矿品位也超过了 65%，取得了历史性突破。

磁铁矿的选矿工艺技术在国内外都达到了较高水平，20 世纪 60 年代至 90 年代末期，磁铁矿选矿的技术进步主要集中在磁分离设备和筛分设备方面。但是进入 21 世纪，随着"提铁降杂"战略的实施，进一步提高磁铁精矿质量迫在眉睫。弓长岭矿业公司选矿厂是年处理 800 万 t 铁矿石的磁铁矿选矿厂，采用阶段磨矿、单一磁选、细筛再磨流程处理磁铁矿石，精品位 65.5%，SiO_2 含量 8% ~9%。2001 年对磁选精矿研究采用阳离子反浮选—磁选—中矿再磨流程，并开发了低温（15℃）阳离子捕收剂，经工业改造，取得铁精矿品位 68.89% 的好指标，比改造前提高了 3.34 个百分点；SiO_2 含量为 4.09%，比改造前的 8.31% 降低了 4.22 个百分点；浮选尾矿品位 10% ~12%，浮选作业精矿产率 92%，铁回收率 98.50%。但铁的总回收率由 83% 降低到 80%。

鞍钢、齐大山、弓长岭等选矿厂"提铁降杂"技术改造的成功，使鞍钢 2002 年高炉入炉原料（铁精矿）铁品位提高 3.00 个百分点，二氧化硅降低 3.21 个百分点，铁精矿质量达到或超过了进口铁精矿，选厂总效益达 3.41 亿元，炼铁效益 5.44 亿元，节能 1.0 亿元，项目总效益 9.58 亿元，同时增加了 10 亿余吨可利用的铁矿资源。目前中国太钢尖山铁矿、本钢南芬和歪头山铁矿、武钢金山店、舞阳选矿厂、攀钢选矿厂、酒钢选矿厂等大中型选矿厂和很多小型民营厂都在积极实施这一战略，为我国钢铁行业的进步和经济效益的提高做出了重要贡献。

"提铁降杂"的关键技术包括反浮选技术及高效捕收剂的应用、新型磁选设备和细筛技术的应用以及浮选柱的应用。鞍山式贫赤（磁）铁矿石的特点是需回收的铁矿物种类多，其磁性和可浮性均有较大差异，但 90% 以上的脉石为石英，以抑制铁矿物、活化浮选脉石为核心的反浮选技术的研发与工业应用，是经济合理地提高这类矿石选矿技术的关键之一。我国反浮选技术开发始于 20 世纪 70 年代末期，长沙矿冶研究院对包钢选矿厂含氟（萤石）弱磁精矿和鞍钢齐大山强磁精矿进行近十年的反浮选研究，从小型试验、扩大试验、分流试验、工业试验直至工业生产，于 1998 年在鞍钢齐大山铁矿选矿分厂首次将阴离子反浮选技术应用于工业生产。长沙矿冶研究院的 RA 系列反浮选捕收剂、马鞍山矿冶研究院的 MZ 系列和鞍钢自主开发的 LKY 系列反浮选捕收剂均是具有自主知识产权的新品种药剂，具有选别效率高、对矿泥的适应性较好，泡沫脆、流动性好，浮选生产操作稳定的特点；药剂原料来源广泛，生产工艺简单、产品价廉且无毒。武汉理工大学研制的 GE601 和鞍钢自主研发的 YS-73 阳离子捕收剂较好地解决了阳离子捕收剂通常存在的不耐低温，泡沫流动性差，对矿泥敏感的弱点，在低温（15℃）条件下得到了工业应用。

针对脉石为含铁硅酸盐的细粒嵌布赤（磁）铁矿、菱铁矿、褐铁矿、鲕状矿等复杂难处理铁矿石选矿技术近年得到长足发展。如长沙矿冶研究院对陕西大西沟和新疆切勒克其的菱铁矿、褐铁矿采用"全粒级回转窑焙烧—弱磁—反浮选"流程，基本解决了焙烧设备炉内结圈、微细粒铁矿反浮选（−43μm 粒级大于 98%）等技术难题，对陕西大西沟矿，在原矿品位 25% 的情况下，工业试验取得了铁精矿品位 64%，回收率 72% 的良好指标。另外，长沙矿冶研究院针对选矿过程中产生的大量含铁硅酸盐的细粒嵌布赤（磁）铁矿、菱铁矿、褐铁矿、鲕状矿等复杂难处理中矿，研究开发了闪速磁化焙烧技术，可在十几秒时间内完成用其他方法需几十分钟才能完成的还原反应，节能 1/3 以上；重庆大学对威远菱铁矿进行了研究，采用"破碎—水洗或筛分选矿—烧结"流程，可以经济合理地利用该资源；昆明理工大学对四川某鲕状赤铁矿石进行了多方案选冶试验，采用新工艺，精矿品位和回收率分别可达到 55.62% 和 44.51%，每吨精矿的成本仅为 30 ~ 45 元；黑龙江科技学院对菱铁矿的综合利用进行了研究，通过分析菱铁矿高温氧化分解过程可知，菱铁矿在高温氧化分解过程中会发生分解，放出 CO_2，同时产生 Fe_3O_4，γ-Fe_2O_3 和 α-Fe_2O_3。其中 Fe_3O_4、γ-Fe_2O_3 具有良好的磁性。此外，这三种物质在一定条件下又会呈现不同的颜色。因而从菱铁矿热分解的产物看，除了作为传统的冶炼钢铁原料外，还具有其他的极大的应用价值，如用作磁粉原料、磁性日用陶瓷的主要原料及磁性肥料和颜料工业的原料。

同时，东北大学、长沙矿冶研究院、武汉理工大学开展了对铁与含铁硅酸盐分离的基础理论研究。研究发现，水玻璃经 H_2SO_4、$Al_2(SO_4)_3$、$Fe(NO_3)_3$ 活化以后，在赤铁矿的浮选中对含铁硅酸盐脉石矿物具有良好的选择性抑制作用。所制得的聚合硅酸胶体溶液中荷正电的组分由于静电作用而选择性吸附在荷负电的硅酸盐矿物表面，从而导致辉石、闪石等含铁硅酸盐矿物的浮选被抑制。

在新型破碎磨矿、筛分、磁选和浮选设备的研制与应用方面近年来取得了如下进展：

在破碎设备方面，提高破碎效率，实现"多碎少磨"，一直是铁矿选矿节能降耗努力的方向，2001 年，Nordberg（诺德伯格）和 Sedala（斯维达拉）合并成为 Metso Minerals（美卓矿机），其生产的 Nordberg HP 系列圆锥破碎机采用现代液压和高能破碎技术，破碎能力强，破碎比大，鞍钢齐大山铁矿选矿分厂、齐大山选矿厂、太钢尖山选矿厂、包钢选矿厂、武钢程潮选矿厂、马钢凹山选矿厂等纷纷引进使用了该设备，最终入磨矿石粒度达到 -12mm 占 95%，-9mm 占 80%。此外，Sandvik 公司的圆锥破碎机在我国应用也取得了较好的效果。德国洪堡公司研制的高压辊磨机是进一步降低入磨粒度的有效措施，智利洛斯科罗拉多斯铁矿安装了洪堡公司的 1700/1800 型高压辊磨机，结果表明，辊压机排料平均粒度为 -2.5mm 占 80%，辊压机可替代两段破碎。如果不用辊压机，在处理量为 120t/h，破碎粒度小于 6.5mm 时，需安装第三段（用短头型圆锥破碎机）和第四段破碎（用 Cyradisk 型圆锥破碎机），同时，用辊压机将矿石磨碎到所需细度的功指数比用圆锥破碎机时要低，其原因一方面是前者破碎产品中细粒级产率高，另一方面是其中粗颗粒产生了更多的裂隙。该设备在我国水泥行业已得到较好的应用。东北大学在消化吸收的基础上，为其在中国铁矿选矿行业的应用做了大量有益的研究开发工作，研制的工业机型（1000mm×200mm）在马钢钴山铁矿应用表明，可使球磨机给矿由原来的 12 ~ 0mm 下降为 -5mm 粒级占 80% 的粉饼，从而大幅度提高生产中球磨的台时能力。但是，辊面材料（网络柱钉型衬板）损坏后只能采用表面焊接法修补，因而不能形成自生磨损层，国产机型的表面材质更是难以满足要求。所需工作压力大，矿石中混杂的铁质杂质（钢纤、铁钉等）都将对辊面材质产生致命的损伤，因而阻碍了该设备在铁矿选矿领域的推广应用。目前马钢南山铁矿引进了德国 Koppern 公司的高压辊磨机，取得了较好的应用效果。

在磨矿设备方面，设备的大型化和自动化是目前的主要发展趋势。国内新建、扩建选矿厂采用大型破碎机和球磨机，节能效果显著。鞍钢调军台选矿厂的球磨机规格为：5.59m×8.83m，处理能力420t/h；鞍钢新建的鞍千矿业公司选矿厂、弓长岭一期工程改造均采用大型磨机；弓长岭矿山公司选矿厂通过实施磨矿分级过程的自动化，磨矿处理能力提高10%左右，每年多产品位67.5%以上的铁精粉30万t左右，提高了企业的经济效益，提高了矿产资源的利用效率。

在筛分设备方面，细筛技术在铁矿选矿中广泛应用。细筛的主要作用：（1）用细筛控制铁精矿中含硅高的粗粒连生体，筛上部分返回再磨，筛下铁精矿的铁品位一般可提高1~1.5个百分点，SiO_2含量可降低0.5~2个百分点；（2）用细筛控制浮选给矿粒度，改善浮选效果；（3）提高磨矿分级效率，一般生产中螺旋分级机的分级效率只有20%~30%，水力旋流器的分级效率也只有30%~40%，并常伴有反富集现象，在阶段磨矿阶段选别流程中，由于存在磁团聚，分级效果更差。在磨矿分级过程中引入细筛，可使分级效率提高到50%~60%。

鞍山式磁铁石英岩（磁性铁燧岩）的磁选精矿中不同粒级的铁品位及SiO_2含量差异很大，本钢歪头山弱磁精矿（TFe 67%，SiO_2 6.5%，粒度 -0.074mm占82%~83%）的细筛结果如表1.3所示。

表1.3 本钢歪头山弱磁精矿粒度组成

粒级/mm	-0.15 +0.10	-0.10 +0.074	-0.074 +0.044	-0.044 +0.038	-0.038 +0.030	-0.030
产率/%	9.04	9.33	22.14	16.78	0.99	41.72
$w(TFe)$/%	36.47	64.32	69.22	70.54	71.09	
$w(SiO_2)$%	37.40	9.50	4.10	2.70	2.0	

由表可见，（-0.15 +0.074）mm粒级产率为18.37%，TFe 50.16%，SiO_2 23.33%，该粒级主要是未单体解离的硅铁连生体和极少量的单体石英脉石。如果对该铁精矿能筛除+0.074mm粒级，以-0.074mm粒级为最终精矿，则产率有81.63%，铁品位70.48%，SiO_2只有2.71%。由此可见，细筛技术"提铁降杂"效果十分明显。

美国德瑞克（DERRICK）细筛自1951年问世以来，以其出色的高效耐磨防堵筛网技术和重复造浆、强力脱水等技术在分级和脱水以及通过控制粒度来降硅提铁等方面得到了广泛的应用。但在引入中国的应用过程中，也出现了因油膜堵塞现象严重，不能达到预期处理能力和分级效率的问题。近年，为满足市场对性价比高的细粒、微细粒筛分设备的强劲需求，长沙矿冶研究院GPS系列和唐山路凯公司的电磁振动筛面的高频率振动细筛发展十分迅速。GPS系列在筛网寿命、开孔率及筛网维护更换等方面有重大进展。攀枝花选矿厂"九五"期间研发成功的组合分级工艺在筛分设备选型方面进行了多年的对比选型试验，于2005年确定选择新型GPS系列高频振动细筛进行全厂16个系列（年处理能力达1350万t）的技术改造。但是，不论是哪种细筛，筛网技术与国外都存在一定差距，它的开孔率和磨损寿命远低于DERRICK细筛。

在磁选设备方面，近年来中国取得了突出的成绩，细粒磁选深选设备是提高铁精矿质量的有效手段。

鞍山科技大学研制的磁选柱近年在强磁性分选上取得一定的成绩。该装备采用特殊的电源供电方式，在磁选区间内产生特殊的磁场交换机制，对矿浆进行反复多次的磁聚合—

分散—磁聚合作用，从而充分分离出磁性矿物中夹杂的中、贫连生体及单体脉石，生产出高品位磁精矿。该设备已在鞍钢、包钢、本钢、通钢等十几家大型选矿厂得到工业应用，可以获得铁品位67%以上的铁精矿。但该设备耗水量大，处理能力偏小。

郑州矿产资源综合利用研究所和首钢矿业公司合作的磁聚机近年来获得新的进展。磁聚机是利用较低的不连续非均匀永磁磁场作用，使磁铁矿颗粒形成的磁团聚比较松，当磁团处于松散状态时，在上升水流的作用下，使夹杂的脉石矿物和贫连生体被清洗出。在此原理的基础上，引进了变径的概念，强化了磁团的"松紧"频率和强度，可将峨口铁矿−0.074mm占96%的磁选精矿的品位提高到66%以上。

马鞍山矿山研究院研制的GD型低场强脉动筒式磁选机是在圆筒旋转时，圆筒表面形成脉动磁场，使磁团松散，排除其中夹杂的脉石矿物及贫连生体。在庙沟铁矿应用时，使普通筒式磁选机两次精选的最终精矿品位提高1.19个百分点。

东北大学研制的脉冲振动磁场磁选柱，是利用充电和放电过程中产生的较高磁场，并采用控制电路使充电和放电过程强制中断，产生一定频率的振动磁场，位于选别区间的磁矿颗粒产生磁团聚，而后又分散，交替进行，上升水流在其团聚分散时将脉石矿物及连生体冲洗出来。选别本钢南芬磁选精矿，品位可提高3.54～8.27个百分点。

包头新材料应用设计研究所研制的BX新磁系永磁磁选机具有多磁极、高场强、大磁系包角、合理磁场梯度和深度的特点，该设备已在酒钢、包钢、河南舞阳、鞍钢大孤山选矿厂应用，在酒钢的应用表明，在尾矿品位基本不变的情况下，精矿品位提高1.68个百分点。

长沙矿冶研究院在DPMS机型基础上研制的广义分选空间湿式永磁磁选机充分利用了新型稀土永磁材料的进步和水介质分散的原理，可处理有效选别6～0.074mm的弱磁性矿物。

国外目前磁选设备方面的主流机型有：美国Eries公司的圆筒型稀土永磁磁选机、辊带式稀土永磁强磁选机、轮式稀土永磁磁选机，德国洪堡公司的Jons DP湿式强磁选机，Sol平环高梯度磁选机，瑞典Sala公司的Sala平环高梯度磁选机、俄罗斯的脉冲梯度磁场磁选机，捷克的VMS、VMKS立环高梯度磁选机等。另外，目前低温超导磁选机（背景磁场5.0T）已开发并应用，对微细粒磁性矿物的回收或除杂将带来根本性变化。

在浮选设备方面，目前在铁精矿反浮选中广泛使用浮选柱取代传统浮选机。工业试验表明，浮选柱用于反浮选脱硅较传统浮选机分选好。由于浮选柱的特定几何形状，单位体积容量占地面积小，泡沫密集，泡沫高度可达1～2m，当冲洗水冲洗泡沫时，能降低铁精矿中硅含量，同时又能使铁的损失率保持最低，回收率高，浮选回路简单，建设投资低20%～30%，运营费用低。近年来，国外一些大型铁矿反浮选厂普遍采用浮选柱取代浮选机。巴西萨马尔库矿业公司最早于1990年在铁矿浮选中采用浮选柱用以提高生产能力，为降低尾矿品位，又先后安装使用了粗选、扫选和精选作业的15台浮选柱。印度库德雷克铁矿有限公司采用8台浮选柱处理铁品位67%，SiO_2 4.5%的精矿，使SiO_2含量降到了2%，满足了用户球团用铁精矿的质量要求。目前，巴西、加拿大、美国、委内瑞拉和印度等国的铁矿选矿厂已安装使用了50余台浮选柱。长沙矿冶研究院将中国矿业大学研制的，并已在煤矿应用的旋流—静态浮选柱引入铁矿反浮选，自2003年在弓长岭选矿厂进行3t/h规模的工业分流试验，与浮选机相比，精矿品位提高1～1.5个百分点，SiO_2含量降低1个百分点，回收率提高10个百分点。

1.4 铁矿选矿在钢铁工业中的重要性

自 1996 年以来，我国钢铁产量一直居世界首位。钢铁生产的飞速发展，导致铁矿石需求和生产的迅猛增长，铁矿石生产呈现供不应求的局面。我国从 2003 年起，成为世界铁矿石进口量最大的国家，2007 年铁矿石进口量高达 3.83 亿 t。2008 年进口铁矿石的价格再次上涨 65%，使本已在高位运行的铁矿石价格再次大幅攀升。国家虽然出台了一些相关的宏观调控政策，对有些行业的过快发展有所抑制，钢铁生产的增长势头也有所减缓，但是随着我国居民消费结构的升级、工业化和城镇化步伐的加快，对钢铁产品的需求还将继续增加，钢铁工业还将继续发展，大量进口铁矿石的局面短期内难以改观。

面对我国对进口矿的过量需求，国际大型矿业公司纷纷扩大产能，国际铁矿企业大规模兼并重组，形成垄断国际市场的局面，世界铁矿业发展的新态势和新局面，应引起我国钢铁和铁矿企业的重视。国际、国内铁矿石市场的竞争越来越激烈，这两种资源的竞争已成为我国矿山和钢铁企业必须面对的一个突出问题。造成这一问题的原因除了资源短缺本身的因素外，与我国铁矿企业技术水平落后，生产效率低，产品质量和价格处于劣势也有很大关系。近年来，虽然我国部分铁矿的技术装备水平有了迅速提高，但我国的矿山劳动生产率仅为发达国家的 1/10～1/5，单位生产总值能耗量是发达国家的 3～5 倍。提高矿产资源利用效率，节能降耗已势在必行。

我国铁矿石的主要特点是"贫、细、杂"，平均铁品位 32%，比世界平均品位低 11 个百分点。我国 97% 的铁矿石需要选矿处理，并且复杂难选的红铁矿占的比例大（约占铁矿石储量的 20.8%）。目前，我国菱铁矿石和褐铁矿石资源的利用率极低，大部分没有回收利用或根本没有开采利用。我国微细粒鲕状赤铁矿的利用问题一直没有得到解决，吉林临江羚羊铁矿石、鞍山含碳酸盐铁矿石、辽宁凌源野猪沟菱铁矿、内蒙古温都尔庙式赤铁矿等资源均没有得到很好的开发。另外，选厂目前存在消耗偏高，设备规格小，自动化程度低，不少选厂技术指标不高，综合回收程度低等问题。因而选矿技术成为制约我国钢铁生产的重要环节之一，通过难选铁矿石选矿技术的突破，将目前不能直接作为铁矿石的"呆矿"、低品位矿石加以利用，降低我国钢铁工业对进口矿石的依赖程度，对于实现我国钢铁行业的可持续发展意义重大。

参 考 文 献

[1] 黄晓燕，沈慧庭. 当代世界的矿物加工技术与装备：铁矿石选矿[M]. 北京：科学出版社，2006.
[2] 余永富. 国内外铁矿技术进展[J]. 矿业工程，2004，2(5).
[3] 张光烈. 中国铁矿选矿技术的进展[M]. 2004.
[4] 陈广振. 磁选柱及其工业应用[J]. 金属矿山，2002，9.
[5] 周洪林. 德瑞克高频振动细筛在降硅提铁中的应用[J]. 金属矿山，2002，(10).
[6] 罗立群，张泾生. 菱铁矿干式冷却磁化焙烧技术研究[J]. 金属矿山，2004，9(10).
[7] 袁志涛. 脉冲振动磁场磁选柱的研制与试验[J]. 金属矿山，2001，(3).

2 铁矿石的类型和工艺矿物学研究方法

2.1 铁矿石类型及矿石性质

含铁矿物种类繁多，目前已发现的铁矿物和含铁矿物约 300 余种，其中常见的有 170 余种。但在当前技术条件下，具有工业利用价值的主要是磁铁矿、赤铁矿、磁赤铁矿、钛铁矿、褐铁矿和菱铁矿等。其中褐铁矿、菱铁矿等弱磁性含铁矿石为较难选别的铁矿石。

2.1.1 磁铁矿

磁铁矿，$FeFe_2O_4$ 或 Fe^{3+} $[Fe^{2+}, Fe^{3+}]_2O_4$，理论组成（质量分数）：FeO 31.04%，Fe_2O_3 68.96%。呈类质同象替代 Fe^{3+} 的有 Al^{3+}、Ti^{4+}、Cr^{3+}、V^{3+} 等；替代 Fe^{2+} 的有 Mg^{2+}、Mn^{2+}、Zn^{2+}、Ni^{2+}、CO^{2+}、Cu^{2+}、Ge^{2+} 等。当 Ti^{4+} 替代 Fe^{3+} 时，其中 TiO_2 质量分数小于 25% 时称为含钛磁铁矿，TiO_2 质量分数大于 25% 者称钛磁铁矿。当含钒钛较多时，则称钒钛磁铁矿。含铬者称铬磁铁矿。

磁铁矿为等轴晶系，O_h^7-$Fd3m$；$a_0 = 0.8396nm$；$Z = 8$。反尖晶石型结构，即 1/2 的 Fe^{3+} 和全部 Fe^{2+} 占据八面体位置，另 1/2 的 Fe^{3+} 占据四面体布置，如图 2.1 所示。晶格常数 a_0 随 Al^{3+}、Cr^{3+}、Mg^{2+} 替代量的增大而减小，随 Ti^{4+}、Mn^{2+} 的替代量增高而增大。

磁铁矿为八面体晶形，黑色，条痕也为黑色，呈半金属至金属光泽，不透明，无解理，有时可见 // $\{111\}$ 的裂开，往往为含铁磁铁矿中呈显微状的钛铁晶石、铁磁铁矿的包裹体在 $\{111\}$ 方向定向排列所致。性脆，硬度 5.5 ~ 6。相对密度 4.9 ~ 5.2。具强磁性，居里点（T_c）578℃。居里点是磁性矿物的一种热磁效应，为磁性或反磁性物质加热转变为顺磁性物质的临界温度值。

磁铁矿产于还原性环境，主要有以下成因类型：

（1）岩浆型。在各种岩浆岩中呈副矿物广泛分布。在基性岩中形成有

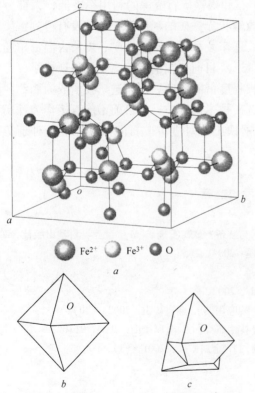

图 2.1 磁铁矿的结构（a）与晶形（b、c）

巨大经济价值的钒钛磁铁矿床。钒钛磁铁矿析出于岩浆结晶晚期，由残余岩浆熔体或矿浆熔离体中结晶出。我国四川攀枝花钒钛磁铁矿矿床产于超镁铁、镁铁质层状侵入体中，共生矿物为钛铁矿、赤铁矿、金红石等。在某些拉斑玄武岩和偏碱性的基性岩浆演化过程中，发生富铁、钛、磷的氧化物熔体与富硅、铝、碱的硅酸盐熔体之间的不混溶作用，形成磁铁矿-磷灰石岩浆矿床，如加拿大西北部 Camsell 地区的磁铁矿-磷灰石矿床。我国河北省的矾山、阳原的磁铁矿-磷灰石矿床亦属此类型。在火山熔岩中也可有大规模的磁铁矿矿床产出，如在智利北部即产有规模巨大的几乎由纯的磁铁矿、赤铁矿和少量磷灰石构成的矿浆流。

（2）接触交代型。产于石灰岩与花岗岩、正长岩的接触带，常与石榴子石、辉石、硫化物、方解石等共生。磁铁矿往往富集成有经济价值的矿体，且在晚期阶段常有金属硫化物叠加，故 Cu、Co、Sn、Pb、Zn、S 等元素可综合利用。

（3）高温热液型。产于铌-钽-稀土-铁矿床。内蒙古某地铁矿床产于元古沉积浅变质岩系——石英岩、板岩、石灰岩、白云岩与黑云母花岗岩的接触带，磁铁矿与碱性辉石、碱性闪石、金云母、铁白云母、菱铁矿、萤石等共生。

（4）区域变质型。产于前寒武系变质岩中，常形成大型铁矿床。我国东北鞍山式铁矿，矿体主要由条带状含铁石英岩组成，磁铁矿与磁赤铁矿、白云母、石英、鳞绿泥石共生。在氧化带较为稳定，常见于砂矿中。在炎热气候下，磁铁矿可因氧化或热液作用转变为赤铁矿。

磁铁矿为最重要和最常见的铁矿石矿物。钛磁铁矿、钒钛磁铁矿同时亦为钛、钒的重要矿石矿物。富含 Ti、V、Ni、Co 等元素时可综合利用。高纯磁铁矿可用于制备高纯氧化铁红。

磁铁矿石一般工业要求（质量分数）：炼钢用矿石，$w(TFe) \geqslant 56\% \sim 60\%$，$w(SiO_2) \leqslant 8\% \sim 13\%$，$w(S)$、$w(P)$ 均 $\leqslant 0.1\% \sim 0.15\%$，$Cu \leqslant 0.2\%$，$w(Pb)$、$w(Zn)$、$w(As)$、$w(Sn)$ 均 $\leqslant 0.04\%$；炼铁用矿石，$w(TFe) \geqslant 50\%$，$w(S) \leqslant 0.3\%$，$w(P) \leqslant 0.25\%$，$w(Cu) \leqslant 0.1\% \sim 0.2\%$，$w(Pb) \leqslant 0.1\%$；需选矿石（TFe），边界品位20%，工业品位25%。

铁黑是 Fe_3O_4 的黑色粉体，具有饱和的蓝光黑色，遮盖力和着色力强，对光和大气作用稳定，不溶于水、醇、碱，对有机溶剂稳定。良好的耐碱性使之可与水泥混合，用于建筑行业的水泥着色或其他建筑着色，如建筑涂料、磨花地面、人造大理石等；广泛用于各种涂料、油墨、油彩制品；也用于塑料着色、研磨剂、制造碱性电池的阴极板、电讯磁场、金属探伤；还可作为化学试剂和化工原料。

药用黑氧化铁（药用铁黑）Fe_3O_4，药用棕氧化铁（药用铁棕）$Fe_2O_3 + Fe_3O_4 \cdot nH_2O$，药用红氧铁（药用铁红）$Fe_2O_3$，药用氧化铁（药用铁黄）$Fe_2O_3 \cdot nH_2O$。性能稳定，色久曝不变，无毒、无味、无臭，人体不吸收，无副作用。用于药片糖衣和胶囊等的着色。

药用磁铁矿名磁石，别名玄石、慈石、灵磁石、吸铁石、吸针石。功效：潜阳安神、聪耳明目、纳气平喘。成药制剂：耳聋左慈丸，磁朱丸。

2.1.2 赤铁矿（镜铁矿）

赤铁矿，分子式 Fe_2O_3，同质多象变体：$\alpha\text{-}Fe_2O_3$，三方晶系，刚玉型结构，在自然界中稳定，称赤铁矿；$\gamma\text{-}Fe_2O_3$，等轴晶系，尖晶石型结构，在自然界呈亚稳态，称磁赤铁矿。化学组成（质量分数）：Fe 69.94%，O 30.06%。常含类质同象替代的 Ti、Al、Mn、Fe、Ca、Mg 及少量的 Ga、Co。常含金红石、钛铁矿微包裹体。隐晶质致密块体中常有机械混入物 SiO_2、Al_2O_3。纤维状或土状者含水。据成分可划分出铁赤铁矿、铝赤铁矿、镁赤铁矿、水赤铁矿等变种。

赤铁矿常呈现晶质板状、鳞片状、粒状和隐晶质致密块状、鲕状、豆状、肾状、粉末状等形态。片状、鳞片状、具金属光泽者的集合体称为镜铁矿。细小鳞片状或贝壳状镜铁矿集合体称为云母赤铁矿。依（0001）或近于（0001）连生的镜铁矿集合体为铁玫瑰。红色粉末状的赤铁矿为铁赭石或赭色赤铁矿。表面光滑明亮的红色钟乳状赤铁矿集合体为红色玻璃头。

赤铁矿呈钢灰色至铁黑色，常带淡蓝锖色；隐晶质或粉末状者呈暗红至鲜红色。具特征的樱桃红或红棕色条痕。金属至半金属光泽，有时光泽暗淡。无解理。因双晶可具 {0001} 和 {1011} 裂开。硬度 5~6。相对密度 5.0~5.3。

赤铁矿形成于氧化条件下，规模巨大的赤铁矿矿床多与热液作用或沉积作用有关。热液型赤铁矿的共生矿物除磁铁矿、石英、重晶石、绿泥石、菱铁矿、碳酸盐外，常有方铅矿、闪锌矿、黄铜矿、毒砂等。沉积型赤铁矿，矿石呈块状，常具鲕状、豆状、肾状等胶态特征。在氧化带，赤铁矿可由褐铁矿或纤铁矿、针铁矿经脱水作用形成，亦可水化成针铁矿、水赤铁矿等。

赤铁矿可成沉积变质型铁矿，主要由磁铁矿、赤铁矿、假象赤铁矿所组成，与石英、绿泥石等共生。接触变质型的赤铁矿主要与磁铁矿、黄铜矿、斑铜矿、磁黄铁矿等硫化物和石榴子石、透辉石、金云母、阳起石等共生。

在自然界，当氧逸度增大时，磁铁矿可氧化成赤铁矿，若仍保留有原磁铁矿的晶形，称之为假象赤铁矿；若磁铁矿仅部分转变为赤铁矿，则称为假赤铁矿。而当氧逸度减小时，赤铁矿又可还原成磁铁矿；若仍保留有赤铁矿的晶形，则称之为穆赤铁矿。

赤铁矿是重要的铁矿石矿物之一。Ti、Ga、Co 等元素达一定量时可综合利用。赤铁矿石一般工业要求：炼钢、炼铁用矿石，同磁铁矿石；需选矿石（TFe），边界品位 25%，工业品位 28%~30%。

由硫酸亚铁经氧化，再经高温燃烧制得的 Fe_2O_3 粉体为 α 铁氧体，晶体为规则球形，色泽呈现红色，具有高导磁能力，粒度小于 100nm，磁性活泼，颗粒组织均匀，耐碱、耐光性良好。用于磁性材料、电子和电讯元件材料。用于彩色显像管的荧光粉着色，能提高红光鲜艳度，延长使用寿命。用于红色荧光粉的 α-Fe_2O_3 物体是由 SiO_2 胶体和氧化铁红经混合球磨，再进行后处理而成。

铁黄即 $Fe_2O_3 \cdot H_2O$ 黄色粉体。色泽鲜明，有从柠檬黄到橙黄的系列色光，着色力几乎与铅铬黄相等，遮盖力较高，耐光性好，耐碱性优良，但耐酸性较差。广泛用于建筑涂料和人造大理石、马赛克、水泥制品着色；也多用于油墨、橡胶、塑料制品、化妆品、绘画等方面。

铁红即 Fe_2O_3 粉体，又称铁丹、锈红、铁朱红等。合成铁红的色泽变动于橙光到蓝光乃至紫光之间。其遮盖力和着色力都很高，且耐光、耐热、耐气候性能均优良，耐化学药品性能也较好，不溶于水、碱、稀酸和有机溶剂。铁红掺入水泥、石灰中可制成彩色水泥和彩色石灰；掺入橡胶制品可起良好补强和着色作用，且防紫外线的降解作用。铁红防锈底漆几乎被大部分中低档防锈工程所采用。铁红所制成的高级磨料可用于抛光精密机械和光学玻璃。铁红还广泛用于塑料、化纤皮革着色及玻璃、陶瓷、化妆品、绘画等领域。

药用赤铁矿名赭石，别名代赭石、代赭、铁朱、钉头赭石、红石头、赤赭石。功效：平肝潜阳、重镇降逆、凉血止血。成药制剂有脑立清丸、月阳生发液、晕可平糖浆。

2.1.3　菱铁矿

菱铁矿分子式 $FeCO_3$。理论组成（质量分数）：FeO 62.01%，CO_2 37.99%。$FeCO_3$ 与 $MnCO_3$ 和 $MgCO_3$ 可形成完全类质同象系列，与 $CaCO_3$ 形成不完全类质同象系列，因而其中常有 Mn、Mg、Ca 替代，形成变种的锰菱铁矿、钙菱铁矿、镁菱铁矿。

菱铁矿为三方晶系，方解石型结构，复三方偏三角面体晶类。晶体呈菱面体状、短柱状或偏三角面体状。通常呈粒状、土状、致密块状集合体。沉积层中的结核状菱铁矿呈球形隐晶质偏胶体，称球菱铁矿。

菱铁矿为浅灰白或浅黄白色，有时微带浅褐色；风化后为褐色、棕红色、黑色，玻璃光泽，隐晶质无光泽，透明至半透明，解理完全，硬度4，相对密度3.7～4.0，随 Mn、Mg 含量增高而降低。有的菱铁矿在阴极射线下呈橘红色。

沉积成因者，常产于黏土或页岩层、煤岩层中，具有胶状、鲕状、结核状形态，与鲕状赤铁矿、鲕状绿泥石和针铁矿等共生。我国元古代、古生代地层中，都产有菱铁矿层。东北辽河群的大栗子富铁矿床，即由赤铁矿体、磁铁矿体及菱铁矿体所组成，历经成岩变质作用，菱铁矿呈粒状或致密块状；热液成因者，可单独存在或与铁白云石和方铅矿、闪锌矿、黄铜矿、磁黄铁矿等硫化物共生。有时交代石灰岩、白云岩等碳酸盐岩，呈不规则的交代矿层出现。

菱铁矿在氧化带不稳定，易分解成水赤铁矿、褐铁矿而成铁帽。

菱铁矿大量聚集时可作为铁矿石。一般工业要求（质量分数）：炼铁用矿石，同褐铁矿石；需选矿石，边界品位 TFe≥20%，工业品位 TFe≥25%。

2.1.4　铁的氢氧化物（针铁矿、纤铁矿及褐铁矿）

铁的氢氧化物包括针铁矿（FeOOH）、水针铁矿（$FeOOH \cdot nH_2O$）、纤铁矿（FeOOH）和水纤铁矿（$FeOOH \cdot nH_2O$）。

针铁矿分子式 FeOOH，含有不定量吸附水者称水针铁矿（$FeOOH \cdot nH_2O$）。它们与纤铁矿（FeOOH）、水纤铁矿（$FeOOH \cdot nH_2O$）、更富水的氢氧化铁胶凝体、铝的氢氧化物、泥质等混合，有时还含有 Cu、Pb、Ni、Co、Au 等，肉眼很难区分，统称褐铁矿。铁帽即主要由褐铁矿组成。

褐铁矿常呈致密块状或胶态（肾状、钟乳状、葡萄状、结核状、鲕状），似胶态条带状，或土状、疏松多孔状等。亦有呈细小针状结晶者，则多为针铁矿。呈细小鳞片状者，多为纤铁矿（又称红云母）。有时褐铁矿由黄铁矿氧化而来，并保存有黄铁矿的假象，称假象褐铁矿。在肾状、钟乳状褐铁矿表面常有一层光亮沥青黑色的薄壳（由褐铁矿脱水而来）并现锖色，通称它们为"玻璃头"。

褐铁矿呈黄色、褐色、褐黑-红褐色。条痕黄褐色或棕黄色，硬度1～4，土状者硬度较小，相对密度3.3～4.0。

　　褐铁矿是表生作用产物，主要成因类型为风化型及沉积型。

　　风化型：含铁的硫化物（如黄铁矿、黄铜矿）、氧化物（如赤铁矿、磁铁矿）、碳酸盐（如菱铁矿）、硅酸盐（如海绿石、黑云母）等矿物，经过基本上同时进行的氧化和水化作用之后一般转化为褐铁矿。这一作用称之为褐铁矿化作用。褐铁矿化在地表几乎到处可见。当褐铁矿在金属矿床氧化带露头上分布有一定面积时称为"铁帽"，多由原生矿石和围岩中含铁矿物褐铁矿化而成。一般根据"铁帽"的颜色、构造和所含微量元素及次生的伴生矿物等标志（次生矿物常与原生矿物的种类和结构构造有一定的关系），可推断深部原生矿床的种类，因此铁帽是很好的找矿标志。当褐铁矿呈大面积分布并大量富集时，可作铁矿床开采。

　　沉积型：常为海相和湖相沉积。系由氢氧化铁的胶体溶液凝聚而成。大量聚集时可成矿床。

　　针铁矿（FeOOH）理论组成（质量分数）：$w(Fe_2O_3)$ 89.86%，$w(H_2O)$ 10.14%。$w(Mn)$ 可达 5%、Al 等。斜方晶系，硬水铝石型结构，斜方双锥晶类，晶体沿 c 轴呈针状、柱状并具纵纹或 $//b$ {010} 成薄板状或鳞片状。通常呈豆状、肾状或钟乳状，切面具平行或放射状、纤维状构造。有时成致密块状或土状、结核状。

　　针铁矿呈红褐、暗褐至黑色，经风化而成的粉末状、赭石状褐铁矿呈黄褐色、条痕红褐色，金属至半金属光泽，解理 {010} 完全，{100} 中等，断口参差状，硬度 5 ~ 5.5，相对密度 4 ~ 4.3。主要形成于外生条件下，是褐铁矿的主要矿物成分，由含铁矿物经氧化和分解形成盐类、再经水解作用而成；常与赤铁矿、锰的氧化物、方解石、黏土矿物等在铁帽中伴生。内生成因的针铁矿见于热液矿床、但极少见，系晚期低温矿物，与石英、菱铁矿等共生。区域变质过程中铁的水化物经脱水作用亦可形成针铁矿。

　　针铁矿大量富集时可作铁矿石。褐铁矿石一般工业要求（质量分数）：炼铁用矿石，$w(TFe) \geqslant 50\%$，$w(S) \leqslant 0.3\%$，$w(P) \leqslant 0.25\%$，$w(Zn) \leqslant 0.05\% \sim 0.1\%$，$w(Sn) \leqslant 0.08\%$；需选矿石，边界品位 $w(TFe) \geqslant 25\%$，工业品位 $w(TFe) \geqslant 30\%$。

　　针铁矿对许多重金属离子和酸根离子具有强吸附能力，可用于净化处理含 Cu^{2+}、Zn^{2+}、Cd^{2+} 和磷酸根离子的污水。

　　药用褐铁矿结核名蛇含石，别名蛇黄。功效：安神镇惊，止血定痛。成药制剂为瓜子绽。

　　纤铁矿分子式 FeOOH 或 α-FeOOH，理论组成（质量分数）：Fe_2O_3 89.9%，H_2O 10.1%。组分中常有少量的 SiO_2 和 CO_2 杂质存在，部分 Mn^{3+} 代替 Fe^{3+}。含有不定量的吸附水量称水纤铁矿（$FeOOH \cdot nH_2O$）。斜方晶系，晶体结构为一水软铝石型。斜方双锥晶类，常见为鳞片状，或纤维状集合体。

　　纤铁矿呈暗红色至红黑色，鳞片状块体有时微带金色；条痕橘红色或砖红色；金刚光泽。解理 {010} 完全。硬度 4 ~ 5，相对密度 4.09 ~ 4.10。

　　纤铁矿为氧化条件下含铁矿物的风化产物，常与针铁矿共生，但比针铁矿少见。片状纤铁矿晶体有时是热液矿床产物。纤铁矿经脱水作用可形成磁赤铁矿（γ-Fe_2O_3）。

2.1.5　钛铁矿

　　钛铁矿，分子式 $FeTiO_3$。理论组成（质量分数）：$w(FeO)$ 47.36%，$w(TiO)$ 52.64%。

Fe^{2+} 与 Mg^{2+}、Mn^{2+} 间可完全类质同象代替。以 FeO 为主时称钛铁矿，MgO 为主时称镁钛矿，MnO 为主时称红钛锰矿。常有 Nb、Ta 等类质同象替代。

钛铁矿的化学成分与形成条件有关。产于超基性岩、基性岩中的钛铁矿，MgO 含量较高，基本不含 Nb、Ta；碱性岩中的钛铁矿，MnO 含量高，并含 Nb、Ta；产于酸性岩中的钛铁矿，FeO、MnO 含量均高，Nb、Ta 含量也相对较高。

钛铁矿属三方晶系，可视为刚玉型的衍生结构，其晶体结构如图 2.2 所示。

高温下钛铁矿中的 Fe、Ti 呈无序分布而具赤铁矿结构（刚玉型结构），形成 $FeTiO_3$-Fe_2O_3 固溶体。钛铁矿常呈不规则粒状、鳞片状或厚板状。多呈他形晶粒散布于其他矿物颗粒间，或呈定向片晶存在于钛磁铁矿、钛赤铁矿、钛普通辉石、钛角闪石等矿物中，为固溶体出溶的产物。与榍石、磁铁矿、刚玉连生的现象较为常见。

钛铁矿为铁黑色或钢灰色，条痕钢灰色或黑色。含赤铁矿包裹体时呈褐或褐红色，金属至半金属光泽，不透明，无解理，硬度 5~5.5，性脆，相对密度 4.0~5.0，具弱磁性。

钛铁矿主要为岩浆型和伟晶型。岩浆型钛铁矿，常作为副矿物，或在基性、超基性岩中分散于磁铁矿中成条片状，与顽辉石、

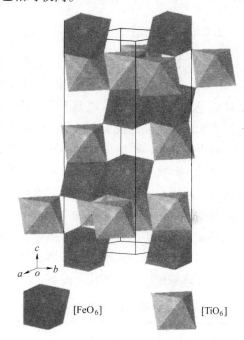

[FeO₆] [TiO₆]

图 2.2 钛铁矿的晶体结构

斜长石等共生。伟晶型钛铁矿，产于花岗伟晶岩中，与微斜长石、白云母、石英、磁铁矿等共生。钛铁矿往往在碱性岩中富集。由于其化学性质稳定，故可形成冲积砂矿，与磁铁矿、金红石、锆石、独居石等共生。在变质作用过程中钛铁矿可分解成赤铁矿（或磁铁矿）和金红石。

钛铁矿是最重要的钛矿石矿物。一般工业要求：钛铁矿砂矿，边界品位不小于 10%，工业品位不小于 15%。

2.1.6 含铁硅酸盐矿物

含铁硅酸盐矿物很多，如橄榄石、石榴子石、符山石、电气石、辉石、角闪石、黑云母、蛭石等，在铁矿物中不同程度地伴生有不同种类的含铁硅酸盐矿物。以这种形式赋存的铁很难通过选矿或冶炼的方法加以富集或提炼，因此可以作为合理的金属损失以脉石矿物的形式丢弃。

2.2 铁矿石的工业类型

我国铁矿资源，按其成因可分为七大类：岩浆晚期铁矿床（攀枝花地区，大庙铁矿等），接触交代-热液铁矿床（大冶、邯邢地区铁矿等），受沉积变质铁矿床（鞍山地区铁

矿等），与火山-侵入活动相关的铁矿床（宁芜地区铁矿等），沉积铁矿床（宣化、长阳等铁矿），风化淋滤型铁矿床（大宝山、铁坑铁矿等）以及其他成因尚未定论的铁矿床（白云鄂博、海南石碌铁矿等）。按选矿工艺特点可分为鞍山式铁矿床、镜铁山式铁矿床、大西沟式铁矿床、攀枝花式铁矿床、大冶式铁矿床、白云鄂博式铁矿床、宁芜式铁矿床、宣龙-宁乡式铁矿床、风化淋滤型铁矿床、吉林羚羊铁矿床等。

2.2.1　鞍山式铁矿

鞍山式铁矿分布最广，是我国最重要的铁矿床。它不仅数量居于首位（约占总储量的50%），而且由于矿床储量规模一般较大（大中型矿床储量占本类矿床的90%），单个矿体的规模和厚度较大，埋藏不深，不少矿床可供露天开采，加之矿石类型以磁铁矿为主，矿床的分布又比较集中，使该类铁矿床在开发利用上占了极大的优势。

鞍山式铁矿，矿体一般大而贫，也有少量富矿。物质组分一般较简单。金属矿物主要是磁铁矿，其次是赤铁矿、菱铁矿、假象赤铁矿、水赤铁矿；脉石矿物有石英（玉髓）、绿泥石、角闪石、云母、长石、白云石和方解石等。

此类矿石平均含铁品位为27% ~ 34%，SiO_2 30% ~ 50%，一般低硫、低磷，但也有个别高硫、高磷矿床。极少有可供综合利用的伴生组分。

不同产地的鞍山式铁矿石，所含主要矿物及化学成分却相近。表2.1列出了我国几处大型鞍山式铁矿床矿石的化学组成。

表 2.1　我国几处大型鞍山式铁矿床矿石的化学组成（质量分数）　　　　（%）

矿　床	TFe	FeO	SiO_2	Al_2O_3	CaO	MgO	S	P
东鞍山	33.80	0.68	50.25	0.52	0.55		0.006	0.011
齐大山	31.70	4.35	52.94	0.19	0.34	0.80	0.031	0.035
大孤山	32.32	4.75	52.10	0.45	0.17	0.32		
弓长岭	28.00	3.90	55.24	1.53	0.22	0.73	0.013	0.036
司家营	33.79	4.45	49.02	3.68	1.29	0.64	0.017	0.043
袁家村	32.94	2.71	48.67	2.33	0.85	1.68	0.020	0.096
舞　阳	28.84	3.29	50.48	1.25	2.33	0.93	0.022	0.130

鞍山式铁矿除富矿多为块状构造外，其他品位较低的矿石绝大多数是条带状或条纹状构造。条带宽一般为0.5 ~ 3mm。矿石浸染粒度较细，结晶颗粒通常0.04 ~ 0.2mm，有些矿床的矿石，如山西岚县袁家村的矿石，晶粒多数为0.015 ~ 0.045mm，该矿石需磨至-0.043mm占95%以上才达到单体解离。鞍山式铁矿石硬度较大（$f = 12.18$）。

这个类型的铁矿石虽属典型单一铁矿石，但根据其中所含磁铁矿和红铁矿比例的不同又分为磁铁矿矿石、红铁矿矿石和混合矿石；后两种是比较难选的。此外，由于鞍山式铁矿石原矿品位较低，结晶粒度较细，要得到较高的选矿指标，例如精矿品位高于Fe 65%，铁回收率在75%以上，也并不容易。

处理这类矿石的选厂有大孤山、东鞍山、齐大山、大石河、水厂、南芬、歪头山、石人沟和马兰庄等铁矿选厂。

2.2.2 镜铁山式铁矿

镜铁山式铁矿床主要分布在我国西北部甘肃境内,分布于北祁连山西段中上元古代镜铁山群中,已探明的铁矿床(点)有数十个,其中镜铁山矿床(包括桦树沟与黑沟两个矿区)为大型,柳沟峡和白尖矿床为中型,其余为小型或矿点。镜铁山群为以陆源碎屑为主夹有白云质大理岩及铁矿层的浅海相沉积岩系,总厚度逾4000m。按岩性组合特征可分为上下两个岩组。镜铁山群下岩组是镜铁山式铁矿的赋存层位,属绿片岩相浅变质岩系,其上部以杂色千枚岩与变质粉砂岩为主,夹镜铁矿-菱铁矿层及白云质大理岩,底部为中-厚层状石英岩。在镜铁山式铁矿床中,铁碧玉岩与镜铁矿呈条带状共生,作为铁矿层的一部分。矿床与鞍山式相似,但矿物组成和矿石结构又有某些特点。

镜铁山式铁矿属铁质碧玉型铁矿床。矿石中主要金属矿物为镜铁矿、菱铁矿、少量赤铁矿和褐铁矿,矿体深部偶尔有少量磁铁矿。其他共生有价矿物为重晶石。脉石矿物主要为碧玉、铁白云石,少量石英、方解石、白云石、绢云母等。

矿石含铁30%~40%,含二氧化硅20%,含硫0.1%~2.8%。矿石呈条带状构造,条带由镜铁矿、菱铁矿、重晶石和碧玉组成。矿石浸染粒度较细,结晶颗粒一般为0.02~0.5mm,需磨至-0.074mm占95%以上才达到单体分离。脉石中含铁较高,属于较难选的铁矿石。

处理这类铁矿石的选厂有酒钢选厂。

2.2.3 大西沟式铁矿

大西沟式铁矿属沉积变质菱铁矿类型,矿石组成简单,以菱铁矿为主,其次是褐铁矿和少量的磁铁矿,铁矿物中还因类质同象作用含有一定数量的 Mg^{2+} 和 Mn^{2+},根据 $MgCO_3$ 镁元素百分含量较高的特征,可将其称为镁菱铁矿。脉石矿物主要为石英和绢云母,其次为鲕绿泥石、方解石、白云石、白云母和重晶石等。矿石以条带状结构为主。含铁一般为27%~31%。同属这类矿床的还有云南大红山铁矿。

2.2.4 攀枝花式铁矿

攀枝花式钒钛磁铁矿是一种伴生钒、钛、钴等多种元素的磁铁矿,其矿石储量居我国铁矿储量第二位(占15%左右),矿石可选性良好,其矿物组成、嵌布特性与一般磁铁矿有明显的差别。

矿石中主要金属矿物为含钒钛磁铁矿、钛铁矿,另外有极少量的磁铁矿、赤铁矿、褐铁矿、针铁矿等;硫化物以磁黄铁矿为主;脉石矿物以钛普通辉石、斜长石为主。铁不但赋存于钒钛磁铁矿中,而且在钛铁矿、硅酸盐矿物和硫化物矿物中,都含一定数量的铁。含钒钛磁铁矿一般呈自形、半自形或他形粒状产出,粒度粗大,易破碎解离。钒钛磁铁矿是一种复合矿物相,它是由磁铁矿、钛铁晶石、镁铝尖晶石和铁铁矿片晶及微细粒磁黄铁矿片晶等组成的一种固溶体,相互嵌布极为微细,一般为几微米宽,几十微米长,用机械选矿方法无法解离,只能作为一种复合体解离回收,纯钒钛磁铁矿中全铁含量一般为55%~61%。

我国钒钛磁铁矿矿床类型及化学成分如表2.2所示,钒钛磁铁矿选矿产品成分如表

2.3 所示。

表 2.2　我国钒钛磁铁矿矿床类型及化学成分

矿山名称	矿床类型	矿石化学成分（质量分数）/%						
		Fe	TiO_2	V_2O_5	Co	Ni	S	P
四川攀枝花	晚期岩浆分异型	30.55	10.42	0.30	0.017	0.014	0.64	0.013
四川白马	晚期岩浆分异型	27.10	6.51	0.27	0.020	0.024	0.35	0.038
四川太和	晚期岩浆分异型	30.84	11.73	0.28	0.015	0.016	0.47	0.325
四川红格	晚期岩浆分异型	26.64	5.92	0.25	0.016	0.022	0.34	0.031
河北大庙	晚期岩浆贯入型	35.20	8.96	0.44	0.015	0.04	0.48	0.104
河北黑山	晚期岩浆贯入型	33.70	8.31	0.41	0.015	0.04	0.31	0.081
山西代县	岩浆分异型	22.85	5.33	0.35			0.04	0.010
广东兴宁	晚期岩浆分异型	28.40	7.81	0.37	0.030	0.001	0.14	0.019
湖北均县	高温热液型	15.05	5.53	0.13				
陕西洋县	晚期岩浆分异型	27.89	5.83	0.29	0.013	0.011	0.06	0.033

表 2.3　我国钒钛磁铁矿选矿产品化学成分

矿区	选矿产品	化学成分（质量分数）/%										
		Fe	TiO_2	V_2O_5	Co	Ni	Al_2O_3	SiO_2	CaO	MgO	S	P
攀枝花	铁钒精矿	51.56	12.73	0.065	0.020	0.013	4.69	4.64	1.57	3.91	0.53	0.004
太和	铁钒精矿	53.28	13.75	0.579			3.47	3.52	0.81	2.62	0.05	
白马	铁钒精矿	55.68	11.05	0.74	0.021	0.026	3.58	3.63	0.20	3.40	0.25	0.007
红格（南）	铁钒精矿	53.40	13.60	0.51	0.012	0.062	3.21	2.95	1.62	3.42	0.25	0.010
红格（北）	铁钒精矿	56.70	10.80	0.68	0.018	0.051	2.45	2.75	1.46	2.74	0.96	0.029
大庙	铁钒精矿	61.25	7.46	0.71			2.16	1.40			0.06	0.025
黑山	铁钒精矿	60.09	8.30	0.85								
洋县	铁钒精矿	60.39	5.19	0.71			3.56	3.79	0.39	0.76	0.04	0.011
兴宁	铁钒精矿	57.75	12.87	0.92			2.50	2.01	1.00	0.26	0.01	0.016
攀枝花	钛精矿	31.56	47.53	0.68	0.016	0.006	1.16	2.78	1.20	4.48	0.25	0.01
大庙	钛精矿	35.24	45.92	0.14			1.46	1.93	1.23	1.61	0.25	0.08
太和	钛精矿	32.25	46.95	0.075	0.015	0.009	1.05	2.55	0.90	5.08	0.85	0.004
攀枝花	硫钴精矿	49.01	1.62	0.282	0.258	0.192	1.40	5.42	1.69	2.16	36.61	0.019

　　钛元素主要赋存于钒钛磁铁矿和钛铁矿中，少量赋存于脉石矿物中，由于钛在钒钛磁铁矿中呈固溶体存在，用机械选矿方法无法分离，故铁精矿含钛量很高，选矿目前很难回收利用钒钛磁铁矿中的钛，而只能回收矿石中的钛铁矿。钛铁矿一般为粒状产出，常与钒钛磁铁矿密切共生，分布于硅酸盐矿物颗粒之间，颗粒粗大，易破碎解离，是综合回收的主要矿物。

　　硫化矿物以磁黄铁矿为主，约占硫化矿物总量的 90% 以上，它与钴、镍硫化物紧密共生，也需予以综合回收。

磁黄铁矿呈浸染状分布于氧化物、硅酸盐矿物颗粒之间，分布不均，少量呈不规则产出于钒钛磁铁矿和钛铁矿的裂隙中。

脉石矿物中，钛普通辉石与斜长石约占总量的90%以上，其中，钛普通辉石大约占脉石总量的55%～57%。矿石硬度大（普氏硬度10～16），属难磨矿石且给尾矿输送带来困难。

处理这类矿石的选厂有攀枝花密地选铁厂、选钛厂等。

2.2.5 大冶式铁矿

大冶式铁矿是各类型铁矿床中矿点数量最多、分布最广的矿床，规模以中小型为主。这类矿石占我国铁矿总储量10%左右。

该矿床矿石组分比较复杂，往往伴生有 Cu、Sn、Co、Mo、S、Pb、Zn、Au 等元素。矿石含铁量也较高，平均品位 TFe 在42%以上。该类矿床绝大多数的矿石为容易选别的磁铁矿，故开采量较大。矿石中的矿物以磁铁矿为主，部分矿床为磁-赤铁矿石，或为赤铁矿、磁铁矿与菱铁矿的混合型矿石。金属矿物主要为磁铁矿，其次为赤铁矿、菱铁矿，还有少量至微量黄铜矿、黄铁矿和磁黄铁矿等。磷含量一般较低，硫含量变化很大，由百分之几至百分之十几，往往有一些可供综合利用的伴生元素如 Cu、Co、Ni 等。

矿石中，磁铁矿呈自形、半自形及他形晶粒状集合体与脉石交代，形成交代残余结构，在磁铁矿颗粒集合体中往往保留脉石残余体，成为磁铁矿的包裹物出现，而后期生成的碳酸盐又沿着磁铁矿晶体的中心向外交代，形成骸晶状结构。磁铁矿粒径大小不均，一般粒径为0.1～0.5mm，最小为0.01mm，最大可达2～3mm，磁铁矿具多期形成的特征。黄铁矿呈自形、半自形和他形晶粒状集合体嵌布于脉石中，黄铁矿与磁铁矿关系比较密切，黄铁矿粒径大小一般为0.04～0.1mm，最小为0.002～0.02mm，最大为0.5～1mm。黄铜矿呈不规则的颗粒状及星点状嵌布在脉石中，也有的镶嵌在磁铁矿中呈包裹体出现，与辉铜矿、铜蓝紧密共生，粒度在0.05～0.008mm之间，钴矿物以硫化钴、氧化钴两种形态存在，硫化钴主要共生于黄铁矿中，随黄铁矿的回收而得到综合利用。

伴生铜、硫、钴的磁铁矿床，一般矿石硬度8～12。铁矿床中含钙、镁比较高，含二氧化硅较低，所以脉石矿物较软，铁矿床含铁品位较高，一般为 Fe 36%～45%，富矿品位高达 Fe 45%～55%。属于较好选的矿石。

处理这类矿石的选厂有大冶、程潮和金山店等选厂。

2.2.6 宁芜式铁矿

宁芜式铁矿的储量占我国铁矿石总储量6%左右，一般含铁品位较高，矿石较易选。但有的矿区含有一定数量的菱铁矿、黄铁矿、硅酸铁矿物等，影响选矿效果。矿石中伴生的 S、P、V 和 Cu、Co 等可综合利用。

矿床规模大小不等。矿石矿物有的以磁铁矿为主，假象赤铁矿、赤铁矿为次；也有的以赤铁矿、假象赤铁矿为主；菱铁矿含量因不同矿区而异。脉石矿物有石榴子石、透辉石、阳起石、磷灰石、碱性长石、黄铁矿及硬石膏等。矿石具块状、浸染状、浸染网脉状、角砾状、斑杂状、条纹条带状等构造。浸染状矿石一般含 TFe 17%～30%、块状矿石一般含 TFe 35%～57%，P 0.01%～1.34%，S 0.03%～8%或更高，V_2O_5 0.1%～0.3%。

矿石构造以致密块状与细粒浸染状为主。致密块状矿石中，在磁铁矿颗粒边缘及节理发育的地方，有赤铁矿并形成边缘状结构及网格状结构。细粒浸染状结构的磁铁矿一般呈他形晶粒状集合体浸染在脉石中与赤铁矿连生。磁铁矿大部分呈他形晶状集合体产出，少部分呈自形晶粒状及星点状嵌布于脉石中。粒度最大者为 1.6mm 左右，一般在 0.4 ～ 0.1mm 之间，最小者为 0.08mm 左右。假象赤铁矿形状呈磁铁矿八面体晶形，多数嵌布在磁铁矿或赤铁矿交代附近的脉石中，粒度为 0.1mm 左右。赤铁矿含量仅次于磁铁矿，一般呈不规则的晶粒集合体嵌布于脉石中，粒度最大为 1.6mm 左右，一般在 0.09 ～ 0.2mm；也有的沿磁铁矿节理交代或磁铁矿颗粒间裂缝充填形成网脉状及网格状结构，脉宽不均，在 0.01 ～ 0.1mm 之间。黄铁矿为主要含硫矿物，大部分呈不规则的颗粒状及星点状嵌布在脉石中，少量黄铁矿与磁铁矿连生，接触界限清楚，粒度为 0.08mm 左右。磷灰石大部分呈自形、半自形晶体，少部分呈他形晶粒状产出，粒度不均，最大者在 1 ～ 1.8mm 之间，一般在 0.2 ～ 0.5mm 之间，最小者为 0.05mm，大部分与阳起石、绿泥石及磁铁矿连生，共接触界限清楚而规则，少部分磷灰石在磁铁矿中呈包裹体出现。

处理这类矿石的选厂有凹山、吉山、桃冲和梅山等铁矿选厂。

2.2.7　宣龙-宁乡式铁矿

宣龙和宁乡式铁矿属沉积矿床。它们的共同特点是矿体薄、分布面广，有些矿区后期断裂、褶皱发育。矿石多呈鲕状、块状构造，少数具豆状、肾状构造。有些鲕粒中由硅质和铁质构成的同心圆圈可达数十层，矿石选矿效果一般很差，属很难选的矿石。

本类矿床保有储量约占我国铁矿总储量的 10%，矿床规模大、中、小规模都有。

宣龙式铁矿中具有代表性的河北宣化庞家堡矿区，矿石中的矿物以赤铁矿为主，菱铁矿次之，并有少量磁铁矿。一般含 TFe 30% ～50%，SiO_2 在 15% ～27% 之间，含磷较低，约在 0.088% ～0.134%，含 S 在 0.1% 以下，烧减 8% ～9%，其他有益有害组分含量甚微。

宁乡式赤铁矿、菱铁矿矿床是我国重要的浅海相沉积型铁矿，主要分布在湖北、湖南、云南、四川、贵州、广西、江西和甘肃等省、自治区。这些矿床规模一般为中等。矿石矿物有赤铁矿、菱铁矿、磁铁矿、褐铁矿、鲕绿泥石、含铁白云石、石英（玉髓）、胶磷矿（细晶磷灰石）、方解石、黄铁矿、云母和黏土类矿物等。主要矿石类型为赤铁矿矿石，次为磁铁矿、赤铁矿矿石和鲕绿泥石菱铁矿、赤铁矿混合矿石。

宁乡式铁矿的含铁量，以 30% ～45% 的中贫矿石为主，该类矿床的平均品位为 39.6%。矿石含磷普遍偏高，通常为 0.4% ～0.8%，极少矿区低于 0.2%，个别矿区含磷高达 1.15% ～3.03%。硫含量一般较低，但少数矿床含硫很高，达 0.5% ～0.6%。SiO_2 含量变化较大，多数在 15% ～20%。湖南的清水、潞水、江西的河下等铁矿属这类矿床。

宣龙-宁乡式铁矿石基本上可分为三类：

（1）自溶性矿石。如湖北长阳，主要铁矿物为赤铁矿及菱铁矿，脉石矿物为方解石、白云石、绿泥石和胶磷矿。鲕状多呈椭圆形，少数呈拉长的扁球形；含铁较高，含磷也较高，一般大于 1%。

（2）酸性富矿石。如河北龙烟及湖南湘东铁矿，主要脉石矿物为石英、绿泥石、玉髓和绢云母等，原矿品位较高，一般大于 45%。

（3）酸性中、贫矿。如四川綦江、广西屯秋的贫鲕状铁矿，贵州赫章、云南鱼子甸及鄂西的官店、黑石板等地的贫鲕状铁矿，原矿含铁较低，脉石矿物主要为硅酸盐。

处理这类矿石的选厂有宣化钢铁公司选厂、綦江铁矿选厂等。

2.2.8 风化淋滤型铁矿

本类型矿床由各类原生铁矿、硫化物矿床以及其他含铁岩石经风化淋滤富集而成,称风化壳矿床。在我国此类具有工业意义的矿床甚少,目前已发现的仅有:

(1) 多金属硫化矿床或黄铁矿矿床风化淋滤形成的褐铁矿床,如广东大宝山铁矿。

(2) 菱铁矿矿床风化淋滤形成的褐铁矿,如贵州观音山铁矿、湖北黄梅铁矿。

(3) 含磁铁矿(或硫化物)钙铁榴石和钙铁辉石矽卡岩风化岩被,如江西分宜和福建中南部某些铁矿床。

该类矿床以"铁帽"分布广泛为特征,矿体呈不规则的透镜状、扁豆状,也有似层状者。规模以中小为主,也有大型的。矿石有致密块状、蜂窝状、葡萄状和土状等构造。

矿石矿物主要为褐铁矿,次为针赤铁矿、赤铁矿、假象赤铁矿、软锰矿、硬锰矿,在多金属硫化矿床铁帽中,还有白铅矿、菱锌矿、水锌矿和孔雀石等。脉石矿物有石英、蛋白石、方解石、白云石和黏土矿物等。矿石含铁量从25%~50%不等,平均40.3%。有的含Pb、Zn、Cu、As、Co、Ni、S、Mn、W等元素,矿石难选。目前国内仅生产少量褐铁矿精矿。由于杂质多,工业利用上存在一定局限性,多作配矿用。

这类矿石属难选矿石,处理这类矿石的选厂有大宝山、铁坑铁矿选厂等。

2.2.9 包头白云鄂博式铁矿

包头白云鄂博式铁矿是我国独特类型的铁矿床,系沉积-热液交代变质矿床,是大型铁与多金属复合的矿床。矿区由主东、西矿体组成,已发现的元素有71种,形成矿物129种,主、东矿体平均含铁品位36.48%,稀土氧化物品位5.18%,氟品位5.95%,铌氧化物品位0.129%。

根据主、东矿的物质组成和矿石的可选性,矿石可划分为富铁矿、磁铁矿、萤石型中贫氧化矿和混合型(包括钠辉石、钠闪石、云母、白云石型)中贫氧化矿,见表2.4。

表2.4 主、东矿各种矿石类型及主要元素含量表

矿 体	矿石类型	主要元素含量(质量分数)/%					
		Fe	Nb$_2$O$_5$	TRe$_2$O$_3$	P	F	SiO$_2$
主 矿	富铁矿	51.24	0.081	2.22	0.61	4.70	4.31
	磁铁矿	32.14	0.141	5.34	1.10	7.49	7.83
	萤石型	31.84	0.161	7.55	1.03	8.71	6.05
	混合型	34.06	0.17	3.30	0.55	7.17	13.78
东 矿	富铁矿	49.36	0.126	1.54	0.40	2.48	6.02
	磁铁矿	31.55	0.125	5.17	0.78	4.78	11.99
	萤石型	30.33	0.161	7.87	1.04	7.41	11.15
	混合型	27.98	0.139	8.60	1.11	5.67	18.11

矿石类型不同,主要元素含量不同。富铁矿、磁铁矿属易选矿石;萤石型、混合型中贫氧化矿属难选矿石。混合型矿石中的脉石主要为钠辉石、钠闪石和黑(金)云母等含

铁硅酸盐矿物，比萤石型中贫氧化矿更难选。

主要元素的赋存状态：铁元素 90% ~ 95% 赋存在铁矿物中，形成五种铁矿物，其中磁铁矿、原生赤铁矿、假象赤铁矿占铁矿物的 90% 以上；稀土元素 90% 以上赋存在稀土矿物中，形成 12 种稀土矿物，主要是氟碳铈矿和独居石，两者的比例随矿石类型不同有所变化；铌元素 85% 赋存在铌矿物中，形成 12 种铌矿物，主要是钛铁金红石、铌铁矿、易解石、黄绿石；氟元素 98% 赋存在萤石和氟碳酸盐矿物中，95% 的氟元素呈萤石形态存在；磷元素 99% 赋存在独居石和磷灰石矿物之中，两者的比值随矿石类型不同而变化；钾、钠元素 98% 赋存在钠辉石、钠闪石、云母和长石之中。

粒度及嵌布特性：铁矿物以原生赤铁矿最细，依次为褐铁矿、假象赤铁矿、磁铁矿，原生赤铁矿在 $-43\mu m$ 粒级中占有率为 80% 以上，稀土矿物在 $-43\mu m$ 粒级中占有率为 50%，铌矿物（易解石除外）在 $-20\mu m$ 粒级中占有率为 50% 以上。

处理这类矿石的选厂有包头钢铁公司选厂。

2.2.10　海南石碌铁矿

海南铁矿约 80% 的储量集中在北-主矿体中。北-主矿体以富矿为主，矿石平均含铁为 50%，硫（黄铁矿和重晶石）的含量分布不均，一般上部和中部含硫低，下部及边缘含硫高。磷含量一般较低，其他有害杂质甚微（见表 2.5）。矿石按工业类型可分为平炉富矿、高炉低硫富矿、高炉高硫富矿、贫矿和次贫矿五类，其中贫铁矿石占 28%。

表 2.5　北-主矿体矿石的化学成分

元素名称	TFe	FeO	SiO$_2$	Al$_2$O$_3$	CaO	MgO	S	P	BaO	TiO$_2$	烧减
质量分数/%	51.15	1.988	12.442	2.266	1.324	0.518	0.493	0.019	0.857	0.493	1.507

海南贫铁矿石中金属矿物以赤铁矿为主，含少量的假象赤铁矿、磁铁矿、褐铁矿和黄铁矿。脉石以石英为主，绢云母、绿帘石、重晶石、透闪石、阳起石及黏土类高岭土等次之。矿石构造以块状及条带状为主。主要为砂状结构和细鳞片结构，粒状结构次之，并有少量的鲕状结构。多元素分析、矿物含量及铁物相分析见表 2.6 ~ 表 2.8。

表 2.6　多元素分析结果（质量分数）　　（%）

矿样	TFe	FeO	SFe	S	P	SiO$_2$	MgO	CuO	Al$_2$O$_3$	BaO	Na$_2$O	K$_2$O	烧减
1	32.20	2.57		0.33	0.028	39.70	0.37	0.67	6.45	1.03		1.21	3.03
2	35.04	1.04	34.30	0.61	0.025	37.86	0.42	1.10	4.28	1.48	0.028	1.23	1.30
3	41.66	1.17	41.30	0.20	0.027	31.70	0.40	0.38	3.55	0.94	<0.05	0.90	1.41
4	38.74	0.76	38.30	0.20	0.028	34.54	0.49	0.46	4.40	0.93	<0.05	1.04	1.34

表 2.7　矿物含量分析结果（质量分数）　　（%）

矿样	赤铁矿	磁铁矿	褐铁矿	黄铁矿	石英	云母类[①]	绿色矿物[②]	重晶石
1	44.96	6.38	2.72	0.62	28.67	11.98	2.17	1.27
2	44.86	1.57	1.14	1.48	28.99	10.13	6.74	1.27
3	55.24	2.08	0.48	0.15	37.44	0.79	2.94	0.90

① 云母类包括绢云母、黑云母和白云母。

② 包括绿帘石、绿泥石、透闪石-阳起石等矿物。

表 2.8 铁物相分析结果（质量分数） （%）

矿 样	赤铁矿	磁铁矿	硅酸铁	黄铁矿	合 计
1	26.85	4.20	1.08	0.16	32.29
2	32.49	1.14	1.21	0.30	35.04
3	38.33	0.38	0.75	0.04	41.50
4	37.15	0.74	1.03	0.05	38.97

赤铁矿和石英的结构与构造如下：赤铁矿多呈自形晶鳞片状、块状和他形粒状。粒度一般微细，多分布在 0.01~0.03mm，细小者在 0.003~0.009mm，集合体粒度在 0.06~0.2mm。在变余砂状结构中，自形片状、他形粒状赤铁矿嵌布在石英、绢云母、绿泥石颗粒间隙中，或呈胶结物状与石英、绢云母、白云母胶结形成网状结构，网眼多被石英所充填。鳞片变晶结构中，铁矿物呈定向分布。微细粒状赤铁矿粒度一般在 0.005~0.057mm，呈浸染状分布于脉石中。有部分赤铁矿呈鲕状结构，颗粒粒度为 0.035~0.1mm。石英多呈他形粒状及半自形晶，一般嵌布粒度为 0.01~0.06mm，细者为 0.003~0.023mm，个别大粒在 0.2mm 左右。石英以细粒或微细粒单晶或集合体嵌布在铁矿集合体里，石英也与绿帘石、阳起石、赤铁矿互相嵌布，有时在赤铁矿鲕粒中呈核心嵌布。

上述情况表明，海南贫铁矿石是属于微细粒难选氧化铁矿石，目前已建成选厂生产。

2.2.11 吉林羚羊石

吉林羚羊石即为吉林大栗子临江式原生铁锰矿，主要分布在吉林省临江市大栗子镇地区，矿石被称为羚羊石或鲕绿泥石，也称为临江市铁锰矿石。

矿石全铁品位在 30%~40% 之间，属中低品位酸性铁矿石。工艺矿物学研究表明，吉林临江羚羊铁矿石主要铁矿物为磁铁矿、褐铁矿、赤铁矿，另有一定量的黑锰矿、硅酸铁矿物，矿石构造呈浸染状、角砾状、网脉状、蜂窝状和胶状，铁矿物颗粒粗细不均。矿石中含有少量的硫化物，主要为黄铁矿、黄铜矿和磁黄铁矿；次生硫化物为斑铜矿、铜蓝。另外，矿石中还含有很少量的钴硫砷铁矿。脉石矿物主要为石英，硅酸铁矿物如绿泥石等次之；次要矿物还有磷灰石、独居石、高岭石和金红石等。

吉林临江羚羊铁矿中的铁赋存于多种铁矿物之中，包括磁铁矿、褐铁矿、菱铁矿、赤铁矿、磁黄铁矿，原矿中的铁在各种铁矿物中的分布情况见表 2.9。

表 2.9 铁在铁矿物中的分布

铁矿物	褐铁矿、赤铁矿	磁铁矿	菱铁矿	磁黄铁矿	黄铁矿	含铁硅酸盐
Fe 金属分布率/%	16.10	9.99	5.50	4.12	0.011	0.22

磁铁矿物晶形相对较好，呈细粒或粗粒嵌布，粒度较适中，但磁铁矿细粒集合体中含有褐铁矿、赤铁矿，并与石英关系密切。褐铁矿嵌布粒度粗细不均，结构构造较复杂。有些褐铁矿中含有 Al、Mg、Ca、Si、Mn 等杂质，褐铁矿中所含的锰矿物为黑锰矿。脉石矿物以石英为主，石英与磁铁矿特别是与褐铁矿紧密共生。石英与磁铁矿及褐铁矿常常相互包裹，相互掺杂，并且浸染粒度粗细不均。

该类矿石由于选矿难度较大，到目前为止还没有建成选矿厂。

2.3　铁矿石工艺矿物学研究方法

选矿工艺矿物学主要研究与选矿工艺有关的矿物学问题，包括矿物或元素的状态、性质和行为规律，指导选矿试验研究和工业生产，实现对矿产资源的合理利用。工艺矿物学分析是指导矿物加工试验研究和工业生产的一项基础性工作，对于矿物加工工艺方法的选择、工艺故障的分析和资源综合利用评价等方面具有重要意义。

与选矿有关的工艺矿物学研究内容主要包括以下几个方面：

（1）矿石的物质组成研究。包括矿石的化学成分和矿物组成两个部分。

（2）矿石的结构构造。

（3）矿石中有益和有害元素的赋存状态。

（4）矿物的粒度特性。矿物的嵌布粒度大小和粒度分布特征。

（5）矿物的解离性。矿物破碎后单体解离的程度。

（6）主要矿物的工艺特性。测定矿物的主要物性参数，研究矿物的化学成分、微观结构和表面性质与其可选性的关系，研究加工过程中矿物性质的变化及其对可选性的影响，指导选矿工艺方法的选择和工艺参数的优化。

（7）选矿产品综合工艺性能研究。研究原矿、精矿、尾矿和选矿中间产物的粒度组成、不同粒级中金属和矿物的分布、矿物解离性等，为精矿提质降杂、尾矿综合回收、流程优化等提供依据。

2.3.1　矿石的物质组成研究

矿石的物质组成研究包括：矿石的化学成分和矿物组成两部分。查明矿石的物质组成特点，能够确定可供选矿回收和综合利用的有用元素或有用矿物的种类和数量，以及伴生有害组分的种类和数量。

2.3.1.1　矿石的化学成分

A　光谱分析

光谱分析能迅速而全面地查明矿石中所含元素的种类及其大致含量范围（定性、半定量），不至于遗漏某些稀有、稀散和微量元素，因而常用此法对原矿或产品进行普查，查明了含有哪一些元素之后，再去进行定量的化学分析。这对于选冶过程考虑综合回收及正确评价矿石质量是非常重要的。

B　化学全分析和化学多元素分析

化学分析方法能准确地定量分析矿石中各种元素的含量，据此确定哪几种元素在选矿工艺中必须考虑回收，哪几种元素为有害杂质需将其分离。化学分析是为了了解矿石中所含全部物质成分的含量，凡经过光谱分析查出的元素，除痕迹外，其他所有元素都作为化学分析的项，分析之总和应该接近100%。

化学多元素分析是对矿石中所含多个重要和较重要的元素的定量化学分析，不仅包括有益和有害元素，还包括造渣元素。如单一铁矿石可分析全铁、可溶铁、氧化亚铁、S、P、Mn、SiO_2、Al_2O_3、CaO、MgO 等。

2.3.1.2　矿石的矿物组成

光谱分析和化学分析只能查明矿石中所含元素的种类和含量。矿物分析则可进一步查明矿石中各种元素呈何种矿物存在，以及各种矿物的含量。其研究方法通常为化学物相分析、光学显微镜鉴定和仪器分析等。

A 化学物相分析

物相分析的原理是：矿石中的各种矿物在各种溶剂中的溶解度和溶解速度不同，采用不同浓度的各种溶剂在不同条件下处理所分析的矿样，即可使矿石中各种矿物分离，从而可测出试样中某种元素呈何种矿物存在和含量多少。

B 显微镜分析

显微镜分析利用不同矿物在显微镜下的光学性质的差异来鉴定矿物种类，根据矿物颗粒在显微镜视域内所占面积来测定矿物含量。常用的显微镜有实体显微镜（双目显微镜）、偏光显微镜和反光显微镜等。

C 仪器分析

对于矿石中元素的赋存状态比较复杂的情况，需要进行深入的查定工作，采用某些特殊的或新的方法，如热分析、X射线衍射分析、电子显微镜、极谱、电渗析、激光显微光谱仪、离子探针、电子探针、红外光谱等。

D 矿物组成的定量分析

矿石中矿物定量测定的方法很多。从当前各种方法的应用情况来看，矿物定量的基本方法主要包括：

（1）分离矿物定量法。重液分离、重选分离、磁电分离、选择性溶解等。

（2）显微镜下定量法。线测法、面测法、点测法。

（3）特征元素化学分析定量法。根据化学全分析及不同矿物特征元素的含量不同计算各种矿物含量。

（4）仪器分析定量法。X射线衍射、扫描电子显微镜等。

矿石中组成矿物的定量是工艺矿物学研究的一项基础工作，对选矿工艺流程的开发和选择、以及选矿生产流程的评价均具有重要意义。

2.3.2 矿石的结构构造研究

矿石的结构构造研究主要研究有用矿物和脉石矿物在矿石中的嵌布特点和相互关系，讨论矿石的碎磨、矿物解离和分选的难易程度。

2.3.2.1 矿石的构造

矿石的构造是指矿石中矿物集合体的形状、大小和空间上的分布特征，即指矿物集合体的形态特征而言。矿石的构造通常采用肉眼观察和借助放大镜观察。

矿石的构造类型包括：块状构造、浸染状构造、条带状构造、脉网状构造、多孔状及蜂窝状构造、似层状构造等。

2.3.2.2 矿石的结构

矿石的结构是指矿石中矿物颗粒的形态、大小及空间分布上所显示的特征。构成矿石结构的主要因素为：矿物的粒度、晶粒形态（结晶程度）及镶嵌方式等。矿物通常采用显微镜和借助放大镜观察。

常见的矿石结构类型包括：自形晶粒状结构、半自形晶粒状结构、他形晶结构、斑状结构、包含结构、交代溶蚀及交代残余结构等。

2.3.3　矿石中元素的赋存状态研究

在矿物原料中同一种元素往往会以不同的矿物形式产出。例如，在铁矿石中铁的赋存形式最常见的就有磁铁矿、赤铁矿和褐铁矿三种；在铜矿石中铜的产出形式则更为复杂，铜既可以呈硫化矿物的形式产出，也可以呈氧化矿物的形式产出，硫化铜矿物主要有黄铜矿、斑铜矿、辉铜矿等，氧化铜矿物主要有赤铜矿、孔雀石等。这些含有同种元素的不同矿物，彼此的性质相差悬殊，选矿方法和选矿工艺流程也截然不同。因此，矿石中有用和有害元素的赋存状态是拟定选矿试验方案的重要依据。

铁矿石中元素的赋存状态主要研究内容包括：铁的赋存形式、物相组成及其在不同矿物中的分布，初步判断矿石的可选性和理论分选指标。

矿石中有用和有害元素的赋存状态以三种主要形式存在，即独立矿物、类质同象、吸附形式。

元素的配分计算是研究矿石中元素赋存状态的一种手段。元素的配分，可以理解为矿石中某元素各种赋存状态的含量和比例。也可理解为某元素在独立矿物中所占的比例和呈分散状态（从选矿观点看，凡有用元素以用机械方法难于分选的细微包裹体、类质同象或吸附形式存在者，均可称呈分散状态）所占的比例。

根据元素配分计算的资料，可以了解元素集中（可以用机械方法分选出来的独立矿物）与分散（呈分散状态的矿物）的情况，可以预测选矿的最大回收率、精矿的最高指标（品位）、尾矿的合理损失品位和去除有害杂质的可能性等，可为选矿试验提供重要资料。

元素的配分计算，是在元素的赋存状态已基本查清的基础上进行的。为进行元素的配分计算，需要获得如下的参数资料：矿物的质量分数；各矿物中该元素的含量；矿石中该元素的含量（品位）。

2.3.4　矿物的粒度特性研究

矿物嵌布粒度可分为结晶粒度与工艺粒度。结晶粒度是指单个结晶体（晶质个体）的相对大小和由大到小的相应质量分数。结晶粒度主要用于成因研究。工艺粒度又叫嵌布粒度是指某些矿物的集合体颗粒和单晶体颗粒的相对大小和由大到小的相应质量分数。它是决定矿物单体解离的重要因素。

在选矿工艺过程中，矿物嵌布粒度是选择碎矿、磨矿作业和选矿方法的主要依据之一，是影响矿石可选性的重要方面，也是确定磨矿流程和选别流程结构的重要依据。

矿物嵌布粒度通常采用显微镜测定。显微镜下粒度测量的方法主要包括：面测法、线测法和点测法。

通过测定可绘制出矿物的粒度分布曲线，如图2.3所示。根据粒度分布曲线可以判断矿物的分布情况：

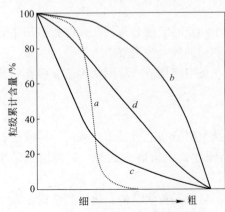

图 2.3　有用矿物粒度累计曲线的类型

（1）均匀分布：这种矿石中有用矿物的粒度范围很窄，曲线陡峻，曲线分布的粒径范围一般较窄（图2.3a线）。一般可以采用一段磨矿。

（2）粗粒不均匀分布：这类矿石中有用矿物的粒度范围较宽，向上凸（图2.3b线）。这类矿石应分段磨矿，分段选别。

（3）细粒不均匀分布：这类矿石中有用矿物的粒度范围较宽，这类矿石中有用矿物的粒度范围较宽，但以细粒为主，曲线向下凹（图2.3c线）。这类矿石也要分段磨矿，分段选别。

（4）极不均匀分布：矿物的粒度范围很宽，各种粒度的矿物颗粒含量大致接近，曲线为倾斜的（近似）直线（图2.3d线）。这类矿石很难确定合理的磨矿细度，应根据具体情况可采取多段磨矿、多段选别。有时还需采用多种选矿方法的联合流程。

2.3.5 矿物的解离性研究

要想通过选矿把有用矿物富集起来，首先必须使有用矿物从矿石中解离。因为只有将其单体解离后才能使之富集。因此，矿物解离性的好坏在很大程度上影响了矿石的可选性。

矿石经过破碎后，有些矿物呈单矿物颗粒从矿石的其他组成矿物中解离出来，这种单矿物颗粒称为"某矿物单体"（如磁铁矿单体、赤铁矿单体等）。由两种或两种以上的矿物连生在一起的颗粒叫"某-某矿物连生体"（如磁铁矿-石英连生体；赤铁矿-石英连生体等）。

通常用"解离度"表示某矿物在整个样品中单体的解离程度，用某矿物单体的质量或体积与该矿物的质量或体积总含量（即该矿物单体与连生体的质量或体积总和）之百分比表示。即：某矿物的解离度 = （单体含量/矿物总含量）×100%。

矿物单体解离度的测定通常是在光学显微镜下进行，而且，为了便于显微镜下观察和测量，通常需要对样品进行分级，并分别制备砂光片观测，然后通过计算获得矿物单体解离度的数值。

2.3.6 铁矿石工艺矿物学研究规范

铁矿石工艺矿物学研究规范包括铁矿石可选性评价、选矿工艺流程试验、选矿厂生产流程的工艺矿物学研究。

铁矿石可选性评价旨在解决铁矿石工业利用的可能性，要求探索不同类型成品级的矿石可选性差别，有害杂质除去的难易，以及伴生组分综合利用的可能，初步选定选别方法、原则流程和可能达到的指标。其基本研究内容如表2.10所示，研究基本程序见图2.4。

表2.10 可选性试验矿石工艺矿物学研究内容

序号	研 究 内 容	目 的
1	矿石化学组分考察	决定选矿方法与选矿限度
	光谱分析	快速了解矿石的化学组分全貌，阐明有无稀有、稀散金属
	多元素分析	阐明主要组分，伴生有用、有害组分的准确含量
	化学物相分析	对主回收元素的不同化合物形式进行定量测定

序号	研 究 内 容	目 的
2	有用、有害元素存在形式	决定选矿方法及选矿限度
3	矿石的矿物组成及含量	决定选矿方法及选矿限度
4	矿石结构构造，有用矿物嵌布特征及其共生关系研究	确定选矿程序和磨矿限度
5	有用矿物粒度分析	确定选矿程序和磨矿限度
6	影响选别的主要矿物的有关物理化学性质 硬度、密度（比值）、磁性、导电性、比表面等	决定选矿方法与选矿限度

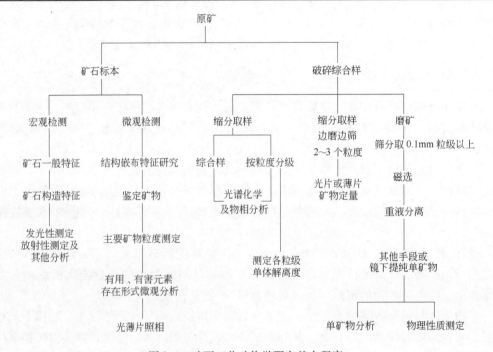

图 2.4　矿石工艺矿物学研究基本程序

选矿工艺流程试验的工艺矿物学研究目的是配合选矿工艺流程试验，提出最佳选矿方法、工艺流程和指标。其主要工作内容如表 2.11 所示。

表 2.11　选矿工艺流程试验工艺矿物学研究内容

研 究 内 容	目 的
有用、有害元素赋存状态研究	考虑综合回收和除杂方式
主回收矿物物化性质差异	影响回收率原因考察
矿物表面性质及微量元素对分选影响的研究	影响回收率原因考察
磨矿细度试验产品考察	推荐磨矿产品的细度与段数
工艺试验产品及最终产品系统考察 筛水析各粒级矿物组成 主回收矿物粒度组成比 主回收矿物单体解离度	监察流程的效果 确定最佳选别粒级
不同类型原矿石半工业、工业试验产品对比考察 矿石工艺类型划分 各类型矿石地质空间分布规律研究	指导生产配矿

在选矿工艺流程试验工艺矿物学研究时要根据原矿的工艺矿物学内容，结合选矿试验对产品进行工艺矿物学研究。

选矿厂生产流程的工艺矿物学研究目的：分析流程结构、工艺参数、选矿指标的合理性；供矿性质及选矿工艺故障的分析；精矿提质降杂的可能性和合理途径；尾矿综合利用的可能性及途径。其主要工作内容如表 2.12 所示。

表 2.12 选厂生产流程工艺矿物学考查内容

研究对象	研 究 内 容	研 究 目 的
分级溢流	元素的粒级分布，各粒级和全样的单体解离度	判别磨矿细度的合理性 探寻进一步提高指标的可能性
粗选精矿	确定有害杂质含量和种类	为精选提供依据
精选精矿	主回收矿物的单体解离度和粒级分布率、杂质矿物的成分	提高品位，降低杂质含量，改进质量
中 矿	杂质矿物混入的形式（单体和连生体）、杂质矿物的粒级分布	为回收方式提供依据
尾 矿	主回收矿物流失形式（单体和连生体）及其含量； 主回收矿物粒度分布、单体解离度与连生形式； 必要时，进行主回收矿物物化性质测定	考查流失原因，为改善选别指标提供依据

其工作程序为：流程样品的采集→样品的制备→样品的分析检测→工艺流程及选矿指标优化的途径。

参 考 文 献

[1] 方启学，卢寿慈. 世界弱磁性铁矿石资源及其特征[J]. 矿产保护与利用，1995，(4)：44～46.
[2] 朱俊士. 钒钛磁铁矿选矿及综合利用[J]. 金属矿山，2000，283(1)：1～5.
[3] 马鸿文. 工业矿物与岩石[M]. 北京：化学工业出版社，2005：5

3 铁矿石分选新工艺和实践

3.1 磁铁矿的分选新工艺与实践

磁铁矿是人类最早利用的矿石之一，而且磁铁矿选矿是铁矿石选矿工作的主体。多年来磁铁矿选矿技术不断发展和进步，从 20 世纪 60～70 年代间磁选设备的永磁化，到 80 年代细筛工艺的应用，使磁铁矿选矿生产指标有了较大的改善。但是目前入选的磁铁矿粒度逐渐细化，使得磁团聚在选别中的负面影响日益明显，磁性夹杂和非磁性夹杂导致依靠单一的磁选法提高精矿品位越来越难。而同时，2000 年以后，随着钢铁工业的发展，对原料的要求越来越高，许多单位和矿山围绕"提铁降硅"做了大量的研究开发工作，并采用各种不同的技术方案对选矿厂进行了卓有成效的改造，取得了显著效果，使我国磁铁矿品位提高到了 68.85%，SiO_2 由 8%～9% 降至 4%。

3.1.1 弱磁—阳离子反浮选工艺流程与实践

弱磁—反浮选工艺即把磁选法与反浮选结合起来，实现选别磁铁矿石过程中的优势互补，有利于提高磁铁矿石选别精矿品位。反浮选工艺根据药剂制度的不同，尤其是捕收剂的种类分为阳离子反浮选和阴离子反浮选。阳离子反浮选以淀粉作为磁铁矿的抑制剂，十二胺等胺类药物作为捕收剂，其优点是：药剂制度单一，要求的矿浆温度较低（25℃以上），中性矿浆。但其缺点也很明显，浮选泡沫黏，不利于下道工序处理；分选的选择性差，并且铁精矿中 SiO_2 含量较高，指标不太稳定；对橡胶有剧烈腐蚀作用等。国内大型铁矿鞍钢弓长岭选厂应用了弱磁—阳离子反浮选工艺，也有不少研究单位对弱磁—阳离子反浮选进行了大量研究。

3.1.1.1 弓长岭选矿厂工艺流程与实践

弓长岭选矿厂一选车间于 1959 年建成投产，设计规模 560 万 t/a，处理磁铁矿石。二选车间于 1975 年建成投产，于 1998 年改造成处理磁铁矿石。两个选矿车间采用阶段磨矿，单一磁选，细筛再磨流程，精矿品位 65% 左右，SiO_2 含量 8%～9%。自 2001 年开始，弓长岭矿山公司进行了磁铁矿精矿提铁降硅的试验研究工作，并于 2002 年相继完成了二选车间和一选车间的技术改造。技术改造的流程为：原有一二车间流程不变，其细筛筛下精矿采用阳离子反浮选工艺，经一次粗选一次精选获得最终精矿、反浮选泡沫经浓缩磁选后再磨、再磨产品经脱水槽和多次扫磁选后抛尾、磁选精矿返回反浮选作业再选，见图 3.1。

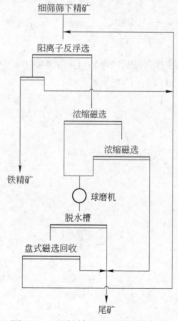

图 3.1 弓长岭选矿厂提铁降硅工艺流程

改造后精矿品位 68.88%，SiO_2 含量降到 4% 以下，提铁降硅部分作业回收率为 98.5% 左右，改造前后工艺指标对比结果见表 3.1。

表 3.1 弓长岭选矿厂提供降硅改造前后指标对比结果 （%）

指标对比	原矿品位	精矿品位（SiO_2）	尾矿品位	回收率
改造前（1998 年）	32.66	65.43（8~9）	9.23	83.53
改造后（2003 年）	34.43	68.88（≤4）	10.31	82.38

2007 年，长沙矿冶研究院和中国矿业大学联合将浮选柱用于弓长岭磁铁矿的阳离子反浮选，在十二胺药剂用量 100g/t，循环矿浆压力 0.045MPa，矿浆浓度 43%，浮选时间 7~8min 的条件下，一次粗选可得到 Fe 品位 70.00% 左右的铁精矿，在一粗二扫开路试验条件下得到 Fe 品位 70.95% 的铁精矿，同时尾矿 Fe 品位降至 20.88%。

3.1.1.2 辽宁宽甸磁铁矿阳离子反浮选研究

沈阳有色金属研究院对辽宁宽甸某贫磁铁矿石进行了选矿研究。矿石中金属矿物主要为磁铁矿，其次为赤铁矿、褐铁矿、磁黄铁矿和少量的黄铁矿。非金属矿物主要为硅酸盐，其次为碳酸盐、绢云母和透闪石。矿石中磁铁矿呈不规则状浸染嵌布，同时磁铁矿中又有微小孔洞被后期脉石矿物充填，磁铁矿与脉石矿物关系密切，给磁铁矿精矿铁品位的提高造成困难。该矿石属难选贫磁铁矿矿石，其原矿多元素分析和铁物相分析结果如表 3.2 和表 3.3 所示。

表 3.2 原矿多元素分析结果（质量分数） （%）

元 素	Fe	SiO_2	MgO	S	P	Cu	Pb
含 量	32.86	23.04	21.46	1.37	0.08	0.025	0.045

元 素	Zn	As	TiO_2	K_2O	Na_2O	Sn	
含 量	0.08	0	0.06	0.124	0.119	0.005	

表 3.3 铁物相分析结果

铁 相	磁铁矿中铁	雌黄铁矿中铁	菱铁矿中铁	赤铁矿和褐铁矿中铁	黄铁矿中铁	含铁硅酸盐中铁	全 铁
含量(质量分数)/%	28.130	1.402	1.582	1.657	0.013	0.078	32.862
分布率/%	85.60	4.27	4.81	5.04	0.04	0.24	100.00

对该矿石进行了磁选—反浮选试验，试验流程如图 3.2 所示，试验结果见表 3.4。

表 3.4 磁选—反浮选试验结果

产品名称	产率/%	铁品位/%	铁回收率/%
铁精矿	37.83	67.35	77.54
尾 矿	62.17	11.87	22.46
原 矿	100.00	32.86	100.00

结果表明采用弱磁选—细磨磁选—阳离子反浮选的联合工艺流程，可获得高品位铁精矿。采用一段磨矿细度 -0.074mm 占 80%，磁场强度 95kA/m；二段磨矿细度 -0.038mm

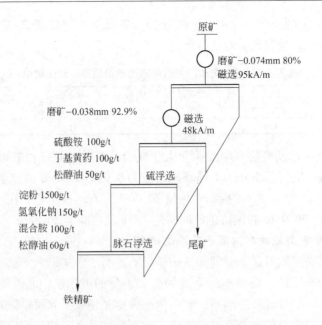

图 3.2　磁选—反浮选试验流程

占 92.5%，磁场强度 48kA/m。磁选铁精矿再经硫酸铵活化脱硫，可溶性淀粉做铁矿物的选择性抑制剂，混合胺做脉石矿物的捕收剂反浮选，可获得 67.35% 的高品位磁铁精矿。研究结果对同类难选贫磁铁矿石提高铁精矿品位、制取高品位铁精矿的研究与生产具有借鉴和指导作用。

3.1.1.3　酒钢焙烧—磁选精矿阳离子反浮选提质工业实践

酒钢选矿厂原焙烧—磁选精矿品位在 56.50% 左右，SiO_2 + Al_2O_3 杂质含量在 11% 左右，严重影响了炼铁的技术指标和经济效益，为了提高铁精矿的品质，2005 年上半年，酒钢钢铁研究院在实验室对弱磁选铁精矿提质降杂进行了进一步的研究，弱磁选铁精矿品位由 55.17% 提高到 60.95%，精矿中 SiO_2 含量 5.11%。试验结果见表 3.5。

表 3.5　弱磁选精矿提铁降硅实验室研究结果

研究单位	流　程	给矿品位/%	精矿品位/%		尾矿品位/%	回收率/%	较三段磁选精矿	
			TFe	SiO_2			TFe 提高/%	SiO_2 降低/%
长　沙	全　浮	55.50	59.50	6.50	29.31	93.00	3.60	4.30
酒　钢	全　浮	55.17	60.95	5.52	24.48	92.94	4.78	5.11

在实验室研究取得初步结果的基础上，酒钢与长沙矿冶研究院组成试验组，于 2005 年 7~11 月对酒钢选矿厂弱磁系统二磁精矿进行了提质降杂工业分流试验。选厂二磁精矿多元素化学分析结果如表 3.6 所示，矿物组成结果如表 3.7 所示。可见二磁精矿中铁矿物总量为 83.86%，脉石含量为 16.14%，且主要以含铁碧玉、石英及千枚岩为主。铁矿物有 20% 左右是呈连生体存在；脉石矿物有 40% 呈单体，60% 是与铁矿物呈贫连生体。说明精矿中一方面存在磨矿细度不够，连生体较多，另一方面机械夹杂的单体脉石也较严重。

表 3.6 二磁精矿多元素化学分析结果（质量分数） （%）

元 素	TFe	FeO	Fe_2O_3	Al_2O_3	CaO	MgO	SiO_2
含 量	56.87	23.83	54.77	1.39	1.04	2.62	12.47
元 素	MnO	K_2O	Na_2O	BaO	S	P	Ig
含 量	1.68	1.09	0.124	1.00	0.344	0.021	1.44

表 3.7 二磁精矿矿物组成分析结果 （%）

矿物名称	磁铁矿	镁锰磁铁矿	镜铁矿	菱铁矿	褐铁矿
分布率	58.56	22.80	1.70	0.80	少
矿物名称	碧 玉	石 英	铁白云石	重晶石	千枚岩
分布率	9.52	2.40	1.20	0.50	2.52

二磁精矿不同粒级金属分布情况如表 3.8 所示，可见二磁精矿中大于 0.074mm 粒级产率为 15.17%，且这部分粒级 SiO_2 含量高，达到了 25.96%，需要进一步细磨再选；从杂质分布情况来看，二磁精矿中 SiO_2 主要分布于 0.125~0.019mm 粒级中，特别是 0.037mm 以下粒级，而这部分脉石矿物大多数已单体解离。因此，仅需进一步精选。由于矿石性质和生产工艺的原因，酒钢选矿厂循环水水质具有硬度高、pH 值高的特点，通常 pH 值可达到 8.6~9.0，而弱磁系统矿浆中水的 pH 值更高，可达到 9.3 左右。针对调试过程中出现的脉石矿物上浮困难、精矿质量差等问题，向矿浆中添加盐酸或硫酸进行矿浆 pH 值调整，调整后精矿品位都能够得到大幅度的提高，精矿中杂质含量大大降低，说明矿浆 pH 值是影响捕收效果的非常关键因素。通过进行浮选条件试验及药剂筛选，确定了各作业的浮选机参数、浮选工艺条件以及施以酒钢弱磁精矿反浮选药剂——GE-609 阳离子捕收剂。72h 稳定试验结果表明，一次粗选、一次精选、四次扫选反浮选流程指标为精矿品位 61.82%，SiO_2 含量 5.46%，作业回收率 93.98%。与同期生产指标相比，精矿铁品位提高 4.05 个百分点，SiO_2 降低 4.65 个百分点。工业分流试验浮选原则流程见图 3.3，试验结果见表 3.9。

表 3.8 二磁精矿粒级金属分布结果

粒级/mm	产率/%	品位/%		TFe 分布率 /%	SiO_2 分布率 /%
		TFe	SiO_2		
+0.154	1.52	26.90	48.83	0.72	6.59
-0.154+0.125	3.03	37.33	34.76	2.00	9.38
-0.125+0.074	10.62	49.33	20.17	9.26	19.02
-0.074+0.054	18.45	58.86	9.99	19.21	16.39
-0.054+0.037	28.14	62.27	5.80	30.99	14.51
-0.037+0.019	36.63	56.31	9.67	36.49	31.51
-0.019	1.61	46.07	17.98	1.31	2.58
合 计	100.00	56.53	11.24	100.00	100.00

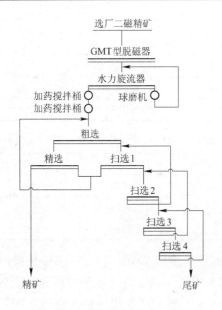

图 3.3　二磁精浮选降杂工业分流
试验工艺流程

表 3.9　弱磁选精矿提质降杂工业分流试验结果

流程	给矿品位/%	精矿品位/%		尾矿品位/%	回收率/%	较三段磁选精矿	
		TFe	SiO$_2$			TFe 提高/%	SiO$_2$ 降低/%
全浮选流程	56.53	61.82	5.46	24.20	93.98	4.05	4.65
同期三段磁选作业	56.96	57.77	10.11	24.44	98.96		

将反浮选流程连续稳定试验产品及同期现场弱磁选三次磁选作业的产品分别进行多元素化学分析、矿物组成分析，结果分别见表 3.10、表 3.11。

表 3.10　产品多元素化学分析结果（质量分数）　　　　　　（%）

样　品		TFe	FeO	Fe$_2$O$_3$	Al$_2$O$_3$	CaO	MgO	SiO$_2$
现场三磁作业	精矿	57.80	24.55	55.29	1.28	1.01	2.66	10.80
	尾矿	24.20	10.48	22.93	4.15	3.12	2.66	46.63
浮选作业	精矿	61.62	25.99	59.15	1.02	1.06	2.58	6.00
	尾矿	24.57	10.36	23.59	3.56	0.89	1.76	55.97

样　品		MnO	K$_2$O	Na$_2$O	BaO	P	Ig
现场三磁作业	精矿	1.63	0.277	0.074	0.340	0.023	1.36
	尾矿	1.11	0.313	0.131	1.08	0.087	4.60
浮选作业	精矿	1.73	0.201	0.043	0.265	0.015	1.41
	尾矿	1.06	1.04	0.093	0.900	0.045	1.66

表 3.11　产品矿物组成分析结果（质量分数）　　　　　　（%）

矿物名称	现场三磁作业		浮选作业	
	精　矿	尾　矿	精　矿	尾　矿
磁铁矿	6.30	10.14	65.01	17.60
镁锰磁铁矿	23.20	11.48	24.50	10.80
镜铁矿	1.40	8.54	1.72	1.80
菱铁矿	0.61	3.02	0.65	少
褐铁矿	少	少	少	少
碧　玉	9.07	27.94	4.61	40.20
石　英	2.30	15.42	0.94	12.50

矿物名称	现场三磁作业		浮选作业	
	精矿	尾矿	精矿	尾矿
铁白云石	1.22	2.59	1.13	1.00
重晶石	0.60	2.64	0.55	0.70
千枚岩	1.30	18.23	0.89	15.40

可见,选矿厂焙烧—磁选系统提质降杂实施改造后,精矿品位提高4.00个百分点、SiO_2降低4.50个百分点,且减少了K_2O、K_2O、P、S等杂质的含量,经济效益显著。

在国外,弱磁—阳离子反浮选工艺已经广泛应用于磁铁矿的选矿。美国恩派尔选矿厂阳离子反浮选工艺主要用于选别两段弱磁选后含铁63%的铁精矿。加拿大多米尼翁铸造钢铁公司亚当斯矿采用磁选—阳离子反浮选流程,铁精矿铁品位达到了68%。加拿大钢铁公司格里菲斯矿采用磁选—细筛—阳离子反浮选流程,铁精矿铁品位达到了69.3%,SiO_2含量3.50%。加拿大谢尔曼矿采用磁选—分级—磁选—阳离子反浮选流程,铁精矿铁品位67.5%,SiO_2含量5.00%。

3.1.2 弱磁—阴离子反浮选工艺与实践

相对于阳离子反浮选来说,阴离子反浮选有其自身的优点,如浮选泡沫不黏,指标较稳定,对橡胶基本无腐蚀作用。但阴离子反浮选药剂种类较多,要求的浮选矿浆温度较高(30℃以上),碱性矿浆,对精矿管道输送有利,不利于精矿直接过滤,过滤前需加酸处理。

3.1.2.1 尖山铁矿生产实践

尖山铁矿为鞍山式磁铁矿床。矿石中的主要矿物为磁铁矿、石英铁闪石、透闪石、赤铁矿等。地质储量(B+C)1138亿t,平均地质品位TFe 34.45%,SFe 32.14%。尖山选矿厂设计年处理原矿500万t。矿石经破碎筛分、三段磨矿、两段细筛、五段磁选后铁精矿品位达65.5%,含SiO_2 8%。选矿厂于1994年8月开始生产。1997年7月1日长距离铁精矿输送管道投入运行,选矿生产能力大大提高,当年生产精矿80万t,此后逐年增加,1998年输送精矿120万t,1999年为161万t。选厂第四系列于2001年11月3日试车投产,投产后尖山选矿厂每年生产精矿200万t(设计)。铁精矿在前处理车间经浓缩、加药搅拌,通过隔膜泵经102.3km的长距离管道送往太原的后处理车间过滤。

马鞍山矿山研究院在小型试验中也对两种反浮选工艺进行了探索,认为胺类阳离子捕收剂和阴离子捕收剂相比,分选的选择性差,并且铁精矿中SiO_2含量较高。根据该院的选矿试验结果和鞍钢的实践经验,并结合尖山铁矿的特点,确定尖山铁矿选矿厂提铁降硅工艺为阴离子反浮选,采用一粗、一精、三扫的工艺流程(见图3.4),主要工艺指标见表3.12。

表3.12 尖山磁选精矿阴离子反浮选设计指标

产品名称	产率/%	产量/万t·a⁻¹	品位/%		回收率/%
			TFe	SiO_2	
浮选铁精矿	93.3	214.59	68.80	4	98.00
浮选尾矿	6.70	15.41	19.55		2.00
浮选原矿	100.00	230.00	65.50	8	100.00

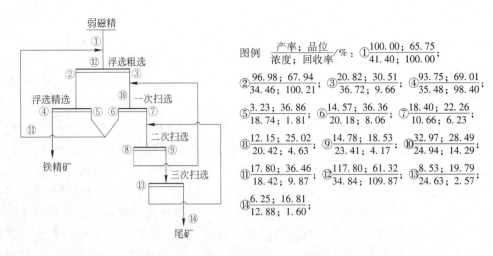

图例　产率；品位/%／浓度；回收率/%：① $\dfrac{100.00；65.75}{41.40；100.00}$；

② $\dfrac{96.98；67.94}{34.46；100.21}$　③ $\dfrac{20.82；30.51}{36.72；9.66}$　④ $\dfrac{93.75；69.01}{35.48；98.40}$；

⑤ $\dfrac{3.23；36.86}{18.74；1.81}$　⑥ $\dfrac{14.57；36.36}{20.18；8.06}$　⑦ $\dfrac{18.40；22.26}{10.66；6.23}$；

⑧ $\dfrac{12.15；25.02}{20.42；4.63}$　⑨ $\dfrac{14.78；18.53}{23.41；4.17}$　⑩ $\dfrac{32.97；28.49}{24.94；14.29}$；

⑪ $\dfrac{17.80；36.46}{18.42；9.87}$　⑫ $\dfrac{117.80；61.32}{34.84；109.87}$　⑬ $\dfrac{8.53；19.79}{24.63；2.57}$；

⑭ $\dfrac{6.25；16.81}{12.88；1.60}$；

图 3.4　尖山铁矿阴离子反浮选数质量流程图

新增加阴离子反浮选工艺流程后，年处理磁选精矿为 230 万 t，年产含铁品位 68.8%、SiO_2 4% 的反浮选铁精矿 214.59 万 t，精矿产量减少 15.41 万 t。综合分析，改造后每年增加的利润总额为 2857 万元，经济效益显著。

3.1.2.2　鲁南矿业公司生产实践

鲁南矿业公司矿石为沉积变质鞍山式贫磁铁矿，主要含铁矿物为磁铁矿、假象赤铁矿及褐铁矿，主要脉石矿物为石英、铁闪石、普通角闪石，少量脉石矿物为黑云母、绿泥石、阳起石、方解石、长石、金红石等。磁铁矿是主要回收矿物，多呈半自形、自形或他形集合体产出。磁铁矿分布在两种条带中，在以铁矿物为主的条带中，磁铁矿粒度较粗，一般在 0.014 ~ 0.31mm，较大颗粒可达 0.33 ~ 0.57mm，细小的为 0.001 ~ 0.007mm，以脉石为主条带中的磁铁矿多为细粒浸染在脉石矿物中，粒度为 0.002 ~ 0.036mm，石英为主要脉石矿物，普遍成粒状或集合体嵌布在其他矿物间。嵌布粒度在两种条带中有所不同，在以铁矿物为主的条带中，石英的粒度较脉石条带中石英的粒度细一些，而以闪石为主的脉石条带中，石英粒度又比以石英为主的条带中的石英粒度细，石英粒度大而不均，一般为 0.09 ~ 0.36mm，小者为 0.014 ~ 0.018mm，其化学多元素分析结果如表 3.13 所示，物相分析结果如表 3.14 所示。

表 3.13　化学多元素分析结果（质量分数）　　　　　　（%）

元素	TFe	SFe	FeO	SiO_2	Al_2O_3	CaO	MgO	P	S	烧失
含量	63.06	62.57	26.63	11.29	0.19	0.42	0.30	0.024	0.028	0.25

表 3.14　铁物相分析结果

铁物相	磁铁矿	假象赤铁矿	赤褐铁矿	碳酸铁	硫化铁	硅酸铁
含量（质量分数）/%	60.00	0.50	0.07	0.50	0.15	1.88
占有率/%	95.09	0.79	0.11	0.79	0.24	2.98

鲁南矿业公司改造前的工艺流程为阶段磨矿、阶段选别、细筛返回再磨、高频振动细筛与三段磨矿形成闭路的多段选别工艺流程，在矿石性质先天不足的情况下，2002 年精矿品位达到 64% 以上，磨矿细度 $-0.074mm$ 占 93% 以上，工艺流程如图 3.5 所示。

由于矿石性质的限制，单一磁选流程在充分挖潜的基础上，与莱钢对原料质量的要求仍有一定差距，2002 年 6 月至 12 月生产指标如表 3.15 所列。

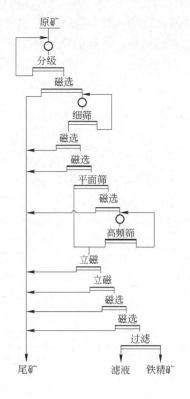

图 3.5 改造前工艺流程

表 3.15 2002 年鲁南矿业铁精矿生产指标 （%）

生产指标	6 月	7 月	8 月	9 月	10 月	11 月	12 月
精矿品位	63.84	64.09	64.92	64.29	64.97	63.66	63.41
尾矿品位	12.67	14.64	11.97	12.59	12.48	13.43	12.86
回收率	73.91	68.79	75.58	75.28	75.10	72.17	74.23

马鞍山矿山研究院对鲁南矿业磁选铁精矿进行了反浮选提铁降硅的研究，对比了中矿集中返回粗选和中矿顺序返回前一两种试验流程，工艺流程如图 3.6 所示，闭路试验结果如表 3.16 所示。

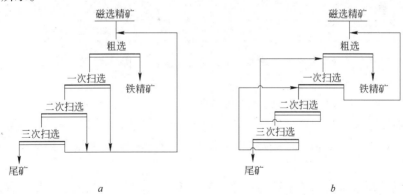

图 3.6 马鞍山矿山研究院磁选铁精矿反浮选提铁降硅工艺对比流程

a—中矿集中返回粗选流程；b—中矿顺序返回流程

结果可知，采用中矿顺序返回工艺优于中矿集中返回粗选工艺，故鲁南矿业公司对原有工艺流程进行了改造，即在原单一磁选流程工艺基础上，增加了磁选精矿的阴离子反浮选工艺，改造后工艺流程如图 3.7 所示。

在阴离子反浮选流程中，入浮前设置浓密机，用于稳定入浮矿浆浓度、浮选药剂用量等诸多对浮选作业有影响的因素。另外，一扫中矿返回浓密机，与返回粗选相比，有利于分选过程的稳定，改造前后分选指标的对比如表3.17所示，2003年6月至12月生产指标如表3.18所示，可见改造后，大大提高了精矿品位。

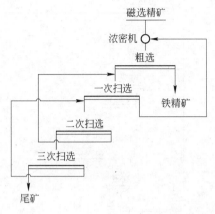

图3.7　改造后工艺流程

表3.16　闭路试验结果

流程结构	产品名称	产率/%	品位/%		回收率/%	
			TFe	SiO$_2$	TFe	SiO$_2$
中矿集中返回	浮选精矿	90.50	67.07	5.82	96.40	46.82
	浮选尾矿	9.50	23.89	62.98	3.60	53.18
	磁选精矿	100.00	62.97	11.25	100.00	100.00
中矿顺序返回	浮选精矿	90.90	67.17	5.65	96.13	45.13
	浮选尾矿	9.91	24.55	62.46	3.87	54.87
	磁选精矿	100.00	62.95	11.28	100.00	100.00

表3.17　改造前后指标对比　　　　　　　　　　　　　　　　（％）

指标对比	精矿品位	尾矿品位	回收率
改造前	64.25	12.67	71.87
改造后	67.22	13.56	68.43

表3.18　2003年6月至12月生产指标　　　　　　　　　　　（％）

生产指标	6月	7月	8月	9月	10月	11月	12月
精矿品位	66.84	67.39	67.33	67.81	67.79	66.84	66.34
尾矿品位	13.89	13.23	14.84	12.75	13.69	14.64	10.87
回收率	65.61	68.65	66.63	69.36	70.42	68.67	81.09

反浮选改造后，精矿成本每吨增加26.25元，但由于提高铁精矿品位，铁精矿价格提高100元以上，经济效益显著。

3.1.2.3　大孤山选厂弱磁—反浮选提质的研究

鞍钢大孤山选矿厂采用单一磁选工艺，为了提高其磁铁矿精矿进行了反浮选提质的试验研究，选择四次脱水给矿和二磁精作为阴离子和阳离子反浮选的给矿，进行了对比研究。

阴离子反浮选采用的工艺条件为：浮选温度30～33℃，浮选浓度33%左右，矿浆pH值10.5～11.0；阳离子（中性）反浮选采用的工艺条件：浮选温度为25℃左右，浮选浓度33%左右，矿浆pH值为中性。

四次脱水给矿阴离子反浮选流程，采用一次粗选、一次精选选别，粗选尾矿进行三次扫选的中矿顺序返回前一作业。浮选药剂制度：NaOH用量为1125g/t，淀粉用量为1875g/t，CaO量为250g/t，MZ-21用量为粗选200g/t，精选55g/t。在四次脱水给矿品位为64.66%、粒度为－0.074mm占96.50%时，取得了精矿品位68.67%、尾矿品位27.60%、回收率94.45%的选别指标。其数质量流程见图3.8。

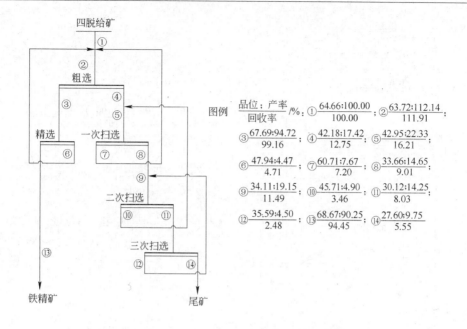

图3.8 四次脱水给矿阴离子反浮选闭路数质量流程

四次脱水给矿阳离子（中性）反浮选—磁选抛尾工艺流程，采用一次粗选、一次精选选别，浮尾采用磁选抛尾，中矿返回前一作业。阳离子反浮选采用十二胺捕收剂，其用量为粗选60g/t、精选20g/t。磁选管磁场强度为80kA/m。在给矿品位64.66%时，取得了浮精品位68.60%、产率75.21%、磁尾品位32%、产率3.30%的开路选别指标。其数质量流程见图3.9。

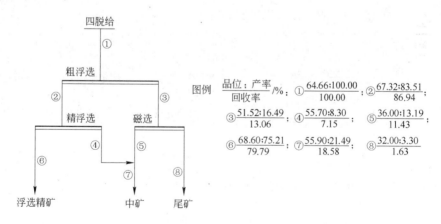

图3.9 四脱给阳离子反浮选闭路数质量流程

二次磁选精矿再磨后阴离子反浮选工艺流程采用一次粗选、一次精选、三次扫选选别，中矿顺序返回前一作业。二次磁选精矿适宜磨矿粒度为 −0.074mm占98%左右。浮选药剂制度NaOH用量为1125g/t，淀粉用量为1875g/t，CaO用量为400g/t，MZ-21用量为粗选230g/t、精选85g/t。其闭路试验，在磨矿粒度为 −0.074mm占98%、品位为60.82%时，取得了浮精品位69.24%、浮尾品位18.18%、回收率95.07%的选别指标。其数质量流程见图3.10。

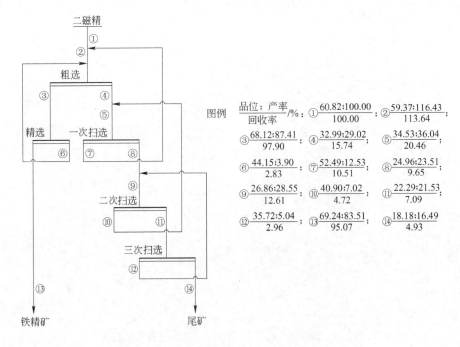

图 3.10　二磁精阴离子反浮选闭路试验数质量流程

二次磁选精矿再磨后中性阳离子反浮选—磁选抛尾工艺流程，采用一次粗选、一次精选选别，浮尾采用磁选管抛尾，中矿返回前一作业。浮选药剂制度十二胺用量为粗选 70g/t、精选为 25g/t，磁选管磁场强度为 80kA/m。当二次磁选精矿磨矿粒度为 −0.074mm 占 98%、品位为 60.82% 时，开路试验取得了浮精品位 68.68%、产率 69.88%、浮尾品位 19.96%、产率 11.08% 的试验结果见图 3.11。

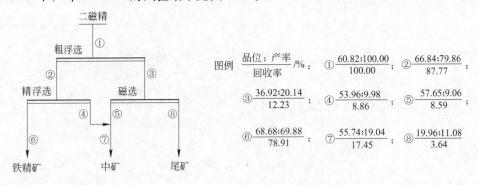

图 3.11　二磁精再磨阳离子反浮选—磁选抛尾工艺开路数质量流程

上述四种方案，因工艺流程的差别取得的选别指标也不相同。在现生产流程的相同作业引入不同反浮选工艺时，阴离子反浮选与阳离子反浮选流程相比，阴离子反浮选工艺流程方案 I、III 取得的铁精矿品位均较高，分别达到 68.67% 和 69.24%。阳离子（中性）反浮选—磁选抛尾工艺流程方案 II、IV 取得的选别指标较差，不仅尾矿品位较高，而且要取得高品位铁精矿也较困难，开路试验的铁精矿品位仅达到 68.60% 和 68.68%，说明其选分效果较差。在现生产流程的不同作业均引入阴离子反浮选时，二次磁选精矿再磨后阴离子反浮选与四次脱水给矿阴离子反浮选流程相比，前者取得的铁精矿品位较高，提质效果明显。

3.1.3 全磁分选工艺流程与实践

长期以来，大多数磁铁矿选矿厂一直采用常规的筒式磁选机作为磁铁矿精选设备，虽然在磁选机规格、给矿方式、槽体结构等方面作了大量的技术改造，但是由于强烈的"磁团聚"作用，使磁选过程选择性降低，产生"磁性夹杂"和"非磁性夹杂"，造成最终磁铁矿精矿中 SiO_2 含量居高不下，高达 6.5% 以上。为了获得高品质铁精矿，一些选矿厂选择各种全磁流程分选法，采用新型磁选设备在工业试验中获得铁精矿品位大于 69%，SiO_2 含量小于 4% 的先进指标。

全磁流程分选法主要靠各种新型磁选设备的搭配组合实现对磁铁矿的有效分选，其中比较典型的设备有磁选柱、高频振动细筛、磁场筛选机、磁聚机、脱磁器等，这些设备与传统弱磁选设备组合使用，极大地提高了磁选技术的进步。与反浮选提铁降硅相比，全磁流程分选法突出了流程简单、工艺可靠、投资省、工期短、运行成本低、无环境污染等优势。但全磁流程的推广也有一定的限制，对于微细粒嵌布的磁铁矿往往不能得到良好的指标。

3.1.3.1 歪头山铁矿全磁流程分选工艺与实践

对本钢歪头山选厂改造前铁精矿进行粒度筛析后，对各级别粒度进行镜下观察分析，结果见表 3.19。

表 3.19 铁精矿筛析后镜下检查结果

粒级/mm	产率/%	品位/%	金属率/%	铁分布率/%	铁矿物单体解离度/%	脉石单体解离度/%
+0.18	0.60	30.73	0.18	0.266	85.96	50.03
−0.18 +0.15	1.00	9.74	0.20	0.295	73.08	53.43
−0.15 +0.106	2.10	27.58	0.58	0.856	84.01	61.65
−0.106 +0.095	3.82	51.24	1.95	2.876	96.45	72.79
−0.095 +0.085	2.20	62.58	1.38	2.036	99.13	79.21
−0.085 +0.074	6.91	66.57	4.60	6.785	99.97	98.82
−0.074	83.39	70.36	55.90	86.816		
合 计	100.00	67.69	67.79	100.00	89.60	69.32

可以看出，铁精矿中铁矿物存在着 10.40% 的连生体颗粒，脉石部分存在着 30.68% 的单体脉石，这些连生体和脉石之所以能够进入到铁精矿中，主要原因在于磁选中产生磁团聚，造成磁性和非磁性夹杂，证明使用常规弱磁选设备选出深度不够，必须从精矿中选出这些连生体和脉石，对其进行细磨再选，提高单体解离度，才能实现提铁降硅。

　　歪头山的全磁分选流程是典型的新型磁选设备组合，原主厂房的三磁精矿由渣浆泵送至新厂房，经过高频震动细筛—磁选机—磁选柱得到合格精矿 I，磁选的尾矿为最终尾矿，筛上及磁选柱中矿合并经浓缩磁选后进入球磨机与水力旋流器构成的闭路磨矿系统进行细磨至 −0.076mm 占85%后，进入磁选—细筛—磁选获得合格精矿 II，磁选的尾矿为最终尾矿，细筛的筛上产品返回浓缩再磨再选。精矿 I 和精矿 II 合并给入过滤机，过滤滤液返回原厂房分级作业，过滤滤饼给入胶带机转运至精矿仓。尾矿经自流槽给入 φ53m 浓密机，工艺数质量流程、工艺矿浆流程见图 3.12。

　　该流程有以下优点：

　　该流程为单一弱磁全磁选流程，无药剂，无污染；流程切入点准确，开口少，对于优化整体工艺流程、达到降硅提铁的最终目的，合理而经济；工艺简单可靠，设备成熟先进；铁精矿由 67% 提高到 69% 以上，SiO_2 由 6.5% 降到 4.5% 以下，降硅提铁效果显著。

　　该工艺的新型磁选设备组成如下：

　　MVS2020 高频振网筛 20t/h（干矿量）；CXZ60 磁选柱 15t/h（干矿量）；BX-1024 型磁选机 50t/h（干矿量），$200m^3/h$（矿浆量），CTB-1021 磁选机 60t/h（干矿量）$200m^3/h$（矿浆量）。经过计算以及考虑设备配置要求，一段细筛选用 16 台 MVS2020 高频振网筛，二段细筛选用 4 台 MVS2020 高频振网筛，选用 16 台 CXZ60 磁选柱，筛下磁选机选用 BX-1021 磁选机 6 台，再磨后一次磁选选用 BX1021 磁选机 4 台，二次磁选选用 CTB-1021 磁选机 4 台。另外，在二段细筛前选用 10 台 GMT-φ159 高效脉冲脱磁器。

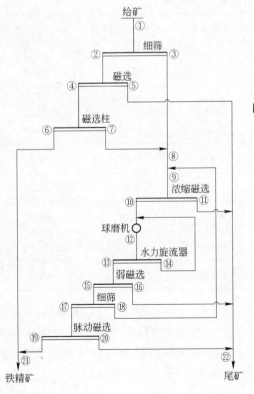

图例　$\dfrac{\text{产率；品位}/\%}{\text{金属回收率}}$

① $\dfrac{100.00；63.00}{100.00}$；
② $\dfrac{83.00；67.50}{88.93}$；
③ $\dfrac{17.00；41.03}{11.07}$；
④ $\dfrac{41.94；68.25}{88.77}$；
⑤ $\dfrac{1.06；9.5}{0.16}$；
⑥ $\dfrac{69.65；70.15}{77.56}$；
⑦ $\dfrac{12.29；57.48}{11.21}$；
⑧ $\dfrac{29.29；47.93}{22.28}$；
⑨ $\dfrac{31.99；46.83}{23.77}$；
⑩ $\dfrac{27.30；53.09}{23.00}$；
⑪ $\dfrac{4.69；10.44}{0.77}$；
⑫ $\dfrac{69.20；43.25}{67.85}$；
⑬ $\dfrac{27.30；53.09}{23.00}$；
⑭ $\dfrac{81.90；39.67}{51.57}$；
⑮ $\dfrac{22.47；62.48}{22.28}$；
⑯ $\dfrac{4.83；9.35}{0.72}$；
⑰ $\dfrac{19.77；66.25}{20.79}$；
⑱ $\dfrac{2.70；34.88}{1.49}$；
⑲ $\dfrac{19.45；67.17}{20.74}$；
⑳ $\dfrac{0.32；9.5}{0.05}$；
㉑ $\dfrac{89.10；69.50}{98.30}$；
㉒ $\dfrac{10.90；9.83}{1.70}$

给矿 ① 细筛 ② ③ 磁选 ④ ⑤ 磁选柱 ⑥ ⑦ ⑧ ⑨ 浓缩磁选 ⑩ ⑪ 球磨机 ⑫ 水力旋流器 ⑬ ⑭ 弱磁选 ⑮ ⑯ 细筛 ⑰ ⑱ 脉动磁选 ⑲ ⑳ ㉑ ㉒ 铁精矿 尾矿

a

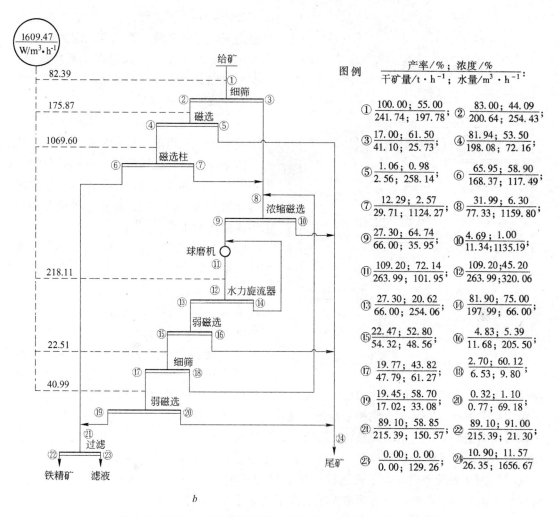

图 3.12 歪头山铁矿提铁降硅工艺数质量流程和工艺矿浆流程

a—工艺数质量流程；b—工艺矿浆流程

3.1.3.2 南芬铁矿全磁流程分选工艺与实践

本钢南芬选矿厂在技术改造之前，铁精矿品位为 67.50%、SiO_2 6.5%。针对流程中筛分效率低、二次循环负荷大以及磁性夹杂严重的问题，进行了全面的工艺流程改造。其工艺改造提铁降硅工艺流程见图 3.13。

南芬铁矿选厂主要进行了以下改造：

（1）细筛改造。将原有的尼龙细筛改成高频振动筛，提高筛分效率，使筛分效率由 30% 提高到 55%，将筛孔变小，由原来的 0.15mm 降到 0.125mm，提高筛下 -0.074mm 的含量。

（2）分级改造。原流程的二次分级溢流粒度偏粗，实际为 +0.125mm 占 18% 左右，而设计指标为 +0.125mm 占 12% 左右。二次分级溢流单体解离度低。考虑到分级机为高堰式，沉降区太小，造成分级返砂量不足，二次磨矿浓度太低 58% 左右，造成二次分级溢流粒度不达标。因此将分级溢流堰加高 80mm，增大沉降区，降低分级转数，增加沉降时间。

（3）成立单独的再磨系统。由于原流程一次磨矿与二次磨矿为一对一的系统，一次磨矿经过一段选别后，再进入二次磨矿。经过二段选别后，细筛筛上量返回到二次分级。

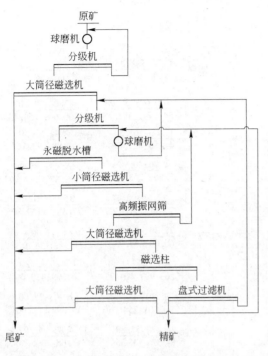

图 3.13　本钢南芬铁矿选厂提铁降硅工艺流程

系统改造后的工艺流程为：一次磨矿与二次磨矿为三对二的系统，每三台二次磨矿剩下一台单独处理筛上量。通过以上系统改造，二次分级溢流粒度由 +0.125mm 占 18% 降到 12%，取得了明显的成效。

（4）选别改造。原流程细筛筛下量由三段脱水槽和三段磁选机处理而成为最终精矿。由于脱水槽和磁选机分离机械夹杂的效果不明显，选别改造用磁选柱代替了三段脱水槽和磁选机，因为磁选柱去除机械夹杂和连生体的能力很强。

（5）过滤改造。由于提铁降硅技术改造后，精矿粒度变细，再用原来的内滤式筒式过滤机难以处理，改用盘式过滤机，单击处理量大，过滤利用系数由 $0.8t/(m^2 \cdot h)$ 增大到 $1.0t/(m^2 \cdot h)$。

（6）完善自动控制系统。本钢南芬选矿厂原流程采用一次磨矿自动控制系统；为确保二次分级溢流粒度的细化和稳定，安装了二次磨矿系统的自动控制；选别段磁选柱为了稳定精矿浓度，安装了自动控制系统；盘式过滤机和高频振动筛自带自动控制系统。为了及时反馈精矿品位，从而调整各工序操作，安装精矿品位仪。为了解决回水的水质和水压问题，进行了浓密及自动控制。总体上提升了南芬选矿厂的自动控制水平。

（7）回水系统改造。由于磁选柱的用水量相对较大，加上回水水质较差，南芬选厂对回水系统进行了改造。一方面浓缩机提高了底流浓度，增加了回水量；另一方面，浓缩机中加入絮凝剂，提高回水水质。

全磁流程主要新型磁选设备有：MVS2020 高频振网筛 82 台，BX 磁选机 49 台，CXZ60 磁选柱 67 台。其生产指标铁精矿品位在 69.5% 以上，SiO_2 低于 4%。

3.1.3.3　大孤山铁矿全磁流程分选工艺与实践

鞍钢大孤山铁矿选矿厂全磁流程提铁降硅改造后工艺流程见图 3.14。单系统工业试验取得了原矿品位 29.73%，精矿品位 67.44%，尾矿品位 10.25%，金属回收率 77.27% 的技术指标。

针对大孤山选矿厂原流程存在的问题，根据矿石性质，决定采用图 3.14 的流程进行工业试验。试验流程构成：二次分级为 $\phi500mm \times 5$ 水力旋流器组，动压给矿，自动控制；一、二次脱水槽为 $\phi3000mm$ 和 $\phi2000mm$ 脱水槽。除一次磁选用现场永磁机外，二、三、四、五次磁选都采用 BX $\phi1050mm \times 2400mm$ 多极磁系磁选机，一段细筛和二段细筛都采用 MVS 型高频振网筛，规格分别为 $2000mm \times 2000mm$ 和 $1800mm \times 2000mm$。改造单系统工艺流程特点分析如下。

　A　一段磨矿

因为一段磨矿自动控制方式为控制溢流浓度间接控制台时处理能力，所以对品位高易

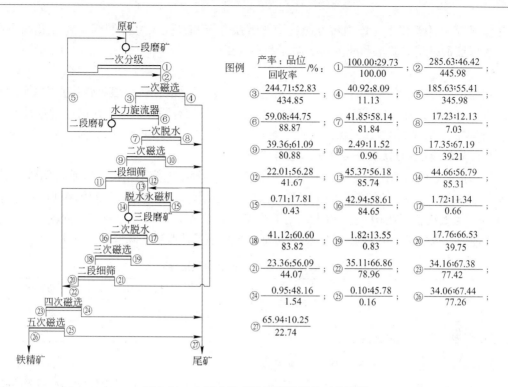

图例　产率：品位／%　回收率

① $\dfrac{100.00:29.73}{100.00}$; ② $\dfrac{285.63:46.42}{445.98}$;

③ $\dfrac{244.71:52.83}{434.85}$; ④ $\dfrac{40.92:8.09}{11.13}$; ⑤ $\dfrac{185.63:55.41}{345.98}$;

⑥ $\dfrac{59.08:44.75}{88.87}$; ⑦ $\dfrac{41.85:58.14}{81.84}$; ⑧ $\dfrac{17.23:12.13}{7.03}$;

⑨ $\dfrac{39.36:61.09}{80.88}$; ⑩ $\dfrac{2.49:11.52}{0.96}$; ⑪ $\dfrac{17.35:67.19}{39.21}$;

⑫ $\dfrac{22.01:56.28}{41.67}$; ⑬ $\dfrac{45.37:56.18}{85.74}$; ⑭ $\dfrac{44.66:56.79}{85.31}$;

⑮ $\dfrac{0.71:17.81}{0.43}$; ⑯ $\dfrac{42.94:58.61}{84.65}$; ⑰ $\dfrac{1.72:11.34}{0.66}$;

⑱ $\dfrac{41.12:60.60}{83.82}$; ⑲ $\dfrac{1.82:13.55}{0.83}$; ⑳ $\dfrac{17.76:66.53}{39.75}$;

㉑ $\dfrac{23.36:56.09}{44.07}$; ㉒ $\dfrac{35.11:66.86}{78.96}$; ㉓ $\dfrac{34.16:67.38}{77.42}$;

㉔ $\dfrac{0.95:48.16}{1.54}$; ㉕ $\dfrac{0.10:45.78}{0.16}$; ㉖ $\dfrac{34.06:67.44}{77.26}$;

㉗ $\dfrac{65.94:10.25}{22.74}$

图 3.14　大孤山铁矿选厂提铁降硅工艺流程

磨的原矿,在保证溢流粒度达到 -0.074mm 占 55% 时,对一次磁选和二段磨矿的给入金属量和矿量增加,给流程后部作业造成压力。因此,应按金属量控制台时处理能力,保证一次磁选选别效率和二段磨矿粒度及后部流程的通畅。

B　一次磁选作业

一次磁选为流程的首道选别作业,受原矿量和二段磨矿排矿量的双重影响,在处理能力上应有一定缓冲余地,以保证一次磁选尾矿抛出产率 35% 以上的量,确保旋流器溢流达到 -0.074mm 占 87% 品位达到 45% 以上,为整个流程的运行创造良好条件。

C　二段磨矿

二段磨矿采用自动控制动压给矿旋流器作为分级设备,给矿压力和泵箱液位便于平稳控制。在保证磨矿效果,提高溢流粒度和提高入筛品位等方面发挥重要作用。

D　一脱作业

一次脱水槽提质幅度较大,脱泥效果发挥充分。主要是因为旋流器溢流粒度提高,自动控制和稳定给矿量,矿液面平稳,降低尾矿品位。

E　BX 型多极磁系磁选机

二次磁选以后的各段磁选均采用 BX 型多极磁系磁选机,由于其包角大、极数多、磁场分布更趋合理,又引入了精矿漂洗水。该磁选机选别效率较高,提质幅度大,保证入筛品位,对最终精矿品位达到 67.50% 以上起到了强有力的保证作用。

F　细筛作业

流程中两段细筛均采用筛孔尺寸 0.09mm × 0.09 mm 的 MVS 高频振网筛。电磁振动高频振网筛与尼龙细筛相比,在筛下品位保持不变前提下,筛分效率提高 10% 以上,筛上循环量可减少30%以上。该细筛可通过调整激振电流和筛孔尺寸控制筛下粒度和筛下品位，对保证最终精矿质量和减少筛上循环量有重要作用。

G　再磨作业

流程中，将原生产流程的三脱、三次磁选放在二段细筛前，两段细筛筛上量经脱水永磁机浓缩后进入再磨机，对提高入筛品位和减少筛上循环量有明显效果。再磨通过量从90%减少到50%，再磨效果好，对保证细筛再磨循环量的稳定乃至获得较高选别指标至关重要。

3.1.3.4　板石沟铁矿全磁分选工艺与实践

板石沟铁矿筛下精矿磁选柱再选工艺于2002年12月改造完毕，设备联系图见图3.15。经4年多的生产实践，改造前后的生产技术指标对比见表3.20。精矿品位从66.14%提高至67.67%，且始终稳定在67.30%以上，比工艺改造前提高了1.16个百分点；同时由于磁选柱中矿返回二段磨机，增加循环量造成一段球磨机处理量比改造前降低了1.4t/h。

表3.20　板石沟铁矿改造前后生产指标对比

生产指标	2001 年	2003 年	2004 年	2005 年
精矿品位 /%	66.14	67.67	67.31	67.35
台时处理量/t · h^{-1}	65.00	63.65	63.67	64.14

3.1.3.5　峨口铁矿全磁分选工艺与实践

峨口铁矿属鞍山式沉积变质岩型贫磁铁矿石。矿石分为两种类型，即含碳酸盐磁铁石英岩型（简称石英型）和含碳酸盐铁镁闪石磁铁矿石英岩型（简称闪石型）。矿石中主要的金属矿物是磁铁矿，其次为碳酸铁矿物（镁菱铁矿），再次为少量赤、褐铁矿及黄铜矿等；脉石矿物主要为石英。其次为铁白云石、绿泥石、角闪石、方解石及少量黑云母、石榴子石等。铁矿物结构一般以半自行晶粒状变晶结构为主，其次为他形或自形晶粒状结构，局部有交代结构。铁矿物呈不均匀细粒嵌布，嵌布粒度大多数在0.01~0.1mm之间。峨口铁矿投产几十年来主流程一直采用阶段磨矿、阶段选别流程，见图3.15。随着服务年限增加、北区矿石的开采，矿石中的磁铁矿结晶粒度变细，原有的选矿生产工艺流程远远不能达到选矿生产计划指标。

经过技术改造，将原来的一段3台磨矿机（1、2、3号磨机）、二段的2台磨机（9、10号磨机）与新增加1台磨机形成一段、二段、三段磨矿分别为3台、2台、1台的"321"磨矿选别流程。改二次螺旋分级机为水力旋流器，三段磨矿机与德瑞克高频振动细筛构成闭路的流程。用变径型磁团聚重力选矿机代替磁力脱水槽作业，变径型磁团聚重力选矿机的溢流经过浓缩磁选后，进入三段磨矿机，减掉磁力脱水槽后的两段磁选为一段磁选。"321"流程采用磁团聚重选新工艺后，经过长时间的运转生产指标稳定。对其工艺进行考查，其数质量、矿浆量流程见图3.16。

变径型磁团聚重力选矿机的工作特性，决定了其产品的粒度不同于磁力脱水槽。精矿粒度与粒度组成不同。磁团聚后的磁选作业和磁力脱水槽的磁选作业效果不同。磁团聚重选新工艺不仅磁聚机作业提高值大，而且其后的磁选作业提高值也大。使用磁团聚重选新工艺，"321"流程的精矿品位达66.01%，全铁回收率62.32%；原流程的精矿品位63.88%，全铁回收率59.75%。磁选—高频振动筛—磁聚机新工艺的使用，使峨口铁矿选厂精矿品位达到一个新的水平65.15%，全铁回收率61.28%。

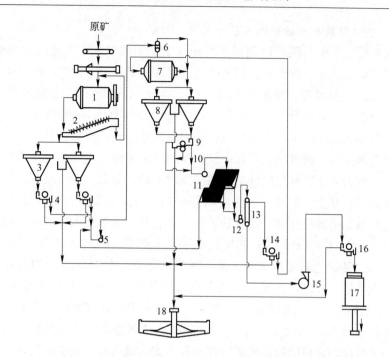

图 3.15 板石沟铁矿磁选—细筛—磁选柱全磁流程设备联系图

1—MQG-2700mm×3600mm 格子型球磨机；2—FLG-2000mm 高堰式双螺旋分级机；3—CS-20S 顶部磁系脱水槽；4，9，14，16—CTB-φ1050mm×2400mm 永磁磁选机；5，10—4PNI 胶泵；6—φ350mm 水力旋流器；7—MQY-φ2700mm×3600mm 溢流型球磨机；8—CS-25 底部磁系脱水槽；12，15—4PNJ 胶泵；11—尼龙固定细筛；13—φ600mm 磁选柱；17—CN-40 筒式真空过滤机；18—φ50m 周边转动浓缩机

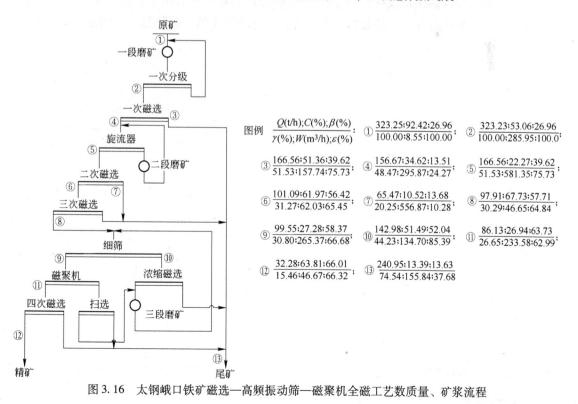

图 3.16 太钢峨口铁矿磁选—高频振动筛—磁聚机全磁工艺数质量、矿浆流程

3.1.3.6　硖口驿铁矿全磁分选工艺与实践

硖口驿选矿厂处理的是陕西汉钢杨家坝蛇纹岩型贫磁铁矿石。主要金属矿物是磁铁矿，含有少量假象赤铁矿、褐铁矿、黄铁矿和微量黄铜矿及磁黄铁矿。脉石矿物主要是蛇纹石、滑石，其次为透闪石、绿泥石、白云石（含铁）、方解石、金云母及少量磷灰石等。磁铁矿呈自形、半自形及他形粒状集合体，颗粒一般为 0.1 ~ 0.5mm，个别矿块磁铁矿颗粒较细，在 0.05mm 以下。磁铁矿集合体中有裂隙和破碎现象，被脉石矿物胶结充填其中。磁铁矿有的呈脉状或网状，局部磁铁矿有细小包裹体。蛇纹石以纤维蛇纹石、叶蛇纹石为主。在蛇纹石表面，常见磁铁矿细粒浸染状不均匀分布。滑石呈鳞片状集合体，分布在磁铁矿裂隙间，并交代蛇纹石、透闪石等矿物。该矿铁品位较低，仅25%左右。磁铁矿颗粒一般较粗，但部分较细，而且铁矿物与脉石互有充填或包裹或相互浸染，从而在较粗磨矿粒度下（-0.037mm 小于70%）难于基本解离，因此常规磁选精矿品位不高，仅为62%。采用细筛磁选柱流程方案，将一磁精矿经筛孔为 0.5mm 的细筛分级，筛下同二次球磨产物先进行二次磁选，精矿再进入磁选柱精选，可以将其精矿品位由62%提高到65%左右，其改造后流程图如图3.17所示。该流程方案从粗磨条件下的一磁精矿提前取出对应原矿产率为22.15%的矿量，绕开二次磨矿，而是直接经二次磁选及磁选柱精选将其绝大部分选别成为合格的最终精矿。该流程方案，既提高了精矿品位又降低了二次球磨负荷。

3.1.3.7　水厂选矿厂全磁分选工艺与实践

首钢水厂选矿厂将原"固定细筛—永磁磁聚机—固定细筛"工艺流程提升为"高频振网筛—复合闪烁磁场精选机"新工艺，见图3.18。新流程解决了原流程中存在的磨矿分级效率低、循环负荷过大的难题。工艺流程具有结构简单、配置合理、节能降耗、运行

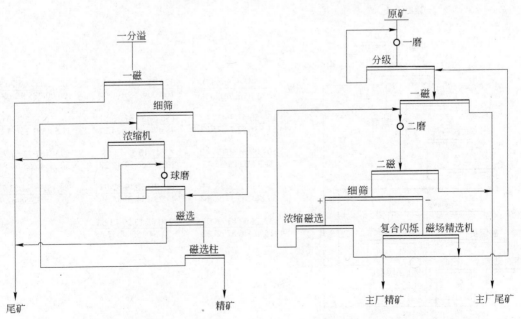

图 3.17　硖口驿选矿厂磁选—细筛—
磁选柱工艺流程图

图 3.18　首钢选厂磁选—细筛—复合
闪烁磁场精选机流程图

可靠的特点，显著提高了选矿技术经济指标。筛分效率大幅度提高，新、老主厂台时处理能力分别比原流程提高了9.20%和8.10%，在入选品位仅为26%左右的情况下，铁精矿品位稳定在68%以上。

3.2 赤铁矿的分选工艺与实践

在赤铁矿的浮选工艺方面，主要体现在赤铁矿的阴离子反浮选技术的应用。我国赤铁矿资源储量大，可选性差，主要分布在辽宁、河北、甘肃、安徽、内蒙古、河南、湖北、山西、贵州等地。赤铁矿选矿一直是我国选矿界的一大难题。20世纪50~70年代，主流技术是焙烧—磁选和单一浮选。生产指标较差，鞍钢东鞍山选矿厂是处理能力最大的贫赤铁矿浮选厂，精矿品位小于62%，回收率小于70%，处理难选矿时，精矿品位小于59%，回收率仅46%左右。2001年来，鞍钢齐大山铁矿选矿分厂、齐大山选矿厂、东鞍山选矿厂和舞阳矿业公司成功地研究出连续磨矿—弱磁—强磁—阴离子反浮选、阶段磨矿—粗细分选—重—磁—阴离子反浮选和阶段磨矿—粗细分选—磁—重—阴离子反浮选全套工艺流程，并配套开发了新型高效阴离子捕收剂（RA系列和MZ系列）和相应的药剂制度，在国内外首次成功地将阴离子反浮选技术工业应用于赤铁矿选矿，在齐大山铁矿选矿分厂取得精矿品位66.80%、SiO_2含量3.90%、精矿回收率84.28%的指标，在齐大山选矿厂取得精矿品位67.10%、SiO_2含量4.50%、精矿回收率72%的指标，两个选矿厂的选矿技术经济指标达到国际领先水平。东鞍山选矿厂铁精矿品位达到了65%以上，取得历史性突破。这一创新性的成果为阴离子反浮选在我国赤铁矿选矿厂的推广应用起到了示范作用。此后司家营选矿厂、舞阳红铁矿选矿厂、弓长岭红铁矿选矿厂均已按此流程新建或改建，并取得成功。至此，我国赤铁矿选矿技术取得了突破性进展，全行业技术水平和经济效益得到大幅提升。

3.2.1 鞍钢齐大山铁矿选矿分厂分选工艺与实践

鞍钢齐大山铁矿选矿分厂（简称调军台选矿厂）是国内最大的红铁矿选矿厂，设计年处理铁矿石900万t，年产铁精矿300万t，采用的工艺流程是连续磨矿、弱磁—强磁—阴离子反浮选工艺。该流程研究工作正式始于1984年，是国家"七五"重点攻关项目，由以长沙矿冶研究院、鞍钢集团鞍山矿业公司研究所、马鞍山矿山研究院为主的多家研究单位共同完成。从1984年开始，这些研究单位于1984年1月至1987年5月间完成了多个工艺流程的实验室研究、实验室扩大试验研究工作；于1987年6月至1990年12月间完成了优化后的3个工艺流程的工业试验研究工作，最终选定连续磨矿、弱磁—强磁—阴离子反浮选工艺作为鞍钢齐大山铁矿选矿分厂新建选矿厂的工艺流程。1998年3月该选矿厂投产以来，选矿技术指标连年提高，2003年实现原矿处理量677万t，精矿产量263万t，原矿品位29.86%，铁精矿品位67.54%，尾矿品位8.31%，金属回收率82.32%的技术指标，年经济效益4亿元以上，具有国际领先水平。由于齐大山铁矿选矿分厂是全国首家率先应用阴离子反浮选工艺的厂家，对阴离子反浮选工艺在我国的应用起到了先导作用，较好地推动了该工艺流程在我国的应用。2005年全年生产技术指标：原矿品位29.50%，铁精矿品位67.61%，尾矿品位9.21%，金属回收率79.65%。

　　齐大山铁矿选矿分厂选矿工艺流程研究工作1984年1月至1987年5月间主要由各个研究单位单独进行实验室研究和实验室扩大试验研究工作。在实验室研究和实验室扩大试验研究工作的基础上，选出连续磨矿、弱磁—强磁—阴离子反浮选工艺，连续磨矿、弱磁—强磁—酸性正浮选工艺，连续磨矿、弱磁—强磁—阳离子反浮选工艺，阶段磨矿、粗细分选、重选—磁选—酸性正浮选工艺进行对比试验。由于阶段磨矿、粗细分选、重选—磁选—酸性正浮选工艺当时在齐大山选矿厂已经有多年生产实践，故在进行四种工艺流程的工业试验中重点进行了连续磨矿、弱磁—强磁—阴离子反浮选工艺、连续磨矿、弱磁—强磁—酸性正浮选工艺，连续磨矿、弱磁—强磁—阳离子反浮选工艺三种工艺流程的试验研究。

　　连续磨矿、弱磁—强磁—阴离子反浮选工艺流程由长沙矿冶研究院提出，由长沙矿冶研究院、鞍钢集团鞍山矿业公司研究所、马鞍山矿山研究院共同研究完成。工艺流程见图3.19。该工艺于1988年间在鞍钢集团鞍山矿业公司研究所试验厂进行了工业试验，取得的选矿技术指标：原矿品位28.97%，铁精矿品位65.33%，尾矿品位8.70%，金属回收率80.72%。

　　连续磨矿、弱磁—强磁—酸性正浮选工艺流程由马鞍山矿山研究院提出，由马鞍山矿山研究院、鞍钢集团鞍山矿业公司研究所、长沙矿冶研究院共同研究完成，工艺流程见图3.20。该工艺于1988年间在鞍钢集团鞍山矿业公司研究所试验厂进行了工业试验，取得的选矿技术指标：原矿品位29.13%，铁精矿品位64.79%，尾矿品位9.70%，金属回收率78.45%。

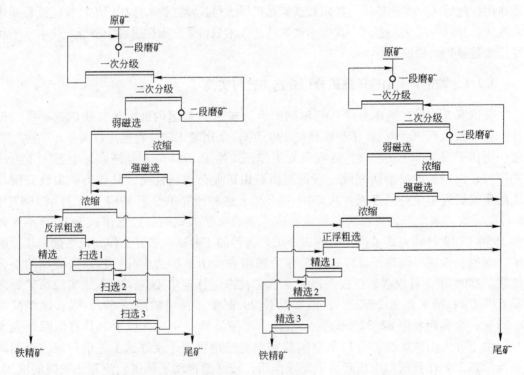

图3.19　连续磨矿、弱磁—强磁—阴离子　　　　图3.20　连续磨矿、弱磁—强磁—酸性
　　　　反浮选工艺流程　　　　　　　　　　　　　　　正浮选工艺流程

连续磨矿、弱磁—强磁—阳离子反浮选工艺流程由鞍钢集团鞍山矿业公司研究所提出，由鞍钢集团鞍山矿业公司研究所、马鞍山矿山研究院、长沙矿冶研究院共同研究完成，工艺流程见图3.21。该工艺于1988年间在鞍钢集团鞍山矿业公司研究所试验厂进行了工业试验，取得的选矿技术指标：原矿品位29.16%，铁精矿品位65.22%，尾矿品位9.69%，金属回收率78.28%。

在上述研究的基础上，经过反复论证，最终选定连续磨矿、弱磁—强磁—阴离子反浮选工艺为齐大山铁矿选矿分厂建厂方案。从2000年起，生产指标逐步上升，见表3.21。

连续磨矿、弱磁—强磁—阴离子反浮选工艺对细粒红铁矿具有高效的选别效果。主要具有以下特点：

（1）对铁矿石工艺矿物学特征具有较好的适应性。连续磨矿、弱磁—强磁—阴离子反浮选工艺根据齐大山铁矿石嵌布粒度细，需要细磨的特点，将矿石采用连续磨矿的方式磨至全部基本单

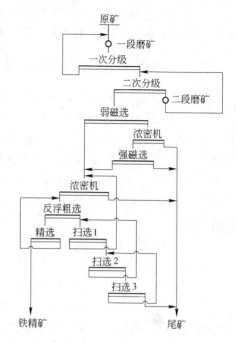

图3.21　连续磨矿、弱磁—强磁—阳离子反浮选工艺流程

体解离的粒度后，进行选别，避免了阶段磨矿中矿再磨量的波动较大和效率不高给流程带来负面影响的问题。同时，随着矿山开采深度的增加，矿石中FeO含量的变化较大，该工艺流程能最大程度上适应这种变化。

表3.21　齐大山铁矿选矿分厂2000～2005年选矿技术指标

年　份	原矿品位/%	精矿品位/%	尾矿品位/%	金属回收率/%
2000	30.07	65.05	10.43	77.77
2001	29.76	65.37	8.10	83.08
2002	29.69	66.80	7.47	84.28
2003	29.86	67.54	8.31	82.32
2004	29.55	67.59	9.47	79.02
2005	29.50	67.61	9.21	79.65

（2）弱磁—强磁与阴离子反浮选的联合使用实现了工艺流程的最佳组合。连续磨矿后，用弱磁—强磁将磨矿产品中的原生矿泥和次生矿泥脱掉，抛掉大量尾矿。这既提高了进入阴离子反浮选作业入选物料铁的品位，有利于阴离子反浮选获得高质量的铁精矿；更为重要的是弱磁—强磁作业抛掉原生矿泥和次生矿泥后，为阴离子反浮选作业创造了好的工艺条件，有利于阴离子反浮选作业更好地发挥作用。

（3）该工艺容易获得较好的选别指标。目前，强磁作业的设备是理想的红铁矿抛尾设备，阴离子反浮选是最理想的红铁矿选矿获得高品位铁精矿的选别作业。而齐大山铁矿选矿分厂采用的连续磨矿、弱磁—强磁—阴离子反浮选工艺，60%以上的尾矿由强磁作业抛掉，100%的精矿由阴离子反浮选作业获得。因此，该工艺流程容易获得理想选别指标。

（4）该工艺具有较好的工艺结构。该工艺流程比较紧凑，设备种类相对其他红铁矿选矿厂来讲相对较少，便于生产管理和生产操作。

3.2.2　鞍钢齐大山选矿厂分选工艺与实践

鞍钢齐大山选矿厂原工艺流程为一段磨矿后，旋流器分级入选。粗粒部分采用一粗、一精、一扫三次重选选出精矿，重选尾矿经过扫中磁选别后抛尾，中矿再磨后返回分级旋流器；细粒部分由一段弱磁、一段脱水槽、一段永磁机选出精矿，尾矿部分经强磁抛尾后再进行一粗、三精四段正浮选。技术指标为：原矿品位28.49%、精矿品位63.60%、尾矿品位11.36%，回收率73.20%。该工艺流程存在以下不足：

（1）永磁机精矿品位低，约63%。这主要是因为永磁机入选的矿物粒度细，磁夹杂比较严重。

（2）正浮选作业精矿品位低。由于正浮选采用的药剂为石油磺酸钠，其对铁矿物的吸附力较弱、选择性差。

（3）整个细粒部分工艺流程稳定性较差，指标不高。当 FeO 含量低时，细粒级中弱磁选部分精矿量较少，选别效果和精矿品位较高。但是，此时强磁—酸性正浮选部分入选量却很大，选分效果差。当 FeO 含量高时，细粒级中磁选部分精矿量较大，选别效果和精矿品位较低。这种因 FeO 含量的变化导致磁选部分精矿量和强磁—酸性正浮选入选量的变化对选别最大的影响是细粒级精矿质量变化，即从总体上导致细粒级精矿品位低。

针对上述问题，于1998年开展了提高齐大山选矿厂一选车间"阶段磨矿、重—磁—酸性正浮选"工艺细粒选矿技术指标的研究工作。试验原则流程是粗粒流程保持不变，细粒流程为取消弱磁出精矿的混磁精阴离子反浮选工艺。小型试验取得了浮选作业浮精品位65.95%、浮尾品位14.07%、作业回收率87.18%的较好选别指标。在此基础上，于1999年11月，在齐大山选矿厂一选车间4号浮选系统进行了"阶段磨矿、重—磁—阴离子反浮选"工艺流程阶段的工业试验，取得了浮精品位65.91%、浮尾品位13.72%、作业回收率87.62%的选别指标；并于2000年8月，进行了工业验证试验，取得了浮精品位65.21%、浮尾品位14.27%、作业回收率87.62%的作业指标；又于2000年9月进行了半工业试验，取得了原矿品位28.58%、精矿品位65.10%、尾矿品位12.35%、金属回收率70.09%的技术指标。

试验结果表明，采用该工艺于2001年完成了对齐大山选矿厂工艺流程改造。工业改造完成后到2005年底，取得了原矿品位29.16%、精矿品位67.67%、尾矿品位11.96%、金属回收率71.65%的预期指标。工艺流程图见图3.22。

阶段磨矿、粗细粉选、重选—磁选—阴离子反浮选工艺流程的组合优点如下：

（1）能显著提高精矿品位。2005年生产指标为原矿品位29.16%，精矿品位67.67%，尾矿品位11.96%，金属回收率71.65%。对比原生产流程指标为原矿品位28.58%，精矿品位63.11%，尾矿品位11.99%，金属回收率71.65%。且流程对混磁精品位变化适应性较强，且提质效果明显。

（2）细粒选别效果更加理想。对于试验流程而言，细粒部分的选别指标为水力旋流器溢流品位23.83%，细粒精矿品位65.72%，细粒尾矿品位13.30%，细粒金属回收率55.40%。对于对比的生产流程而言，细粒部分的选别指标为水力旋流器溢流品位

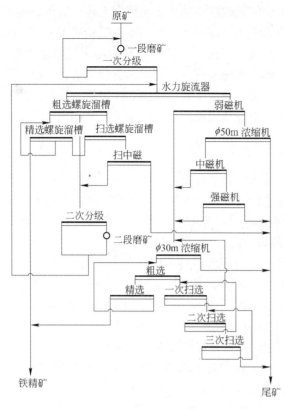

图 3.22 阶段磨矿、粗细分选、重选—磁选—阴离子反浮选工艺流程

23.77%，细粒精矿品位 60.65%，尾矿品位 13.16%，金属回收率 56.47%。试验流程中细级别选别与对比生产流程中细级别选别相比，在入选品位相近的条件下，金属回收率仅低 1.07 个百分点，但精矿品位却提高 5.07 个百分点。显然，试验流程中细级别选别比对比生产流程中细级别选别指标更加先进。

（3）细级别选别的针对性更强。由于齐大山选矿厂一选车间入磨粉矿多，一段磨矿粒度细，因而造成一段磨矿产品过粉碎严重，水力旋流器分级产品溢流中 −0.010mm 含量偏大。双系统试验期间，水力旋流器溢流粒度为 −0.074mm 占 92.80%，−0.010mm 含量高达 45.62%，这种粒度组成尽管铁矿物单体解离度高，达 85.44%，但对于弱磁选和强磁选脱泥后正浮选来讲，都不会有较好的选分效果。对于弱磁选来讲，粒度愈细，选分过程中的夹杂现象愈明显，造成选分效果差；对于酸性正浮选来讲，粒度愈细，因矿物比表面积的增大，对矿物自身特性在选分过程中差别减小的影响愈大。因而造成选分过程中，针对某一矿物的选择性差，选别的混乱度增加。相反，对反浮选而言，浮选本身的良好状态使夹杂作用自然消除。同时，对反浮选而言，有捕收剂和抑制剂的双重作用，使得因粒度细而引发的矿物比表面积增大，进而影响选别过程选择性的现象进一步减弱，增强了选分效果。

（4）对亚铁的适应性更好。对齐大山选矿厂一选车间现有流程而言，当 FeO 含量低时，弱磁选部分精矿量比较少，选别效果比较好，精矿品位较高；而强磁选—正浮选部分，入选量大，选别效果差。当 FeO 含量高时，弱磁选部分精矿量比较大，选别效果比较差，精矿品位较低；而强磁选—正浮选部分，入选量小，选别效果较好。这种因 FeO 含量的变化导致的弱磁选部分精矿量的变化和强磁选—正浮选入选量的变化，对选别上最大的影响是质的变化，即精矿品位总体不高，并且磁精、浮精都波动较大。这不仅给操作上带来了诸多不利因素，更主要从深层次反映了流程的不合理性。而强磁选—反浮选流程，弱磁精和强磁精混合给入浮选，这既保证了入选量的相对稳定，又能使反浮选品位相对稳定，还能消除弱磁选部分直接出精矿而夹杂作用较强，造成精矿品位不高的现象。

（5）体现经济上合理，技术上先进的双重要求。采用阶段磨矿、重选—强磁选—反浮选工艺流程选别齐大山铁矿石，流程的特点是一段磨矿粒度较粗，粗、细分级入选，既利用了齐大山铁矿石粗、细不均匀的矿物学特征，又实现了窄级别入选的合理选矿过程，还节省了大量磨矿能耗。分级后的粗粒级别采用简单的重选工艺，及时选出合格粗粒精矿，选矿成本低；分级后的细粒级别采用较为复杂的强磁选—阴离子反浮选工艺，确保获得好的选别指标和高品位的精矿。同时，全流程的精矿粒度组成主要以重选粗粒精矿为主，反浮选碱性细粒精矿量较小，不像连续磨矿，强磁选—反浮选流程那样容易引起过滤困难。这样，采用阶段磨矿、重选—强磁选—反浮选流程能实现一段磨矿选出合格精矿，粗、细粒选别的针对性更强，精矿品位较高，精矿粒度较粗，实现了重选和强磁选—反浮选两种选别工艺组合上的扬长避短，达到优势互补，更能体现出市场经济条件下对选别工艺流程上合理，技术上先进的双重要求。

生产中尚需解决的问题有：

（1）进一步优化一段磨矿作业。目前，受入磨粒级较宽，原生矿泥较多和一段磨矿产品粒度的影响，一段磨矿作业效果不好，过磨较为严重。据统计，试验期间，当一段磨矿粒度为 -0.074mm 占 61% ~62% 时，-0.010mm 含量为 21% ~22%。要通过控制入磨粒度和优化磨矿分级作业相关参数，改善一段磨矿作业，为选别作业创造一个好的条件。

（2）加强强磁选作业。试验期间，细粒入选品位为 23.83%，选出混磁精品位为 40.28%，强磁尾品位 12.32%，作业回收率为 69.58%。齐大山铁矿选矿分厂在入选品位为 30.18% 情况下，能选出混磁精品位为 46.95%，强磁尾品位 10.05%，作业回收率 84.87% 的指标。二者相比，选别效果差异很大。造成这种差异的原因一是入选物料上的差异，齐大山选矿厂一些车间细粒中细级别多，造成金属流失多。二是目前齐大山选矿厂强磁机制造年代早、磁极头磨损较重，介质板工作状态不理想。所以，加强强磁选作业，降低强磁尾品位，减少全流程金属流失，是十分重要的。

（3）强化控制水力旋流器的工作状态。试验期间，受一段磨矿及重选中矿大小的影响，水力旋流器工作状态波动较大。以试验系统水力旋流器为例，粗、细分级的比例经常在 7.5: 2.5 到 6: 4 之间波动。据调查，这种现象也是生产中经常发生的。因此，实现水力旋流器给矿浓度、压力的自动化控制，确保分级产品粒度稳定和量的稳定十分重要，这是流程稳定的前提。

（4）努力控制粗粒重选抛尾金属流失。试验期间，粗粒重选部分抛掉的尾矿量占总尾矿量的 35.02%，金属流失占总金属流失量的 30.02%，虽然流失的金属量与尾矿量相比不大。但是，由于在选矿过程中有一些金属量会因为过磨等因素的影响而造成必然流失。所以重选这部分粒度较粗的尾矿要尽量减少流失，应通过引进粗粒强磁机等方法减少金属流失。

3.2.3　东鞍山烧结厂生产工艺与实践

东鞍山烧结厂一选车间自投产以来，一直采用两段连续磨矿、单一碱性正浮选工艺流程，精矿品位不高。特别是近几年来，受深层开采矿石嵌布粒度更细和矿物组成变化更复杂的影响，精矿品位呈下降趋势，徘徊在 60% 左右。这种局面不仅影响了东鞍山烧结厂自身的经济效益，也造成了东鞍山铁矿分区开采的生产局面。2001 年初，鞍山矿业公司加快了东鞍山烧结厂一选车间铁精矿提铁降硅的步伐，组织相关科研单位进行工艺流程研究。鞍山矿业公司矿山研究所在总结多年来东鞍山铁矿石试验研究经验的基础上，借鉴齐大山选矿厂铁精矿提铁降硅工业流程改造的经验，制定了东鞍山烧结厂一选车间铁精矿提铁降硅试验方案。在完成试验室小试、连选试验的基础上，于 2001 年 6 月 20 日至 9 月 30

日进行了"两段连续磨矿、中矿返回二次分级、重选—强磁—反浮选"工艺流程和"两段连续磨矿、中矿返回二次分级、强磁—重选—反浮选"两种工艺流程的工业试验，均取得精矿品位64%以上、金属回收率71%以上的较为理想的指标，实现了东鞍山铁矿石选矿技术的新突破。

东鞍山铁矿石的类型较为复杂，主要包括假象赤铁石英岩、磁铁石英岩、磁铁赤铁石英岩、赤铁磁铁石英岩、绿泥假象赤铁石英岩和绿泥赤铁磁铁石英岩等。主要矿物为假象赤铁矿、赤铁矿和镜铁矿、磁铁矿、褐铁矿和针铁矿、石英、硅酸盐矿物、碳酸盐矿物等。矿石的结构、构造较为复杂，呈条带状、隐条带状、块状、角砾状、揉皱状、蜂窝多孔状和变晶结构、鳞片状变晶结构、交代结构、蜂窝状及土状结构、包裹体结构等多种形式。各种矿物均嵌布较细，并且硬度较大。这些工艺特性决定了东鞍山铁矿石难选的特点。

东鞍山烧结厂一选车间原工艺流程见图3.23。该工艺的生产指标为：原矿品位32.74%、精矿品位59.98%、尾矿品位14.72%、回收率72.94%。造成东鞍山烧结厂一选车间选矿技术指标不好的主要问题及原因有以下几个方面：

（1）原矿中矿石类型及有用矿物组成的复杂化直接影响到选矿技术指标不高。矿物各自含量随入选矿石类型的变化而变化。一方面，这些有用矿物的理论品位变化区间较大，且有的品位较低；另一方面，它们在磨矿过程中的单体解离程度、泥化程度都不尽相同，特别是这些有用矿物间可浮性差异就较大。这些因素的存在对目前流程中浮选过程的影响均较大，必然造成选别指标较差，且波动较大。

（2）原有的磨矿分级作业难以为选别作业创造好的条件。一选车间破碎产品粒度较粗，一段磨矿分级作业既不正常也不稳定，存在磨矿产品中粗、细粒级两端含量大的问题，粗粒级含量多表明产品中存在欠磨现象；细粒级含量多表明产品中有过磨现象。这两种现象在二次磨矿中也一定程度存在，特别是二次磨矿过磨现象较为严重，−0.010mm含量高。据统计，二分溢−0.074mm含量77.5%时，−0.010mm含量高达26.2%。对于二分溢中的粗粒级而言，+0.074mm粒级中铁矿物的单体解离度在31.54%~36.59%之间。这些都对后续的浮选作业极为不利。

（3）原有的药剂选别的针对性不强。对东烧厂一选车间精矿进行分析可知：粒度在10~56μm之间，铁品位均在60%以上。+0.074mm

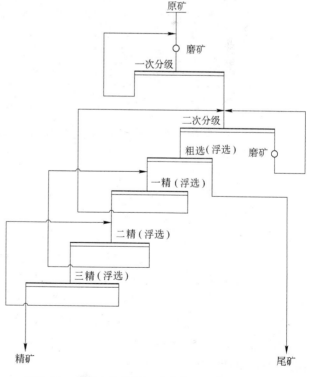

图3.23　东鞍山烧结厂一选车间原生产工艺流程

的产品铁品位明显偏低，在 46.48% ～ 52.52% 之间，而精矿中 – 10μm 粒级品位为 56.10%。由于精矿中 –0.074mm 含量在 98% 以上，– 10μm 含量在 35% ～40% 之间，所以影响精矿品位不高的原因主要是精矿中 – 10μm 含量高、品位低造成的，这表明浮选过程中"选细"的倾向较为明显。对东烧厂一选车间系统尾矿分析：系统尾矿中 –0.074mm 含量仅为 65.17%，其中 74μm 以上粒级铁分布率占 38.00%，74～43μm 之间铁分布率占 26.73%，43～10μm 之间铁分布率占 16.92%，10μm 以下粒级铁分布率占 20.90%。可见尾矿中铁含量分布主要集中在 43μm 以上和 10μm 以下，43～10μm 之间铁分布率较小。对原、精、尾三种产品进行按粒度产率进行加权计算粒级回收率见表 3.22，表明浮选效果较好的粒级在 10～43μm 之间。10～43μm 铁矿物具有较好的选分效果：浮选过程中药剂氧化石蜡皂、塔尔油的捕收性能不够强，造成粗粒级铁矿物的流失。"选细"的过程表明，氧化石蜡皂、塔尔油的选别针对性不强。

表 3.22　按产率加权计算的粒级回收率　　　　　　　（%）

粒级/μm	原　矿		精　矿			尾　矿		
	铁分布率	回收率	铁分布率	对流程	回收率	铁分布率	对流程	回收率
154～98	11.89	100.00	0.38	0.13	1.09	18.01	11.76	98.91
98～74	11.75	100.00	1.04	0.36	3.06	17.44	11.39	96.94
74～56	10.18	100.00	6.93	2.40	23.58	11.91	7.78	76.42
56～43	15.71	100.00	17.38	6.03	38.38	14.82	9.68	61.62
43～31	15.51	100.00	23.68	8.21	52.93	11.17	7.30	47.07
31～21	1.16	100.00	1.94	0.67	57.76	0.75	0.49	42.24
21～10	8.39	100.00	14.77	5.12	61.03	5.00	3.27	38.97
10～0	25.41	100.00	33.91	11.76	46.28	20.90	13.65	53.72
合　计			100.00	34.60		100.00	65.31	

2001 年初，鞍山矿业公司矿山研究所进行了东烧厂一选车间工艺流程研究，在进行多个流程比较的基础上，重点选择了"两段连续磨矿、中矿再磨、重选—强磁—反浮选"工艺和"两段连续磨矿、中矿再磨、强磁—重选—反浮选"工艺，工艺流程分别如图 3.24 和图 3.25 所示。通过两种工艺进行连选试验，均取得了较好的指标。其中"两段连续磨矿、中矿再磨、重选—强磁—反浮选"工艺流程取得了精矿品位 64.30%、金属回收率 74.70% 的选别指标；"两段连续磨矿、中矿再磨、强磁—重选—反浮选"工艺流程取得了精矿品位 63.97%、金属回收率 75.62% 的选别指标。

工业试验表明：采用"两段连续磨矿、中矿返回二次分级、重选—强磁—反浮选"工艺流程，取得了原矿品位 31.38%，精矿品位 64.08%，金属回收率 72.40% 的良好指标；采用"两段连续磨矿、中矿返回二次分级、强磁—重选—反浮选"工艺流程，取得了原矿品位 32.94%，精矿品位 64.74%，金属回收率 71.69% 的良好指标。两者技术指标相近，从试验报告上看，"两段连续磨矿、中矿返回二次分级、强磁—重选—反浮选"具有装机容量小、中矿循环量小的优点。最终工业改造选用"两段连续磨矿、中矿再磨、重

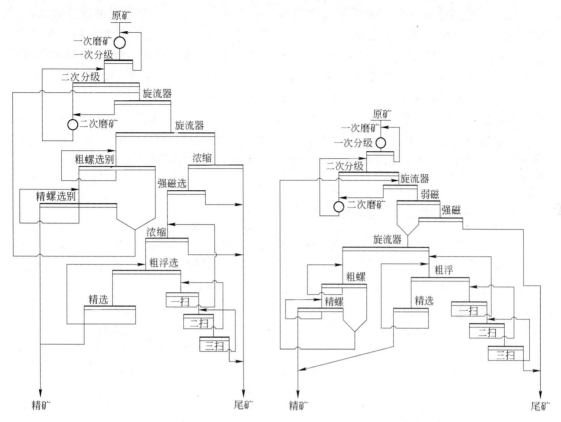

图 3.24 两段连续磨矿、中矿返回二次分级、
重选—强磁—反浮选工艺流程图

图 3.25 两段连续磨矿、中矿返回二次分级、
强磁—重选—反浮选工艺流程图

选—强磁—反浮选"工艺流程。主要有以下原因：

（1）"两段连续磨矿、中矿返回二次分级、重选—强磁—反浮选"在工业试验中技术指标受中矿循环量大的影响，造成对磨矿、选别的一系列影响进而影响到技术指标的问题要比"两段连续磨矿、中矿返回二次分级、强磁—重选—反浮选"工艺流程在工业试验中严重得多。因此，进行单独的再磨后，前者的潜力将得以发挥，从而使"两段连续磨矿、中矿再磨、重选—强磁—反浮选"在技术指标上将优于"两段连续磨矿、中矿再磨、强磁—重选—反浮选"工艺流程。

（2）根据东鞍山铁矿石中铁矿物易磨、石英难磨的特点更应采用"两段连续磨矿、中矿再磨、重选—强磁—反浮选"工艺流程。同齐大山铁矿相比，东鞍山铁矿石中铁矿物和石英均比齐大山铁矿石中铁矿物和石英偏细，但偏细的比例相近。而东鞍山铁矿石中铁矿物和齐大山铁矿石中铁矿物与各自的脉石石英对比，东鞍山铁矿石中的铁矿物相对易磨。显然二者相比，东鞍山铁矿石比齐大山铁矿石选别更应有预先出精矿的理由。工业试验中，辅助旋流溢流和中矿中粗粒部分品位低，那是由于中矿返量大而且没有单独再磨造成的，不能代表将来的单独再磨的工艺流程，而对于齐大山铁矿石而言，先采用重选还是强磁早就经过多次试验证明先采用重选工艺流程好。所以东鞍山烧结厂一选车间改造应选用"两段连续磨矿、中矿再磨、重选—强磁—反浮选"工艺流程。

（3）从工业试验的过程看，"两段连续磨矿、中矿返回二次分级、重选—强磁—反浮选"工艺流程尽管存在中矿循环量大的问题，但指标相对稳定。而对"两段连续磨矿、中矿返回二次分级、强磁—重选—反浮选"工艺流程而言，指标稳定性差。特别是当台时达到 50t/h 时，对此时流程中某些条件发生变化，引起作业不稳定，指标下降的原因没能完全弄清楚。显然，采用"两段连续磨矿、中矿再磨、强磁—重选—反浮选"工艺流程作为东鞍山烧结厂一选车间工艺流程改造的依据不充分。

最新的生产实践表明，含铁矿石中碳酸盐矿物含量的增加严重地影响了阶段磨矿、粗细分选、重选—磁选—阴离子反浮选的正常运行，造成精尾不分的现象。东北大学矿物工程研究所经过系统研究，首次提出以"分步浮选"的办法解决了该难题，详细介绍请看第 6 章相关内容。

3.2.4　鞍千矿业公司贫赤铁矿石选矿工艺研究

鞍千矿业公司铁矿床属特大型铁矿床，总储量 10 亿 t，多年来一直是鞍山矿业公司的重要外购矿来源。随着我国经济的高速发展，钢铁企业对铁矿石的需求量越来越大，利用好现有的矿山资源，对鞍矿公司生产经营持续、稳定、长远发展，显得十分重要。为此，鞍矿公司决定对后备矿山资源进行开发利用，在对鞍千矿业公司贫赤铁矿石进行了工艺矿物学及选矿试验研究基础上，筹建了鞍千矿业公司，并于 2005 年年底正式投产经营。

鞍千矿业公司铁矿矿石矿物成分较简单，铁矿物主要为赤铁矿、假象赤铁矿、针铁矿、磁铁矿及少量的褐铁矿、菱铁矿、铁白云石等。脉石矿物主要为石英、透闪石、阳起石、绿泥石及少量的黏土矿物等。从矿石工艺矿物学特性来看：（1）矿石属典型的鞍山式铁矿，矿物组成及矿物共生关系较简单。（2）矿石构造多为条带状构造，结构也较简单，矿物晶形发育较完整，具有包裹体结构及包含变晶结构等，影响选别的矿石含量较少。（3）铁矿物嵌布粒度均在 75μm 左右，脉石矿物嵌布粒度均大于 100μm，这可能是由于后期重结晶作用较充分的结果。–10μm 的铁矿物含量低，这些特征使矿石在磨矿过程中形成的贫连生体含量较低。综上所述，矿石均属易选矿石。

围绕生产工艺流程，即阶段磨矿、粗细分选、重选—强磁—阴离子反浮选工艺流程，深入细致的分析试验流程的特点及有利于提高生产指标的工艺参数。实验室连选试验结果表明，在原矿品位 24.52% 的条件下，重选精矿品位 67.00%、浮选精矿品位 67.50%、强磁尾矿品位 11.42%、扫中磁尾矿品位 7.04%、浮选尾矿品位 14.43%，综合精矿品位 67.22%、综合尾矿品位 8.87%、金属回收率 73.52% 的较好选别指标。进一步验证了采用"阶段磨矿、粗细分选、重选—强磁—阴离子反浮选"工艺流程选别鞍千矿业公司贫赤铁矿石，对原矿性质的变化具有较强的适应性，特别是对生产初期原矿品位偏低及变化较为频繁的现状具有较强的适应性。

3.2.5　其他赤铁矿选矿工艺研究

司家营红铁矿石是我国红铁矿石的重要后备矿山。由于冀东地区存在大量的磁铁矿资源，故司家营红铁矿石一直没有得以开发。近年来，受冀东地区磁铁矿资源日益枯竭和铁精矿价格持续走高的影响，唐钢决定加快开发司家营红铁矿石的步伐。司家营红铁矿石研究工作始于 1958 年，以马鞍山矿山研究院、北京矿冶研究总院为代表的有关科研、设计、高校等单位进行了大量工作，完成了阶段磨矿反浮选、阶段磨矿简化流程正浮选、阶段磨矿正浮选、连续磨矿正浮选、MPD 补充试验正浮选、连续磨矿阴离子反浮选等多个工艺流程研究，取得了较好的效果。2002 年，唐钢委托鞍钢矿山研究所进行了阶段磨矿、粗细分级、重选—磁选—阴离子反浮选和阶段磨矿、粗细分级、磁选—重选—阴离子反浮选工艺研究，分别取得了原矿品位 29.14%、精矿品位 66.57%、尾矿品位 8.87%、金属回收率 80.24% 和原矿品位 29.14%、精矿品位 66.40%、尾矿品位 9.08%、金属回收率 79.75% 的指标。根据上述结果，鞍钢矿业公司研究所推荐阶段磨矿、粗细分级、重选—磁选—阴离子反浮选工艺为司家营红铁矿选矿改造方案。

舞阳矿业公司具有较多的红铁矿资源。由于其红铁矿内存在碧玉，具有比石英更大的密度和磁性，使其与铁矿物分离变得较为困难。早期，长沙矿冶研究院为之进行了大量的工作，取得了一定成效。进入 21 世纪，选矿技术水平得到了较大的提高，新工艺、新药剂、新设备得以较快发展。在此情况下，舞阳矿业公司决定加快其红铁矿研究步伐。先后委托马鞍山矿山研究院、鞍钢矿山研究所进行选矿试验研究，马鞍山矿山研究院为此进行了大量的工作，先后完成了多个工艺流程的探索性研究，并就强磁—反浮选工艺、强磁—重选—反浮选工艺进行了连选试验研究。其中强磁—反浮选工艺取得了原矿品位 28.86%、精矿品位 65.02%、尾矿品位 12.31%、金属回收率 70.74% 的指标；强磁—重选—反浮选工艺取得了原矿品位 28.79%、精矿品位 65.22%、尾矿品位 11.26%、金属回收率 72.56% 的指标。最终推荐阶段磨矿、粗细分选、强磁—重选—阴离子反浮选工艺为建厂工艺。

另外，关宝山铁矿采用的阶段磨矿、粗细分选、重选—磁选—阴离子反浮选工艺取得了原矿品位 31.09%、精矿品位 64.68%、尾矿品位 12.47%、金属回收率 74.19% 的试验指标。昆钢大红山铁矿也取得了较好的实验指标。

3.2.6 赤铁矿选矿新工艺的特点

总结国内红铁矿近年来工业应用的新情况，主要有以下三个工艺流程得到了较好的应用，一是连续磨矿、弱磁—强磁—阴离子反浮选工艺的应用；二是阶段磨矿、粗细分选、重选—磁选—阴离子反浮选工艺的应用；三是阶段磨矿、粗细分选、磁选—重选—阴离子反浮选工艺的应用。

连续磨矿、弱磁—强磁—阴离子反浮选工艺的应用及工艺特点：国内应用连续磨矿、弱磁—强磁—阴离子反浮选工艺流程的厂家目前只有一家，为鞍钢齐大山铁矿选矿分厂。其工艺流程的特点如下：

（1）具有较好的工艺流程结构。从我国红铁矿选矿目前现状看，强磁选是最有效的抛尾手段之一，阴离子反浮选是提高精矿品位最有效手段之一。同时，强磁选与阴离子反浮选的结合有利于实现工艺流程的优势互补，这不仅表现在两个工艺本身提质降尾上，也表现在强磁选能为反浮选提供良好的选别条件上。

（2）便于生产稳定操作。连续磨矿工艺直接将矿石磨至单体解离度较高的水平，用强磁机脱泥抛尾，既为阴离子反浮选工艺准备了较高品位的入选物料，也消除了原生矿泥和次生矿泥对阴离子反浮选工艺的影响，且强磁选本身具有较好的稳定性。阴离子反浮选本身由于强磁选为其提供了较好入选物料，本身也具有较好的稳定性。因此，连续磨矿、弱磁—强磁—阴离子反浮选工艺控制好最终磨矿粒度后，工艺具有较好的稳定性，对矿石具有较强的适应性，便于生产稳定操作。

（3）具有较好的工艺操作特点。连续磨矿、弱磁—强磁—阴离子反浮选工艺由于具有精矿品位高、浮选温度低、适于管道运输、分选效果好、浮选泡沫稳定性好、流动性好等工艺特点，在生产操作上易于控制，有利于生产指标的稳定。当然，该工艺流程存在因为磨矿粒度细而导致选矿成本高的问题。

阶段磨矿、粗细分选、重选—磁选—阴离子反浮选工艺的应用及工艺特点：国内应用该原则工艺流程的厂家主要有鞍钢齐大山选矿厂、鞍钢东鞍山烧结厂、正在建设的唐钢司家营选矿厂等。其工艺流程有如下的特点：

（1）采用了阶段磨选工艺。由于该工艺流程采取了阶段磨矿、阶段选别工艺流程，使得该工艺流程具有较为经济的选矿成本。一段磨矿后，在较粗的粒度下实现分级入选，一般情况下可提取 60% 左右的粗粒级精矿和尾矿，这大大地减轻了进入二段磨矿的量，有利于降低成本。同时，粗粒级铁精矿有利于过滤。

（2）选别针对性强。矿物在磨矿过程中解离是随机的，这种过程使得磨矿粒度不等的矿物颗粒均存在解离的条件，这是粗细分级入选工艺具有较强生命力的重要基础之一。阶段磨矿、粗细分选、重选—磁选—阴离子反浮选工艺一次分级后的粗粒级相对好选，采用简单的重选工艺，及时选出合格粗粒精矿，抛掉粗粒尾矿；分级后的细粒级相对难选，采用选矿效率高且相对复杂的强磁—阴离子反浮选工艺得精抛尾。粗粒级选矿方法和细粒级选矿方法的有效组合使得该工艺流程具有经济上合理，技术上先进的双重特点。同时，重选工艺获得含量较大、粒度较粗的精矿有利于精矿过滤。

（3）实现了窄级别入选。在矿物的选别过程中，矿物的可选程度既与矿物本身特性有关，也与矿物颗粒比表面积大小有关，这种作用在浮选过程中表现得更为突出。因为在浮选过程中，浮选与药剂和矿物以及药剂与气泡间作用力的最小值有关，与矿物比表面积大小有关，与药剂和矿物作用面积的比率有关。这使得影响矿物可浮性的因素是双重的，容易导致比表面积大而相对难浮的矿物与比表面积小而相对易浮的矿物具有相对一致的可浮性，有时前者甚至具有更好的可浮性。实现窄级别入选的选矿过程，能在较大程度上杜绝上述容易导致浮选过程混乱现象的发生，提高了选矿效率。

（4）细粒级选别效率得到了空前的提高。阶段磨矿、粗细分选、重选—磁选—阴离子反浮选工艺应用前，红铁矿选矿应用的阶段磨选工艺细粒级采用的工艺是磁选—酸性正浮选工艺，选矿效率很低，影响了阶段磨选工艺技术指标的提高。而将细粒级选别工艺由磁选—酸性正浮选改为磁选—阴离子反浮选工艺形成现在的阶段磨矿、粗细分选、重选—磁选—阴离子反浮选工艺后，细粒级的选别指标得到了空前的提高。以鞍钢齐大山选矿厂工艺改造前后考察为例，细粒级应用磁选—酸性正浮选的技术指标为入选品位 23.77%，精矿品位 60.65%，尾矿品位 13.30%；细粒级应用磁选—阴离子反浮选的技术指标为入选品位 23.83%，精矿品位 65.72%，尾矿品位 13.16%。显然，在阶段磨选工艺中细粒级应用磁选—阴离子反浮选工艺比应用磁选—酸性正浮选工艺使细粒级选别效率得到了空前的提高。

阶段磨矿、粗细分选、重选—磁选—阴离子反浮选工艺具有上述特点外，也存在工艺流程路线长、二段磨矿效率低等问题。

阶段磨矿、粗细分选、磁选—重选—阴离子反浮选工艺的应用及工艺特点：国内选用该工艺流程的厂家为安钢集团舞阳矿业公司红铁矿选矿厂，鞍钢东鞍山烧结厂也曾经进行了该工艺流程原则工艺流程的工业试验。其工艺流程有如下的特点：

（1）采用了阶段磨选工艺。该工艺流程与阶段磨矿、粗细分选、重选—磁选—阴离子反浮选工艺一致，由于采用了阶段磨选工艺，减少了二段磨矿量，比较经济。但是，与阶段磨矿、粗细分选、重选—磁选—阴离子反浮选工艺不同的是该工艺将使得二次磨矿量比阶段磨矿、粗细分级、重选—磁选—阴离子反浮选工艺明显增加。这是因为采用阶段磨矿、粗细分选、重选—磁选—阴离子反浮选工艺，粗粒部分和细粒部分分别用中磁机和强磁机抛尾。中磁机与强磁机的场强差别较大表明，粗粒矿物比细粒矿物在磁场中具有较好的磁选效果。这样，在应用阶段磨矿、粗细分选、磁选—重选—阴离子反浮选工艺中，由于粗粒尾矿和细粒尾矿在一起用强磁机抛尾，相对粗粒级来讲，抛尾场强过高，使得粗粒级贫连生体难以抛掉。

（2）强磁预先抛尾。强磁预先抛掉的尾矿量一般在 45% 以上，大大减少了后续作业入选矿量，节约了设备。与此同时，经过强磁预先抛尾后，进入后续强磁作业的矿石入选品位较高，有利于重选作业提高精矿品位。但是，由于该工艺流程强磁预先抛尾后，使得相对较粗的贫连生体进入到强磁精矿中，加剧了后续分级旋流器的反富集作用，对反浮选作业不利。

（3）二段磨矿控制比较重要。采用该工艺流程后，由于二段磨矿产品进入粗细分级旋流器，没有进行脱泥抛尾直接给入重选及反浮选作业，容易对重选特别是反浮选效果产生不利的影响。

（4）粗细分级旋流器控制比较关键。经过强磁预先抛尾后，强磁精矿的品位一般提高到 45% 以上。这样高品位的物料进入粗细分级旋流器显然没有 30% 的原矿容易取得好的分级效果。因此，与阶段磨矿、粗细分选、重选—磁选—阴离子反浮选工艺相比，该工艺应加强对粗细分级旋流器的控制。

3.3　贫磁铁矿的湿式预选技术

贫磁铁矿由于有价矿物含量低，另外使用无底柱分段崩落采矿方法采出的原矿不可避免地混入大量废石，降低了原矿品位，在采用常规工艺条件进行分选处理时，会增加生产成本。要想使贫磁铁矿能够得到经济的开发利用，必须要采取预选的工艺方案。使得该贫磁铁矿在分选处理的整个过程中，实现低成本处理。在磁铁矿物的分选处理过程中，磨矿是能耗最高、占生产成本最大的一个环节。如果能够在磨矿前将贫磁铁矿中的大部分废石抛除，不仅可以节约该无用废石的磨矿费用，同时还可将入磨入选的矿石品位提高到经济合理的品位。使得该常规工艺条件下由于生产成本太高而不能开发利用的贫磁铁矿，变成为具有开发利用价值的有用矿石。

矿石不论是在何种条件下分选，其前提条件都是矿物要达到足够的解离。对于贫磁铁矿的入磨前预选，也是如此。由于贫磁铁矿的预选，其目的是抛除大部分已解离的废石、使磁铁矿物得到足够的富集。目前节能降耗的处理工艺是"多碎多磨"。为此，很多磁选厂将矿石的破碎粒度降低。因此，在将矿石的破碎粒度降低后，若通过预选设备能有效地将其中的大部分废石予以抛除，那么贫磁铁矿的开发利用，就有可能得到实现。

传统的干式磁选抛废主要用于选分大块和粗粒强磁性矿石，对细粒强磁性矿石的选别效果不理想。粉矿湿式预选是近年来发展的一项操作性较强的新技术，主要用来处理 0 ~ 20mm 的细粒强磁性矿石，应用后可大幅降低选矿成本，提高磨矿效率。

陕西的某贫磁铁矿为沉积变质岩贫磁铁矿。矿石先经破碎后，用 10mm 筛网筛分，将

–10mm的矿石，作为湿式预选的试验矿样。试验由加水装置、搅拌槽、预选用磁选机、接料桶等构成试验处理系统。采用人工控制连续给料。矿石在搅拌槽内被搅拌均匀后，直接下流到位于下面的预选用磁选机进行分选。分选后的排料，用大桶接出，得到分选后的各矿样。给矿取样从筛分后的混合样中缩分采取。精、中、尾矿样，从接出的矿样中缩分采取。

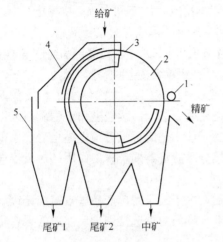

图 3.26　分选原理示意图

1—精矿卸料水管；2—筒体；3—磁系；
4—给矿管；5—槽体

试验所用磁选机规格为 $\phi1050mm \times 400mm$。其主要技术参数如下：筒表磁场强度 183 ~ 320kA/m；有效分选宽度 250mm；筒体长度 400mm；包角 270°；筒体转速 22r/min。

试验设备的分选原理示意图见图 3.26。

试验用磁选机具有大磁包角。采用上部给矿方式。设备的磁场分为高场强区和低场强区。分选槽内设有补加水装置。工作时，矿浆给到分选筒上部，磁性矿物在高场强区被吸附到筒表面，并随筒体一起运动。粗颗粒脉石及贫连生体在离心力、重力等作用下脱离筒体，成为 1 号尾矿。夹杂在磁性矿物中的细颗粒脉石随筒体运转到矿液面下，受到水的冲洗作用脱离筒体成为 2 号尾矿。1 号尾矿与 2 号尾矿混合成为尾矿样。磁性矿物经过上述两次分选后进入低磁场区，磁场逐渐降低，此间的槽体有补加水。一些颗粒较大、磁性较弱的连生体脱离筒体，又经过重力分选进入中矿。强磁性细粒铁矿物经过低磁场下的清水作用进一步得到分选后，随筒体到达精矿排矿点，被冲洗排出成为精矿。中矿与精矿两者合为混合精矿样。试验时的给矿量为 3.5t/h，总给水量（包括补加水和冲洗水）为 3.6t/h。

对试验的结果进行了取样分析，结果见表 3.23。对试验的精矿和尾矿进行了粒度分析，结果见表 3.24、表 3.25。

表 3.23　试验结果　　　　　　　　（%）

项目名称	品　位	产　率	回收率
给　矿	21.92	100.00	100.00
综合精矿	51.21	33.74	78.84
综合尾矿	7.00	66.26	21.16

注：其中的精矿在不掺入中矿的情况下，精矿品位可达59.84%。

表 3.24　精矿筛析结果

粒度/mm	质量/g	产率（一）/%	产率（二）/%
+5.0	44.8	3.91	1.32
–5.0 +3.2	109.0	9.52	3.21
–3.2 +2.0	114.9	10.03	3.38
–2.0 +0.9	130.3	11.38	3.84
–0.9 +0.63	89.3	7.80	2.63
–0.63	675.0	57.36	19.35
总　计	1145.3	100.00	33.74

注：产率（一）为对产品产率，产率（二）为对原矿产率。

表 3.25 尾矿筛析结果

粒度/mm	质量/g	产率（一）/%	产率（二）/%
+5.0	30.0	9.78	6.48
−5.0 +3.2	64.5	21.03	13.93
−3.2 +2.0	66.0	21.52	14.26
−2.0 +0.9	56.0	18.26	12.10
−0.9 +0.63	24.2	7.89	5.23
−0.63	66.0	21.52	14.26
总 计	306.7	100.00	66.26

以上结果表明，试验所得的综合精矿品位达到 51.21%，综合尾矿品位为 7.00%，回收率达到 78.84%。如果磁选机的磁场强度再高一些，达到 0.24~0.25T，应该可以从尾矿中再回收一部分磁性矿物。虽然精矿品位会降低一些，但尾矿品位会较大幅度降低，使回收率进一步提高。

试验后取尾矿样 50g 做磁选管试验，在磁场强度为 0.2T 时，分选可得 4.2g 品位为 14.08% 的磁性精矿，41.5g 品位为 41.4% 的尾矿。由此推断，磁选设备的磁场强度进一步提高后，将尾矿品位降低到 5% 以下是有可能的。

上述结果可得出以下结论：

（1）该贫磁铁矿在破碎到 10mm 以下后，已具有良好的解离度，具备了预选抛废的可能性。其中约 2/3 的废石可作为合格尾矿抛除。

（2）采用特殊的磁选设备，可以将贫磁铁矿中该部分废石有效抛除。在磁场强度进一步提高后，抛除的尾矿应该可以降低到 5% 以下。

（3）抛除掉合格尾矿后的贫磁铁矿，其入磨品位已大幅度提高。使其完全具备了入磨分选的经济品位。

（4）贫磁铁矿通过细碎后的湿式磁选预选，由于可以抛除掉大部分合格尾矿，使入磨的磁铁矿含量得到较大提高，这使得采用常规工艺方案经济上不可行的贫磁铁矿，可变成为具有开发利用价值的矿物。这对开发利用贫磁铁矿资源，提供了一条很好的途径。

（5）贫磁铁矿采用预选抛废工艺，避免了对大部分废石的磨矿等处理，可大幅度降低该贫磁铁矿的分选成本，同时提高磨机对有用矿物的磨矿能力，因而具有良好的经济可行性。

山东金岭铁矿选矿厂（简称金岭铁矿选矿厂）始建于 1967 年，生产工艺流程几经改造，2001 年已形成年磨矿 100 万 t 以上的生产能力。金岭铁矿为高温热液接触交代矽卡岩型金属矿床，主要金属矿物是磁铁矿、黄铁矿（含钴）、黄铜矿和磁黄铁矿；主要脉石矿物为辉石、绿泥石、金云母、蛭石及少量方解石等。矿石构造以块状为主，浸染状次之，矿石结构主要为半自形-他形晶嵌镶结构，其中少量的细粒脉石矿物分布其中，嵌镶粒度一般在 0.035~0.1mm。2001 年前金岭铁矿选矿厂的工艺流程为：破碎筛分流程为二段一闭路，细碎前设预先筛分，筛上物经磁滑轮预选抛废，细碎后设检查筛分，筛上物料经磁滑轮预选后返回细碎形成闭路；磨选流程为一段闭路磨矿后，分级溢流先混合浮选后分离浮选，回收铜、钴，混合浮选尾矿经三段磁选回收铁。

入磨前设有一段预选抛废作业，即在细碎前用 CTDG1010N 型永磁磁滑轮对预先筛分后的 14～200mm 的矿石进行预选，废石产率 18% 左右。但预先筛分后 0～14mm 的矿石没有经过预选，同时经过细碎又有一部分废石解离出来。

现有流程面临的问题是：能否应用湿式预选技术进一步剔除入磨前无法除掉的 0～4mm 粒级中的废石，从而提前抛弃部分最终尾矿，提高入选矿石品位，降低磨矿能耗。

为探讨粉矿预选的可行性，金岭铁矿选矿厂 2002 年 4 月份进行了粉矿预选试验。

从球磨机给矿皮带取试样 25kg，将试样用湿式筛分法分成 +8mm、（−8 +4）mm、（−4 +2）mm、−2mm 四个粒级，+2mm 以上粒级用磁块进行选别，−2mm 粒级用湿式磁选机选别，分析各产品金属含量，以探讨合适的预选方案。粉矿湿式磁选试验指标如表 3.26 所示。

表 3.26　粉矿湿式预选试验指标

粒级/mm	名称	产率/%	品位/%				金属分布率/%			
			Fe	S	Cu	Co	Fe	S	Cu	Co
+8	精矿	15.71	50.26	0.656	0.096	0.0170	17.33	14.41	16.95	14.59
	尾矿	3.70	4.51	0.234	0.056	0.0132	0.36	1.21	2.33	2.67
−8 +4	精矿	6.44	52.60	0.932	0.077	0.0187	7.38	8.39	5.57	6.58
	尾矿	1.41	3.79	0.199	0.018	0.0067	0.12	0.39	0.28	0.52
−4 +2	精矿	14.67	51.61	0.820	0.082	0.0180	16.50	16.82	13.52	14.43
	尾矿	3.11	4.51	0.246	0.025	0.0085	0.30	1.07	0.87	1.41
−2 +0	精矿	40.47	62.18	0.445	0.053	0.0153	54.85	25.20	24.10	33.74
	尾矿	14.49	9.94	1.600	0.228	0.0329	3.16	32.51	36.38	26.04
总原矿		100	45.87	0.715	0.089	0.0183	100	100	100	100

分析表 3.26 可知，2mm 以上各粒级磁选尾矿品位均低于或接近现有流程总尾矿品位，金属分布率很低，可作为合格尾矿抛出，而 2mm 以下粒级磁选尾矿铜、硫、钴品位均明显高于精矿，说明此粒级必须回收利用。

将 2mm 以上粒级磁选尾矿作为总尾矿，2mm 以上粒级精矿及 2mm 粒级全部物料作为总精矿，指标分析见表 3.27。

表 3.27　实验室湿式预选试验指标

名　称	产率/%	品　位/%				回收率/%			
		Fe	S	Cu	Co	Fe	S	Cu	Co
精　矿	91.78	49.59	0.758	0.094	0.0190	99.22	97.33	96.52	95.38
尾　矿	8.22	4.38	0.232	0.038	0.0103	2.67	2.67	3.48	4.62
原　矿	100	45.87	0.715	0.089	0.0183	100	100	100	100

表 3.29 表明，2mm 以上粒级采用预先湿选效果很好。预选尾矿铁品位仅为 4.38%，铜品位 0.038%，钴品位 0.0103%，均低于或接近湿选尾矿品位，完全可以作为合格尾矿抛去，且抛尾率达到 8.22%，预选精矿铁、硫、铜、钴品位均有不同程度的提高。

半工业试验所用试样取自球磨机给矿前的皮带，总重 1t，试样代表性较好。试验流程见图 3.27，半工业试验指标见表 3.28。

表 3.28 湿式预选抛尾半工业试验指标

名 称	产率/%	品 位/%				回收率/%			
		Fe	S	Cu	Co	Fe	S	Cu	Co
精 矿	90.35	49.35	0.731	0.110	0.0182	98.92	96.04	97.26	94.82
尾 矿	9.65	5.06	0.282	0.029	0.0093	1.08	3.96	2.74	5.18
原 矿	100	45.07	0.688	0.102	0.0173	100	100	100	100

现有流程使用 MQG ϕ2700mm×2100mm 格子型球磨机与 2FLG-1500 双螺旋分级机组成闭路，共有四个系列，根据实验室试验及半工业试验结果确定如下方案：每台球磨机入磨前各增设一台 CTS-1050mm×1000mm 磁选机进行粉矿湿式预选，预选精矿直接进入球磨机，预选尾矿自流到 DS2P-1224 振动筛（筛孔 2mm）进行筛分，筛上 2～14mm 粒级作为合格废石抛掉，筛下 0～2mm 粒级的预选尾矿返回 2FLG-ϕ1500mm 双螺旋分级机。

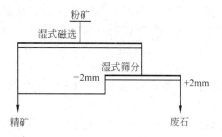

图 3.27 湿式预选抛尾半工业试验流程图

湿式预选工程于 2002 年 9～10 月完成设备安装、调试，从 2002 年 11 月至今运行正常。2003 年 3 月 11 日对湿式预选流程进行了考察，结果如下：

（1）粉矿铁品位为 43.82%，铜为 0.116%，钴为 0.0154%，分级溢流矿铁品位为 47.12%，铜为 0.123%，钴为 0.0160%，溢流矿铁品位比粉矿品位提高了 3.3 个百分点。

（2）废石铁品位为 6.06%，铜为 0.040%，钴为 0.0080%，为合格尾矿，符合抛废要求，抛废产率为 8.04%。

（3）球磨机处理量达到 40 t/h（从进入湿式预选作业计算），比设湿式预选作业前提高 5t/h。

粉矿湿式预选技术的应用，及早抛掉了难磨难选的废石，提高了选矿生产能力，优化了磨选作业条件，同时还减少了尾矿处理及贮存费用。其经济效益显著，值得推广应用。

参 考 文 献

[1] 余永富. 我国铁矿资源有效利用及选矿发展的方向[J]. 金属矿山，2001，（2）：9～11.

[2] 余永富. 国内外铁矿选矿技术进展[J]. 矿业工程，2004，2(5)：25～29.

[3] 毛益平，黄礼富，赵福刚. 我国铁矿山选矿技术成就与发展展望[J]. 金属矿山，2005(2)：1～5.

[4] 张光烈，我国铁矿选矿技术的进展[J]. 有色矿冶. 2005，21(suppl.)：29～36.

[5] 梁振绪. 提铁降硅阴离子反浮选工艺在磁铁矿选矿中的应用[J]. 矿业工程，2003，1(2)：29～31.

[6] 鞍山冶金设计研究总院. 尖山铁矿选矿厂提铁降硅工程初步设计. 2002.

[7] 马鞍山矿山研究院. 尖山铁矿磁选铁精矿提铁降硅试验研究报告[R]. 2002 年 7 月.

[8] 张泾生，邓克，李维兵. 磁选—阴离子反浮选工艺应用现状及展望[J]. 金属矿山，2004，（4）：24～28.

[9] 赵贵军，林增常，曹忠新等. 铁精矿反浮选工艺精选技术在鲁南矿业公司的实践[J]. 金属矿山，2004(suppl)：354～357.

[10] 吕建华，刘雁翎. 大孤山选矿厂磁铁矿精矿反浮选提质试验研究[J]. 金属矿山. 2004，

（5）：29～32.

[11]　唐晓玲. 反浮选工艺是提高酒钢弱磁精矿品质的有效途径[J]. 金属矿山，2007，（1）：35～39.

[12]　高起鹏，秦贵杰. 从贫磁铁矿石中生产高品位铁精矿的试验研究[J]. 有色矿冶，2005，21（6）：24～26.

[13]　辛明印，胡志强，段其福等. 我国铁精矿降硅提铁技术评述[J]. 金属矿山，2004（suppl.）：13～23.

[14]　贾连奎，崔长志，李洪文. 南芬选矿厂降硅提铁工艺流程的确定[J]. 金属矿山. 2005，（1）：78～79.

[15]　徐银全. 磁选柱再选工艺在板石矿业公司选矿厂的应用[J]. 金属矿山，2007，（7）：61～63.

[16]　太钢峨口铁矿选矿适应性及工艺调整研究报告[R]. 马鞍山研究院，2000.

[17]　陈广振，赵通林，刘秉裕. 用磁选柱处理峨口驿选矿厂一磁精矿的实验研究[J]. 矿冶工程，2002，22（1）：61～62.

[18]　曹青少，蒋文利. 首钢水厂选矿厂磁铁矿选矿工艺流程优化研究与实践[J]. 矿冶工程，2006，26（5）：24～28.

[19]　苏兴强，李维兵. 鞍山地区红铁矿选矿技术研究[J]. 金属矿山，2006，（11）：35～40.

[20]　张国庆，李维兵，白晓鸣. 调军台选矿厂工艺流程研究及实践[J]. 金属矿山，2006，（3）：37～41.

[21]　陈占金，马庆军，景建华等. 齐大山选矿厂工艺流程研究及实践[J]. 金属矿山，2006，（5）：27～31.

[22]　景建华，陈志华，李志明等. 东鞍山烧结厂一选车间提铁降硅工艺流程研究及建议[J]. 矿业工程，2003，（3）：36～38.

[23]　白晓鸣，刘双安. 胡家庙贫赤铁矿石选矿试验研究[J]. 金属矿山，2006（suppl.）：180～182.

[24]　张久甲，侯吉林. 唐钢司家营氧化铁矿石选矿试验研究[J]. 金属矿山，2004，（4）：28～31.

[25]　胡义明，刘保平. 铁山庙贫赤铁矿石强磁—重选—反浮选矿试验研究新进展[J]. 金属矿山，2004（suppl.）：151～153.

[26]　王陆新，周惠文. 关门山铁矿石可选性工业试验研究[J]. 金属矿山，2004（suppl.）：196～200.

[27]　李维兵，刘保平，陈占金等. 我国红铁矿选矿技术研究现状及发展方向[J]. 金属矿山，2005，（3）：1～6.

[28]　王庆，谢强，董恩海. 贫磁铁矿的湿式预选试验及分析[J]. 金属矿山. 2003，（1）：23～24.

[29]　李孝泽，林乐谊. 粉矿湿式预选在金岭铁矿选矿厂的应用[J]. 山东冶金，2004，26，（2）：7～8.

4 铁矿石选矿设备

4.1 磁选设备

4.1.1 磁选柱

磁选柱是一种新型高效的磁重选设备，通过磁聚合—分散及旋转上升水流使磁铁矿受磁力和水力联合作用，能有效分选出筒式磁选设备夹带进的单体脉石及连生体，提高精矿铁品位和降低 SiO_2 含量。本钢南芬和歪头山选矿厂在铁精矿降硅提铁的工业试验中，以磁选柱为重要的精选设备，使精矿铁品位分别提高 2.14 和 3.76 个百分点，达到 69.94% 和 69.70%，SiO_2 含量降至 3.31% 和 3.98%，且指标稳定，适应性强，证明了该设备的先进性与可靠性。

目前国内有多家企业生产磁选柱，如鞍山金裕丰选矿科技有限公司、东北大学等。

4.1.1.1 裕丰磁选柱

该磁选柱 1994 年开始研制应用，到现在为止进行了不断的改进，一是主体结构的改进；二是操作上由人工调整操作向智能化自动调整操作。现在的智能化磁选柱由主机、供电电控柜和自控系统三大部分组成。磁选柱属于一种电磁式低弱磁场磁重选矿机，磁力为主，重力为辅。

其分选原理为：磁选柱由直流电控柜供电励磁，在磁选柱的分选腔内形成循环往复，顺序下移的下移磁场力，向下拉动多次聚合又多次强烈分散的磁团或磁链，由相对强大的旋转上升水流冲带出以连生体为主并含有一部分单体脉石和矿泥的磁选柱尾矿（中矿）。智能型磁选柱结构示意见图 4.1。

该机由于采用特殊励磁机制，允许的上升水流速高达 2 ~ 6cm/s，结构简单，无运转部件，电耗低、品位提高幅度大。采用通过式和杆式磁铁矿浓度传感器，分别采集精矿和尾矿浓度信号。并通过自控柜分别显示其浓度值，并与给定的浓度值比较而实现精矿阀门的自动开、闭和磁场强度的自动调节，维持选分参数的最佳化，达到指标的最佳值。

磁选柱在不同的磁铁矿选矿厂的应用情况如表 4.1 所示。

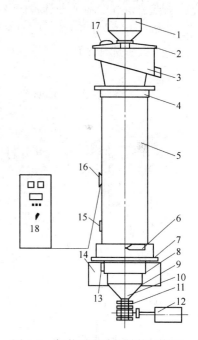

图 4.1 智能型磁选柱结构示意图

1—给矿斗及给矿管；2—给矿斗支架；3—尾矿溢流槽；4—封顶套；5—上分选筒及上磁系；6—切线给水管；7—承载法兰；8—下分选筒及下磁系；9—下给水管；10—底锥；11—浓度传感器；12—阀门及其执行器；13—下小接线盒；14—支撑板；15—上小接线盒；16—总接线盒；17—上给水管；18—电控柜及自控柜

表 4.1   部分磁铁矿选矿厂磁选柱应用情况

应用厂家	型号	数量	给矿品位/%	精矿品位/%
通钢板石铁矿	ϕ600	8	64 ~ 65	不小于67，可达69
通钢四方山铁矿	ϕ600	4	62 ~ 65	不小于68.5
通钢桦甸矿业	ϕ600	2	63 ~ 64	不小于67
桓仁铜铁矿	ϕ600	2	64	不小于67
桓仁二户来选厂	ϕ500	1	66 ~ 67	69 ~ 71
本钢歪头山选厂	ϕ600	16	66 ~ 67	不小于69.5
本钢南芬选厂	ϕ600	50	66 ~ 67	不小于69.5
洋县钒钛磁铁矿	ϕ600	1	56 ~ 57	61 ~ 62
本溪盛蕴铁选厂	ϕ600	2	62 ~ 63	65 ~ 66
辽阳弓长岭选厂	ϕ450	1	60 ~ 62	65 ~ 66
灯塔纪家选厂	ϕ450	1	50 ~ 55	66 ~ 68

结果表明，应用磁选柱的各磁铁矿选矿厂，精矿品位提高幅度在 2 ~ 7 个百分点之间，同时降低了 SiO_2 的杂质含量。每吨精矿经济效益在 30 ~ 60 元之间。

马鞍山研究院对尖山选矿厂一磁精矿进行了以磁选柱为主要生产设备的选矿试验。试验结果表明，应用磁选柱精选细筛下及细筛上再磨再选产物均可获得品位为 69% 以上的最终精矿。综合最终精矿品位为 69.59%，产率和回收率分别为 57.58% 和 91.72%，可见应用磁选柱精选细筛下磁选精矿及细筛上再磨再选产物均有较好的可选性。对五磁精应用磁选柱精选可得到产率和回收率分别为 89.09% 和 92.74%、铁品位为 69.84% 的高品位精矿。该方案磁选柱尾矿由浮选再精选，浮选只处理对五磁精产率为 8.27% 的矿量，即为五磁精矿量的不足十分之一的矿量。故研究认为用磁选柱精选代替或大部分代替反浮选精选具有较好的可选性，不仅可使药耗、电耗、热耗等降低或得以免除，而且可以改善过滤及循环水的质量，解除或大大降低管路结垢的现象。与反浮选精选相比，设备与基建投资稍低，经营费用明显下降。

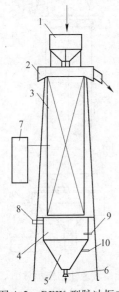

图 4.2   DFJX 型脉冲振动磁场磁精选机结构简图

1—给矿斗；2—溢流槽；3—电磁系及分选筒；4—给水包；5—精矿排出斗；6—精矿排出口；7—复合磁场电源；8—主给水管；9—辅助给水管；10—冲洗水管

4.1.1.2   DFJX 脉冲振动磁场磁选柱

东北大学近年来研制成功了 DFJX 型脉冲振动磁场磁选柱，该磁选柱可提高铁精矿品位 2% ~ 6% 以上；用于生产超级铁精矿时，在一定的细度下可生产品位为 70% 以上的超级铁精矿；代替细筛作业时，大幅提高作业精矿产率并减少再磨磨机的处理量。该设备与同类的设备相比较具有处理能力大，提高精矿品位的幅度大，功耗低，尾矿品位低，可直接抛尾，控制装置稳定可靠、寿命长等优点。DFJX 电磁精选机是一种复合力场选别设备。待分选的物料进入分选筒后，磁性颗粒在磁场的作用下能形成聚团，上升水流又可破坏聚团；磁聚团在上下循环的磁场作用下可向下运动至排矿口，在向下运动的过程中，夹杂于其中的贫连生体和单体脉石被冲洗出来，向上运动至溢流口排出。设备的最大特点是磁场为复合磁场——既有恒定磁场也有脉动磁场，复合磁场在保证大幅提高铁精矿品位的同时可直接抛尾，克服普通精选机精选时尾矿品位高，需返回流程并浓缩（浓度低）的缺点。

设备的结构简图如图 4.2 所示。

DFJX 型脉冲振动磁场磁精选机的设备规格如表4.2所示,技术参数见表4.3,线圈中心的磁场强度如表4.4所示。

表4.2　DFJX 型脉冲振动磁场磁精选机的设备规格

规格(分选筒直径)/mm	磁场强度(最高)/mT	励磁功率/kW	质量/kg	外形尺寸/mm×mm×mm
450	12.5	1.0	750	1050×1050×2700
600	12.5	1.5	1100	1150×1150×3550

表4.3　DFJX 型脉冲振动磁场磁精选机主要技术参数

规格/mm	给矿粒度/mm	给矿浓度/%	耗水量/m³	耗电量/kW·h	处理量/t·h⁻¹
450	-0.2	25~30	2~4	0.1~0.2	5~10
600	-0.2	25~30	2~4	0.1~0.2	10~18

表4.4　DFJX 型脉冲振动磁场磁精选机线圈中心磁场强度

规　格	$\phi450$mm			$\phi600$mm		
恒定电流/A	3.0	2.0	1.0	2.5	2.0	1.0
脉动电流/A	3.0	2.0	1.0	5.0	4.0	2.0
磁场强度/mT	12.5	9.5	6.5	12.5	10.5	7.5

目前该设备已经在凤城市海旺铁矿选矿厂、山西金山铁矿选矿厂、朝阳鑫泰集团金河粉末冶金厂、山西岚县金神速选矿厂等多家选矿厂得到应用。山西金山选矿厂和岚县金福选矿厂的试验研究表明,该磁精选机可使铁精矿的品位由60%提高到64%以上,且尾矿品位较低,可实现直接抛尾。

4.1.1.3　磁选环柱

磁选环柱是辽宁科技大学研制成功的新型磁选设备。磁选环柱结构如图4.3所示。

磁选环柱主要由给矿斗、分选筒、溢流管、粗选区磁系、精选区磁系、锥形导向杆、给水管、精矿排矿管、尾矿排矿管、电控装置等构成。在分选筒内部设有一个内筒,内筒内部为尾矿腔,内筒和外筒之间为精选环腔。以内筒上边缘为界,将分选筒分为上部区域和下部区域。上部区域为粗选区,下部区域为精选区。粗选区的磁系由多组多极头电磁铁环轭磁系构成,其磁场力主要以径向为主,目的是将给矿矿浆中的磁性颗粒和富连生体颗粒吸引

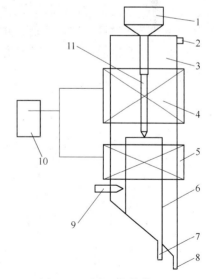

图4.3　磁选环柱结构图
1—给矿斗及给矿管;2—溢流管;3—分选筒;
4—电磁铁环轭;5—励磁线圈;6—内筒;
7—尾矿排矿管;8—精矿排矿管;9—精选腔
给水管;10—电控装置;11—锥形导向杆

到分选筒周边区域，实现粗选。精选区的磁系由多组励磁线圈磁系构成，其磁场力以轴向为主，目的是对粗选区得到的磁性产品做进一步精选，使精矿得到进一步净化。

磁选环柱的分选特点主要有：（1）粗选区磁场力的作用是将磁性颗粒吸引到分选筒周壁上并顺序向下运动，非磁性颗粒及贫连生体颗粒在自身重力作用下直接进入尾矿腔；（2）精选区磁场力的作用是加速磁性颗粒的下降并产生反复团聚—分散—团聚，同时旋转上升水流动力冲刷淘洗磁团聚中夹杂的单体脉石和连生体，使其在水流作用下从精选环腔上部进入尾矿腔，而磁性颗粒在磁场力的作用下旋转向下运动由精矿排矿口排出。

磁选环柱用于选别板石选矿厂一次分级溢流产品，在给矿粒度 −0.074mm 含量 44.6%，实际给矿粒度范围为 −0.7～0mm，给矿品位 27.60% 的条件下，可得到精矿品位 54.44%、尾矿品位 6.76%、尾矿产率 56.3%、回收率 86.21% 的良好指标，而且尾矿以单体脉石和极少量贫连生体为主。磁选柱用于处理板石选矿厂细筛筛下产品，在给矿粒度 −0.074mm 含量 89.1%、给矿品位 65.15% 的条件下，获得的精矿品位为 69.2%，尾矿品位为 35.3%，精矿产率为 85.1%，回收率为 90.39%。而磁选环柱用于选别板石选矿厂细筛筛下产品，在给矿粒度 −0.074mm 含量 89.1%，给矿品位 65.15% 的条件下，可得到精矿品位 68.95%、尾矿品位 26.67%、精矿产率 91.02%、回收率 96.33% 的良好指标，而且尾矿以给矿中夹杂的中、贫连生体和单体脉石为主。磁选环柱对给矿粒度范围适应性强，实验室小型磁选环柱给矿粒度范围为 −0.7～0mm，较实验室小型磁选柱 −0.2～0mm 的给矿粒度范围大大放宽，工业应用时不需要控制给矿粒度，可以简化流程；磁选环柱比磁选柱耗水量少，实验室小型磁选环柱约为 $10m^3/t$，较实验室小型磁选柱 $18m^3/t$ 可降低 40% 左右；磁选环柱比磁选柱单位精选面积处理量大，实验室小型磁选环柱可达到 $18.75g/(cm^2 \cdot min)$ 以上，较实验室小型磁选柱 $9.52g/(cm^2 \cdot min)$ 可提高近 1 倍；磁选环柱适用范围广，可以根据生产需要，或作为粗选设备使用抛弃合格尾矿，或作为精选设备使用获得高品位磁铁矿精矿；磁选环柱适应性强，可对不同矿石性质、不同给矿粒度和品位条件下的磁铁矿进行选别，并获得良好的技术经济指标。

磁选环柱在试验中获得了较好的指标，但是它也有不足之处，归纳起来主要有：

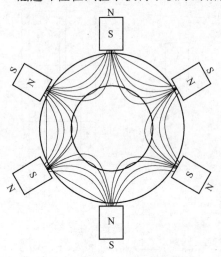

图 4.4　精选区新型磁系结构
及磁力线分布示意图

（1）精选区存在磁能浪费。精选区励磁线圈所产生的磁场作用于精选环腔的同时也作用于尾矿腔，而磁场作用于尾矿腔毫无意义，所以产生磁能浪费。

（2）精选区水流对磁团聚的剪切作用相对较弱。精选区的磁团聚基本上顺水流方向运动，磁团聚的分散不充分，不利于精矿品位的提高。

为克服磁选环柱存在的上述不足，陈中航等人在精选区用多组多极头电磁铁环轭磁系代替励磁线圈，以达到较原来更好的分选效果。设计的新型磁系磁极头数增加，使磁场能量尽可能多的集中于精选区。新型磁系结构及磁力线分布如图 4.4 所示。

新型磁系有如下特点：

（1）提高了磁场能量的利用率。由于精选区采用了较粗选区磁极头数增加了的电磁铁环轭磁系，因此磁场作用深度相对较小，磁场作用空间大部分集中于精选环腔内，只有相对较少的一部分作用于尾矿腔中，磁力线分布见图4.4所示。这种磁系较磁选环柱磁系提高了精选区磁场能量的利用率，减少了不必要的磁能浪费。

（2）增强了精选区水流对磁团聚的剪切作用。精选区的新型磁系相邻两组电磁铁环轭磁极头错位排列成一定角度，因此磁性颗粒的运动路径不再是顺水流方向向下的螺旋线，而是逆水流方向向下的螺旋线，这样就增强了水流对磁团聚的冲刷淘洗作用，使精选过程得以更充分地进行，有利于精矿品位的提高。

通过探索试验分析，确定对试验的结果有影响的结构参数因子有以下四个：（1）粗选区电磁铁环轭磁系的位置（A），即粗选区最下端的电磁铁环轭中心与内筒上边缘的垂直距离。（2）精选区电磁铁环轭磁系的位置（B），即精选区最上端电磁铁环轭中心与内筒上边缘的垂直距离。（3）精选区电磁铁环轭相邻两组磁系之间的距离（C）。（4）精选区电磁铁环轭相邻两组磁系磁极头之间的角度（D）。

矿浆由给矿斗进入粗选区上部中心时，在电磁铁环轭磁系产生的由上至下顺序交替通断的径向磁场力和重力作用下，使矿浆中磁性颗粒及连生体由中心向分选筒周边筒壁运动，并沿筒壁向下运动；非磁性颗粒，尤其是较粗大的非磁性颗粒，在重力作用下，垂直向下运动进入尾矿腔，实现对给矿进行粗选的过程。

由粗选区沿筒壁向下运动的磁性颗粒和连生体以及部分夹杂的非磁性颗粒进入精选环腔后，在精选区电磁铁环轭磁系产生的磁场力和从切向给水管给入的上升水流作用力及本身重力的联合作用下，磁性颗粒、富连生体颗粒在精选环腔内逆水流方向向下沉降。通过控制电磁铁环轭线圈磁场强度及其变化周期，使下降的磁铁矿颗粒和富连生体颗粒经过多次团聚—分散—团聚过程，通过调节上升水流速度实现对处于分散状态的磁性颗粒的有效的冲刷淘洗作用，最后由分选筒下部精矿排矿管排出成为精矿，其中夹杂的非磁性颗粒和贫连生体则在上升水流作用下进入尾矿腔，由尾矿排矿管排出。

对粗细两种粒级实际物料进行了选别试验。粗粒级物料为板石选矿厂一分溢产品，其 -0.074mm 含量为 44.6%，化验品位 29.97%。细粒级物料为板石选矿厂细筛筛下产品，其 -0.074mm 含量 89.1%，化验品位 65.15%。在最佳条件下选别试验结果见表4.5。

表4.5　磁选环柱选别板石选矿厂一分溢产品和细筛筛下选别试验结果　　（%）

项　目	一　分　溢			细　筛　下		
	精　矿	尾　矿	原　矿	精　矿	尾　矿	原　矿
产　率	43.81	56.19	100	90.12	9.88	200
品　位	57.81	8.26	29.97	69.48	21.26	65.15
回收率	84.51	15.49	100	97.06	2.94	100

对磁选环柱精选区磁系的改进，不仅克服了磁选环柱的不足之处，而且取得了较好的选别效果。新型磁系磁选环柱，在对一些选矿厂精矿产品进行精选作业时，可以把精矿品位提高 2% ~4%，选别效果较好，对个别精矿的处理效果明显好于磁选环柱。例如处理板石选矿厂细筛筛下产品，在给矿品位 65.15% 的条件下，磁选环柱获得的精矿品位为 68.95%，提高幅度为 3.80%；新型磁系磁选环柱获得的精矿品位为 69.48%，提高幅度

为 4.33%。

4.1.1.4　复合闪烁磁场精选机

复合闪烁磁场精选机是首钢集团矿业公司水厂选矿厂于 2003 年研制的一种新型磁选设备，用于代替磁聚机，取得了较好的生产指标。

复合闪烁磁场精选机的结构原理为：

(1) 为了使矿浆能在精选机内部充分的分离，必须保证有足够的分选区高度，设计者用多只线圈串联叠加，同时设计在顶部增加定磁场线圈，通过手动可调的定磁场强度来对溢流出的矿浆做最后的选别，以防止顶部溢流翻黑。在紧挨沉砂漏斗的上部安装一永磁磁环，以减少上升水流的波动对精矿沉降的影响，加速沉降过程。

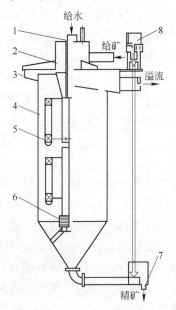

(2) 为了使产生的磁场能够根据矿浆浓度的变化而变化，设计者通过检测分选区的浓度来调整线圈的电流，增加磁场对矿浆中导磁颗粒的作用力，防止磁性颗粒不能克服水流的冲刷力而造成溢流翻黑；当分选区的浓度减小时，通过减小线圈中的电流，减弱磁场来达到弱磁性颗粒的充分溢出。

(3) 通过调整线圈的通电切换频率，来调整导磁颗粒的沉降速度，进而达到最佳的工艺要求。

精选机的结构如图 4.5 所示。

其特点如下：

(1) 精选机通过充分利用电磁线圈产生的电磁磁场提高单机台的处理能力。电磁线圈在矿浆中工作，使形成的内外电磁场得到充分利用，单机设备处理能力大幅度提高。

(2) 精选机把磁聚机的磁系与永磁磁力脱水槽磁系相结合，并将磁系由永磁和电磁相复合，这样就形成了一个由电磁磁系和永磁磁系构成的复合磁系，保证矿物在其中得到多次磁场作用，达到团聚—松散充分，提高了选别效果。

图 4.5　复合闪烁磁场精选机
1—给水管；2—给矿装置；3—溢流装置；4—筒体；5—电磁线圈；6—永磁系；7—排矿装置；8—执行器

(3) 精选机顶部有定磁场线圈，目的是保溢流面稳定，不"翻黑跑矿"。其他线圈按一定时间顺序依次间歇供电，以产生闪烁磁场，使磁性矿物在矿浆中达到充分的团聚—分散—团聚。供电的电流强度、供电时间、间歇时间和线圈个数均可调。电磁磁系使磁性矿物不仅团聚而且受向下的磁场力作用，同时还增大了磁性矿物分散的空间，提高了选别精度。

(4) 自动化程度较高，提高了选别的自适应性。通过在分选区增设浓度检测装置及通过比例、积分、微分控制器，不仅实现了电磁场强度的自动调整，并且还实现了排矿阀及上升水电磁阀开启度的自动调节，使精选机始终处于最佳的选别状态，不用人工操作调整。

(5) 结构更先进，筒体的径长远大于磁聚机，充分考虑了选别时间，使磁性矿物与脉石矿物及连生体能够得到充分的分离。另外，筒体顶部直径收缩，截面积减小，上升水流速加快，以使脱离磁场的杂质尽快随溢流排出，最终达到不但能有效脱除精矿中细粒杂质，又能充分脱掉较粗粒级杂质的目的。

在同等给矿条件下，复合闪烁磁场精选机与磁聚机的对比见表4.6。

表4.6 复合闪烁磁场精选机与磁聚机使用效果对比 （％）

项目名称	精 选 机		磁 聚 机	
	-0.074mm	品 位	-0.074mm	品 位
给 矿	75.69	60.53	75.69	60.53
溢 流	63.99	46.89	77.39	52.25
精 矿	81.85	65.20	74.02	63.00

4.1.2 BX 型磁选机

BX 型磁选机是包头新材料应用设计研究所研制的一种新型磁选机。其简单示意图如图4.6所示。

该设备具有以下特点：

（1）磁场强度高。对磁铁矿的选别磁场一般在 130mT 左右，粗选高些，精选低些。BX 型磁选机一般场强控制在 180mT，有时还要更高，保证在选别过程中金属尽可能的回收，保证在磁翻和漂洗水冲洗时，磁性矿物不至于损失，保证细颗粒矿物的回收。

（2）磁极多，磁路设计合理。一般磁选机的极数为 4～5 极，BX 型磁选机为 8～12 极，极数多，在选别区域内，由 N 极到 S 极，磁翻次数增多，有利于提高品位。极数

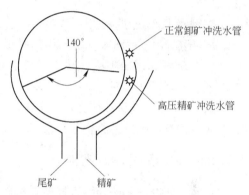

图 4.6 BX 型磁选机简单示意图

的多少取决于筒径的大小，更主要的是在磁路设计上，必须保证磁场的穿透深度，同时不造成磁短路，使距筒表 50～70mm 的矿粒照样被回收。

（3）磁包角大。一般磁选机磁包角为 105°～127°。磁包角的大小取决于磁选机底箱液面的高低，因为磁系的每个极埋在矿浆里才有分选作用，为保证矿物不进入再一个循环的选别，包角应尽量的大，埋在矿浆磁系周长大，选别区域长。为此，BX 型磁选机包角140°～155°。

（4）梯度与穿透深度。BX 型磁选机场强在 180mT，距筒表 33mm 处，场强为 100mT，距筒表 50mm 处，场强为 60mT。一般磁选机最高点场强 180mT 时，最低点场强为 120mT，场强波动 60mT。而 BX 型磁选机最高点场强 180mT，最低点场强 165mT，场强波动 15mT，由于极数增多，沿圆周方向形成一个较均匀的磁通密度，提高了分选效率。

（5）解决磁夹杂。磁性矿物进入磁场后，形成磁链，逐渐堆积形成磁团聚，这种磁团聚在几秒钟内完成，无论是单体矿物还是贫连生体极易混杂，虽然经过磁翻，但在选别过程中，线速度都在 1m/s 以上，很难把这部分夹杂去掉，从而影响品位。经查定铁精矿中这部分含量在 4%～6%。在磁路上考虑只有降低场强，但另一种办法是外加一个力，对

这部分比磁化系数很小的矿物加一个力使其在磁翻时脱落,以达到提高品位的目的。BX型磁选机是在圆筒离开矿浆面时,加一个水平的漂洗水,其压力不小于0.15MPa,呈一线形水流,作用在翻转的铁精矿层上,脱落下来的矿物一般是这种夹杂的脉石矿物和连生体。实践证明,采用BX型磁选机,尾矿品位相近时,最终精矿品位提高1%左右。

(6)高矿浆液面。要把大包角的磁系浸在矿浆里进行选别,必须提高磁选机液面,即称高液面。高液面有利于降低尾矿品位减少金属流失。但液面提高带来两个问题:一是液面不能太高,精矿出口与尾矿出口之间的夹角不能大于磁包角,液面不能淹没漂洗水管,使漂洗水管不能发挥作用;另一个必须给大颗粒尾矿有顺利的通道排矿,否则会造成堵塞。同时要注意磁选机侧板中间开口的高度,要高于尾矿溢流口高度,以免造成从侧板中间跑矿。

BX型磁选机在鞍钢齐大山选矿厂的工业应用表明,在立环脉动高梯度磁选机前,BX1024磁选机在给矿品位19.05%的条件下,得到弱磁精品位29.10%,弱磁尾12.15%的较好指标,在相同给矿条件下,比普通1024筒式磁选机精矿品位提高0.16%,尾矿品位降低1.86%。与立环组合进行选别时,由于采用BX型磁选机,回收率由77.62%提高到84.50%。

在鞍钢弓长岭选厂应用时,在给矿品位35.66%条件下,普通磁选机精矿品位36.79%,尾矿品位7.18%,尾矿中磁性铁1.50%,采用BX磁选机精矿品位41.04%,尾矿品位6.65%,尾矿中磁性铁0.88%。精矿品位提高4.25%,尾矿品位降低0.5%,尾矿中磁性铁降低0.62%。

目前,BX型磁选机在南芬铁矿选矿厂、歪头山铁矿选矿厂、包钢选矿厂等国内大型铁矿选矿厂得到了推广,给企业带来了巨大的经济效益。

4.1.3　BK系列新型磁选机

北京矿冶研究总院谢强等人根据磁铁矿选矿厂的生产实际,将磁铁矿生产大致分为以下四个环节:(1)细碎后入磨前的预选;(2)一段磨矿分级后的粗选;(3)第二段磨矿分级后的二段及筛分后的第三段精选;(4)扫选及控制发生故障时尾矿流失的尾矿再选等。这4个分选环节,基本涵盖了目前磁铁矿选厂具有分选条件和分选价值的各环节。各个环节的矿物工艺条件(入粒度、浓度、矿量等)和分选要求都不同。据此,谢强等人研制开发了相应的专用设备。

在预选段,矿石为干矿物,但常有一定水分,矿石粒度粗,矿石粒度分布宽,通常含细粉及泥,矿石粒度和给矿量常有较大的变化波动。在粗选段,矿浆浓度较高或较低,矿浆体量较大,一段磨矿的矿物粒度较粗,二段磨矿的矿物粒度较细,矿物粒度分布较宽,通常含细粉及泥,矿石粒度和给矿量常有较大的变化波动。在精选段,磁性矿物含量高,易于磁化结团;对较粗粒矿物,颗粒状脉石的夹杂严重;对较细粒的矿物,磁粒表面黏附的尾矿泥量高,脱泥困难;矿石粒度和给矿量常有较大的变化波动。在扫选段,矿浆体积量很大;矿浆浓度很低;矿浆中的矿物粒度分布很宽;可回收利用的磁性物基本为粗粒连生体和微细粒单体铁,其受磁力小,吸附回收困难。在预选段,矿物的解离度不够,为了充分利用资源,减少有价磁铁矿物的损失,需要在分选时,充分保证磁性铁矿物的回收率,在此基础上尽量充分地抛除合格尾矿。在粗选段,矿物已有相当大的解离度,但解离仍不充分,分选时,也要在充分保证磁性铁矿物回收率的前提下,尽量充分地抛除合格尾矿。在第二、第三精选段，要充分提高精矿品位，使其达到商品铁精矿的要求，在此基础上，要尽量保证磁性铁矿物的回收率。在尾矿再选段，需要将流失的磁性矿物充分回收。

BK 系列专用磁选机系列分为：BKY、BKC、BKJ、BKW-Ⅱ型磁选机。

4.1.3.1 BKY 型磁选机

BKY 型磁铁矿预选专用筒式磁选机系列。用于磁铁矿物细碎后入磨前的预选，也可用于采用自磨加球磨工艺的选厂的自磨机排矿的分选。

细碎矿物在进入分选前在特殊的给矿斗中润湿后，在高矿液面中斜向近距离给入分选区。得到充分分散的细碎矿物，在特殊的给矿斗中首先实现分层分离。之后整个矿浆被较高速度直接给到具有高磁力作用的分选筒表面。其中的磁性矿物被分选筒强磁场提供的较大分选磁力直接吸附于分选筒表面，而非磁性矿物则不受磁力作用，在较大矿浆冲击力作用下离开分选筒表面，随矿浆一起流入尾矿道，从而使磁性矿物和非磁性矿物得到高效分离。

该机的特点有：

（1）设备分选区场强较高，且矿浆由给矿斗直接给到分选筒表面的较高场强区，使得难以被磁吸附而易于流失于尾矿中的粗粒含铁连生体，能够被较高磁力有效地吸附于分选筒表面。

（2）较高矿液面、较大磁包角，使得分选带较长，含铁的磁性矿物被吸附回收充分，因此磁性物回收率很高。

（3）顺流槽型，使得粒度较大的矿浆，其粗颗粒不会引起沉槽堵塞。适应于粗粒磁铁矿预选时矿物粒度较粗的特点。

（4）给矿区的漂洗水，使给入的高浓度矿浆能被稀释和充分分散，使磁分离效果很好。适合于粗粒磁铁矿预选时矿浆具有的高浓度特点。

（5）多尾流通道分工，使前、后溢流口跑细粒或细泥尾矿，而底流尾矿口则跑粗颗粒围岩脉石，适合于粗粒磁铁矿预选时矿浆具有的粒度分布很宽、粗细差异很大或含泥量很高的特点。

由于上述分选过程的特点，使得该设备不仅能适应粗粒磁铁矿预选时的高浓度、大粒度分布的特点，而且还可使磁性物的回收率很高。可满足磁铁矿选厂粗颗粒矿物预选的要求。具有磁性矿物的回收充分、已解离脉石矿物的抛除充分、对生产的适应性强等特点。

BKY-1009 和 BKY-1012 在山东顺达铁矿的实际应用结果见表 4.7。

表 4.7 BKY-1009 和 BKY-1012 在山东顺达铁矿的实际应用结果 （%）

型　号	给矿品位	粗精矿品位	尾矿品位	粗精产率	回收率
BKY-1009	45.10	53.13	5.83	83.02	97.81
BKY-1012	43.69	53.34	6.19	79.53	97.10

注：给矿粒度为 -8mm。同期生产中的磨选尾矿在 5% ~6% 之间。

BKY 型预选机在细碎后入磨前抛除的合格尾矿产率为 16.98% ~20.47%，抛除的尾矿品位与磨选尾矿品位相当。在充分提高粗精矿品位的情况下，回收率高达 97% 以上。抛除合格尾矿后可使选厂在保证最终精矿品位不变的情况下，相应提高了矿石处理量，使最终精矿产量提高约 20%。可见 BKY 型预选机的分选效果很好，在细碎后入磨前抛除合格尾矿对选厂提高经济效益具有相当大的作用。

4.1.3.2 BKC 型磁选机

BKC 型磁铁矿粗选专用筒式磁选机系列。用于一段磨矿分级溢流的第一段粗选。矿浆通过特殊的给矿斗，斜向较长距离给入具有大分选室的分选槽，使脉石尤其粗粒和大密度脉石，与磁性矿物首先实现分层分离。矿浆较缓慢给入分选室后，与粗颗粒脉石分层分离的磁性矿物，在较强磁场条件下磁化结链后被磁力吸附，少量没有结成磁链的磁性矿物，在较强及长选别带磁力作用下也可在后续被充分吸附回收。而非磁性矿物不受磁力作用，随矿浆一起流入各尾矿道，从而使磁性矿物和非磁性矿物得到高效分离。

该设备的特点有：

（1）由于设备分选筒表面场强较高，矿浆可由给矿斗直接给到分选筒表面的较高场强区，使得难以被磁吸附而易于流失于尾矿中的粗粒含铁连生体，能够被较高磁力有效地吸附于分选筒表面。

（2）较高矿液面、较大磁包角，使得分选带较长，含铁的磁性矿物被吸附回收充分，因此磁性物回收率很高。

（3）顺流槽型，使得粒度较大的矿浆，其粗颗粒不会引起沉槽堵塞。适应于粗粒磁铁矿粗选时矿物粒度较粗的特点。

（4）给矿区的漂洗水，使给入的高浓度矿浆能被稀释和充分分散，使磁分离效果很好。适合于粗粒磁铁矿粗选时矿浆具有的高浓度特点。

（5）多尾流通道分工，使前、后溢流口跑细粒或细泥尾矿，而底流尾矿口则跑粗颗粒围岩脉石，适合于粗粒磁铁矿粗选时矿浆具有的粒度分布很宽、粗细差异很大或含泥量很高的特点。

（6）大分选室、高矿液面、多尾流通道，使设备能够承受较大的矿石量及矿浆量的波动。

由于上述分选过程的特点，使得本设备不仅能适应粗粒磁铁矿粗选时的高或低浓度、大粒度分布的特点，而且还可使磁性物的回收率很高。可满足磁铁矿选厂粗颗粒矿物粗选的要求。

BKC-1024 磁铁矿粗选用筒式磁选机，和 BKJ-1024 构成的一粗一精处理系统在程潮铁矿选矿车间对岸，破碎后洗矿，产生的洗液不进入一段磨机，和过滤产生的滤液二者混合进行处理。其中与 BKC-1024 相关的考察取样及试验的平均结果见表 4.8。

表 4.8 BKC-1024 粗选机相关应用考察与磁选管试验对比结果　　　　（%）

设　　备	给矿品位	精矿品位	尾矿品位	精矿产率	铁回收率
BKC-1024	57.21	65.12	12.09	85.08	96.84
磁选管	57.21	65.60	13.40	83.93	96.24

注：给矿粒度为 −0.074mm28.1%，平均台时处理量约 100t/h。

从实际应用考察结果看，BKC-1024 粗选机与实验室磁选管的分选效果相近。

4.1.3.3 BKJ 型磁选机

BKJ 型磁铁矿精选专用筒式磁选机系列。用于第 2 段磨矿分级溢流及最终选别段的精选。

经过粗选后含脉石矿物已较少的磁性矿物，再通过特殊的给矿斗缓慢地远距离给入到充满高矿浆液面的大分选室中，在低磁场强度、低磁场梯度、径向分布的弱磁场条件下，所有的磁性物均同时在该弱磁场条件下磁化结链和吸附，并在大间隙槽体中向前输送。使整个磁性矿物在磁化结链、磁链吸附、磁物输送、磁物排出等一系列过程中，减少和避免脉石矿物在形成的磁链中的夹杂、磁链吸附过程中的夹带、磁物输送过程中的刮带和排出的精矿中尾矿泥的含量。而非磁性矿物则随矿浆一起从各尾矿管排出，使磁性矿物和非磁性矿物得到高效分离。

该设备的特点有：

（1）设备给矿及分选区域大，使矿浆由给矿斗给到分选槽的低场强区后，所有强磁性矿物均在低磁场中磁化较弱，形成的磁团较松散，易于被分散。

（2）给矿口处较强烈的冲击水流，能够使较松散的磁团更充分地分散，并使矿浆稀释。

（3）矿浆受水流冲击后形成的流态，使脉石（尤其粗粒脉石）远离分选筒体，既可避免与磁性物的夹杂，又有利于其顺利从各尾流通道排出。

（4）很大的给矿及分选空间、被水稀释的矿浆及高矿液面，使得分选区域很大。被冲击分散后的强磁性矿物，可在该大分选区中的弱磁场区再次结成磁链，并且，再结成的磁链中夹杂的脉石矿物较少。

（5）再结链的磁性矿物，在向分选筒体移动及被筒体吸附于筒表面的过程中，夹带的脉石矿物量很少，使最终的精矿品位很高。

（6）大分选空间和高矿液面，以及大包角磁系提供的深度作用磁场，可使结链的磁性矿物受磁力吸附回收作用很充分，流失于尾矿中的磁性矿物很少，使回收率提高。

由于上述分选过程的特点，使得该设备不仅能适应细粒磁铁矿精选时粒度较细、易磁化结团、容易夹杂脉石矿物的特点，使精矿品位很高，而且还可使磁性物的回收率提高。并且筒式设备运转可靠、处理量大、生产成本低，可满足磁铁矿选厂精选磁精矿对精矿品位尽量提高、磁性矿物回收充分、对生产的适应性好等各项要求。

BKJ-1030 磁铁矿精选用筒式磁选机，2000 年初在鲁中冶金矿山公司（张家洼）选矿厂的工业试验结果见表 4.9。

表 4.9　BKJ-1030 精选机应用试验考察及实验室磁选管试验结果　　（%）

设　备	给矿品位	精矿品位	尾矿品位	精矿产率	铁回收率	精品提幅
BKJ-1030	63.407	64.536	18.621	97.562	99.284	1.119
磁选管	63.407	64.490	24.41	97.298	98.960	1.083

注：平均给矿粒度为 -0.074mm，含量约 60%；磨机台时处理量在 70~170t/h 之间，平均约 90t/h。

从试验取样及实验结果可看出，BKJ-1030 精选机在生产中的实际分选效果，无论在精矿品位还是在回收率等方面，均与实验室磁选管的分选效果相当。应用效果令人满意，很快就在生产现场的各系列推广应用。

4.1.3.4　BKW-II 型磁选机

BKW-II 型磁铁矿尾矿再选专用筒式磁选机系列。用于扫选及控制发生故障时尾矿的流失等。该系列磁选机通常具有低浓度、大体积量、磁性矿物含量少的尾矿浆，通过特殊的给矿斗使其在给矿过程中实现在磁场中的自搅拌作用，使该少量的磁性矿物在磁场中搅拌和相互碰撞后结成短小磁链，使其所受磁力增大，之后近距离给入到分选筒的高磁场区，在分选筒的高磁力、长选别带的作用下将尾矿中流失的微细粒磁性矿物和连生体矿物充分吸附回收。

该设备的特点有：

（1）矿浆具有自搅拌作用，使难以被磁力直接吸附的微细粒磁性矿物和连生体，首先在磁场中搅拌并结成短小磁链，使其所受磁力增大，易于被分选筒的磁力吸附回收。

（2）设备分选区场强高，且矿浆由给矿斗直接给到分选筒表面的高场强区，使得难以被磁吸附而流失于尾矿中的粗粒连生体和细粒单体铁，能够被高磁力有效地吸附于分选筒表面。

（3）高矿液面、大磁包角，以及在大分选室中深部给矿，使得分选区大、分选带很长。磁性物在分选槽体中吸附回收充分，磁性物回收率高。

（4）顺流槽型，使得通常粒度分布较大的尾矿浆，其粗颗粒不会引起沉槽堵塞。

（5）多尾流通道，使设备的矿浆体积处理量很大，非常适合于尾矿具有的低浓度、大体积量的特点。

由于上述分选过程的特点，使得本设备不仅能适应尾矿的低浓度、大体积量、宽粒度分布的特点，而且还可使磁性物的回收率很高。可满足磁铁矿选厂尾矿再选的要求。

BKW-Ⅱ-1024 磁铁矿尾矿再选用筒式磁选机，在程潮铁矿用于对生产中排放的尾矿中流失的磁性铁矿物进行回收控制试验考察结果见表 4.10。

表 4.10　BKW-Ⅱ-1024 尾矿再选机的实际处理结果　　　　　　（%）

设　备	给矿品位	精矿品位	尾矿品位	精矿产率	铁回收率
BKW-Ⅱ-1024	9.75	48.51	7.81	4.77	29.63

由于选出的粗精矿再经过常规磁选机分选后可得到接近 60% 的精矿品位，生产现场将这部分从尾矿中回收的磁铁矿物，经再分选处理后直接掺入到生产精矿中。因此，将 BKW-Ⅱ-1024 尾矿再选机从尾矿中回收的磁铁矿物折算到原生产流程中，可以增加精矿产率 1.3 个百分点。每年净增精矿产量约 2.6 万 t。

在实际运作中，从尾矿中选出的精矿单独计量。开始时，月产精矿约 6000t。由于该尾矿再选设备反映出了生产流程中有较多量的磁性矿物流失，后来，加强了对生产现场的生产管理，并以此尾矿再选机对生产中排出的尾矿中磁性矿物的回收量来考核现场的生产管理状况。加强管理后，实际每年回收磁性矿物约 1 万 ~2 万 t。一台 BKW-Ⅱ-1024 尾矿再选机在程潮铁矿的应用，给选厂带来了每年约 400 万 ~600 万元的经济效益。

4.1.4　SLon 高梯度立环脉动磁选机

SLon 立环脉动高梯度磁选机于 1986 ~1990 年由赣州有色冶金研究所研制，是目前国内应用最广泛的一种高梯度磁选设备。这是一种利用磁力、脉动流体力和重力等综合力场选矿的新型连续选矿设备，适用于粒度为 0.074mm 占 60% ~100% 的赤铁矿选矿。

SLon 立环脉动高梯度磁选机的结构如图4.7所示。

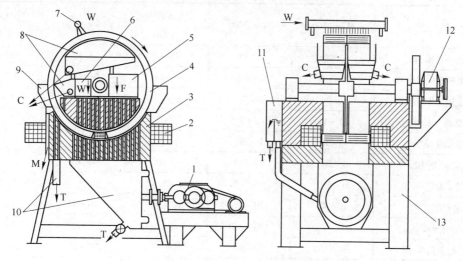

图 4.7 SLon 立环脉动高梯度磁选机结构图

1—脉动机构；2—激磁线圈；3—铁轭；4—转环；5—给矿斗；6—漂洗水斗；7—精矿冲洗装置；
8—精矿斗；9—中矿斗；10—尾矿斗；11—液位斗；12—转环驱动机构；
13—机架；F—给矿；W—清水；C—精矿；M—中矿；T—尾矿

该磁选机主要由脉动机构、激磁线圈、铁轭、转环和各种矿斗、水斗组成，用导磁不锈钢制成的圆棒或钢板网作磁介质。其工作原理如下：

激磁线圈通以直流电，在分选区产生感应磁场，位于分选区的磁介质表面产生非均匀磁场即高梯度磁场；转环做顺时针旋转，将磁介质不断送入和运出分选区；矿浆从给矿斗给入，沿上铁轭缝隙流经转环。矿浆中的磁性颗粒吸附在磁介质表面上，被转环带至顶部无磁场区，被冲洗水冲入精矿；非磁性颗粒在重力、脉动流体力的作用下穿过磁介质堆，沿下铁轭缝隙流入尾矿斗排走。

该机的转环采用立式旋转方式，对于每一组磁介质而言，冲洗磁性精矿的方向与给矿方向相反，粗颗粒不必穿过磁介质堆便可冲洗出来。该机的脉动机构驱动矿浆产生脉动，可使分选区内矿粒群保持松散状态，使磁性矿粒更容易被磁介质捕获，使非磁性矿粒尽快穿过磁介质堆进入到尾矿中去。显然，反冲精矿和矿浆脉动可防止磁介质堵塞；脉动分选可提高磁性精矿的质量。这些措施保证了该机具有较大的富集比、较高的分选效率和较强的适应能力。

经过20多年的持续研究与技术创新，SLon 立环脉动高梯度磁选机已发展成为国内外新一代的高效强磁选设备。目前，已有 500 多台 SLon 立环脉动高梯度磁选机在鞍钢、马钢、宝钢、昆钢、首钢、海钢、包钢、安钢等地应用于赤铁矿、镜铁矿、菱铁矿等氧化铁矿的选矿工业，在山西、河南、江西等地应用于褐铁矿的选矿，在攀钢选钛厂、重钢太和铁矿、承德黑山铁矿等地应用于钛铁矿选矿工业，在内蒙古用于铬铁矿、黑钨矿的分选，在内蒙古、南京栖霞山等地用于锰矿的分选，多次创造了我国弱磁性铁矿和微细粒钛铁矿选矿历史最高水平。

目前 SLon 立环脉动高梯度磁选机已形成系列化，其规格和技术参数如表4.11所示。

表 4.11　SLon 立环脉动高梯度磁选机主要技术参数

型　号	SLon-2500	SLon-2000	SLon-2000 （中磁）	SLon-1750	SLon-1750 （中磁）
转环直径/mm	2500	2000	2000	1750	1750
背景磁感应强度/T	0 ~ 1.0	0 ~ 1.0	0 ~ 0.6	0 ~ 1.0	0 ~ 0.6
激磁功率/kW	0 ~ 94	0 ~ 74	0 ~ 42	0 ~ 62	0 ~ 38
驱动功率/kW	11 + 11	5.5 + 7.5	5.5 + 7.5	4 + 4	4 + 4
脉动冲程/mm	0 ~ 30	0 ~ 30	0 ~ 30	0 ~ 30	0 ~ 40
脉动冲次/min^{-1}	0 ~ 300	0 ~ 300	0 ~ 300	0 ~ 300	0 ~ 300
给矿粒度/mm	0 ~ 2.0	0 ~ 2.0	0 ~ 2.0	0 ~ 1.3	0 ~ 1.3
给矿浓度/%	10 ~ 45	10 ~ 45	10 ~ 45	10 ~ 45	10 ~ 45
矿浆流量/m^3·h^{-1}	200 ~ 450	100 ~ 200	120 ~ 200	75 ~ 150	75 ~ 150
干矿处理量/t·h^{-1}	80 ~ 150	50 ~ 80	50 ~ 80	30 ~ 50	30 ~ 50
机重/t	105	50	40	35	28
外形尺寸 ($X \times Y \times Z$)/m×m×m	5.55 × 4.9 × 5.3	4.2 × 3.5 × 4.2	4.2 × 3.55 × 4.1	3.9 × 3.3 × 3.8	3.9 × 3.24 × 3.53

型　号	SLon-1500	SLon-1500 （中磁）	SLon-1250	SLon-1000	SLon-750	SLon-500
转环直径/mm	1500	1500	1250	1000	750	500
背景磁感应强度/T	0 ~ 1.0	0 ~ 0.4	0 ~ 1.0	0 ~ 1.0	0 ~ 1.0	0 ~ 1.0
激磁功率/kW	0 ~ 38	0 ~ 16	0 ~ 35	0 ~ 28	0 ~ 20.4	0 ~ 16
驱动功率/kW	3 + 4	1.5 + 4	1.5 + 2.2	1.1 + 2.2	0.55 + 0.75	1.5 + 2.2
脉动冲程/mm	0 ~ 30	0 ~ 40	0 ~ 30	0 ~ 30	0 ~ 30	0 ~ 30
脉动冲次/min^{-1}	0 ~ 300	0 ~ 450	0 ~ 300	0 ~ 300	0 ~ 400	0 ~ 400
给矿粒度/mm	0 ~ 1.3	0 ~ 1.3	0 ~ 1.3	0 ~ 1.3	0 ~ 1.3	0 ~ 1.3
给矿浓度/%	10 ~ 45	10 ~ 45	10 ~ 45	10 ~ 45	10 ~ 45	10 ~ 45
矿浆流量/m^3·h^{-1}	50 ~ 100	75 ~ 150	20 ~ 50	12.5 ~ 20	1 ~ 2	0.5 ~ 1
干矿处理量/t·h^{-1}	20 ~ 30	30 ~ 50	10 ~ 18	4 ~ 7	0.1 ~ 0.5	0.05 ~ 0.25
机重/t	20	15	14	7.2	3	1.5
外形尺寸 ($X \times Y \times Z$)/m×m×m	3.6 × 2.9 × 3.2	3.6 × 2.58 × 3.0	3.2 × 2.3 × 2.7	2.7 × 2.0 × 2.4	2.0 × 1.4 × 1.68	1.8 × 1.4 × 1.32

　　SLon 磁选机于 1989 ~ 2001 年在马钢姑山铁矿细粒赤铁矿的选矿中得到应用。姑山铁矿是马钢公司主要原料基地之一，年采选能力约 100 万 t 原矿。铁矿石属于宁芜式赤铁矿，其构造呈块状、网状、浸染状及角砾状，嵌布粒度极不均匀，属难磨难选红铁矿。该矿改造后的流程特点是：一段磨矿至 -0.074mm 占 48% 左右，采用 3 台 SLon-1750 磁选机粗选抛尾，粗精矿进二段磨矿至占 -0.074mm85% 左右，然后用 3 台 SLon-1750 磁选机精选，精选作业的尾矿再用 SLon-1500 磁选机扫选。结果表明，与重选流程比较，磁选流程精矿品位高 4.57 个百分点，回收率高 14.88 个百分点。回收率的提高主要是由于采用 SLon 磁选机回收了重选方法难以回收的微细粒级弱磁性铁矿物。

近年鞍山地区赤铁矿选矿技术得到飞速发展，其中 SLon 立环脉动高梯度磁选机和反浮选技术的普遍应用使该地区的选矿技术水平达到国际领先水平。目前齐大山选矿厂、东鞍山烧结厂一选车间、调军台选矿厂、弓长岭选矿厂三选车间及胡家庙选矿厂均采用SLon磁选机作为强磁选和中磁选设备。从 2001 年至 2004 年，齐大山选矿厂一选和二选车间全部改为阶段磨矿、重选—强磁—反浮选的选矿流程，采用 11 台 SLon-1750 强磁机控制细粒级尾矿品位，另采用 11 台 SLon-1500 中磁机控制螺旋溜槽尾矿品位。SLon 磁选机在该流程中为降低尾矿品位和提高铁回收率发挥了关键作用，该机脱泥效果好，为反浮选提高铁精矿品位和降低药剂消耗创造了良好的条件。由于 SLon 磁选机的机电性能良好，磁介质长期不堵塞，设备作业率在 99% 以上，设备的水电消耗和维护费用低，对选厂降低生产成本、长期稳定地生产起到了重要作用。新流程的铁精矿品位达到 67.50% 以上，铁回收率达到 78%，创我国赤铁矿工业选矿的历史最高水平；2002 年 10 月鞍山矿业公司东鞍山烧结厂进行一选车间两段连续磨矿、粗细分选、中矿再磨、重选—强磁—阴离子反浮选工艺改造，反浮选前的抛尾脱泥设备选用 8 台 SLon-1750 磁选机（1.0T）和 2 台 SLon-2000 磁选机（1.0T），另选用 10 台 SLon-1750 立环脉动中磁机（0.6T）分选螺旋溜槽尾矿作为粗粒抛尾设备。新工艺改造投产后，在保持回收率不降低的前提下，铁精矿品位由 60% 提高到 64.5% 以上，技术经济指标实现历史性跨越。SLon 磁选机大幅度降低强磁作业尾矿品位为全流程取得较高回收率提供了保证，该机用于粗、细粒抛尾作业，其尾矿品位均达到 12.50% 左右，为解决东鞍山贫赤铁矿选矿技术难题起到了关键的作用；鞍钢集团调军台选矿厂原有流程中采用 Shp-3200 平环强磁选机，该机存在着齿板易堵塞、设备故障率较高、检修和维护较困难等问题，其设备作业率只能达到 80% 左右。2002 年该厂拆去 1 台 Shp-3200 平环强磁选机，将 1 台 SLon-2000 磁选机安装在该 Shp-3200 磁选机的基础上，其给矿系统、精矿和尾矿排放系统均采用原有的设施。对比试验表明，在给矿条件相同的情况下，SLon-2000 磁选机精矿品位高 1.19 个百分点，尾矿品位低 1.56 个百分点，精矿产率高 3.07 个百分点，精矿回收率高 8.19 个百分点，各项技术经济指标全面超过 Shp-3200 平环强磁选机；鞍钢弓长岭选矿厂在阶段磨矿、重选—强磁—反浮选流程中，采用 4 台 SLon-2000 强磁机作为细粒级的抛尾设备，另采用 4 台 SLon-2000 中磁机作为粗粒级（螺旋溜槽尾矿）的抛尾设备。当原矿品位 28.78% 时，可获得铁精矿品位 67.19%、铁回收率 76.29% 的指标；云南落雪矿难选铁矿应用 SLon 立环脉动高梯度磁选机综合回收难选铁矿石，解决了长期困扰该矿提高铁精矿品位和回收率的难题，获得品位大于 59% 的铁精矿，回收率大于 70%，实现了该矿铜铁分离的目标。曾文清对品位为 23.50% TiO_2，60.04% Fe_2O_3 的南非红河钛铁矿，以 SLon-1000 立环脉动高梯度磁选机为主体选别设备进行了半工业试验研究。结果表明，采用阶段磨矿、阶段选别的全磁流程，可获得 TiO_2 品位为 42.35% 的合格综合钛精矿和 Fe_2O_3 品位为 64.00% 的合格铁精矿，其 TiO_2 与 Fe_2O_3 含量之和分别为 96.95% 和 77.86%；Si、P、Al、Ca、Mg、Cr 等杂质含量极低，是冶炼的优质原料。该流程在开路情况下，两种精矿（即综合钛精矿和铁精矿）TiO_2 综合回收率达 78.61%、Fe_2O_3 综合回收率达 76.20%。

2002 年初，秘鲁铁矿用 SLon 磁选机为主体设备分选该矿的表层氧化铁矿，获得了优良的试验指标。该流程用弱磁选机选出磁铁矿，采用两台 SLon-1750 磁选机选出赤铁矿，弱磁精矿和强磁精矿合并后进入浮硫作业。其生产指标为：原矿铁品位56.43%、精矿铁品位65.09%、铁回收率80.32%。

SLon磁选机的应用实例表明，该机可有效地回收其中的赤铁矿、菱铁矿等细粒弱磁性铁矿石，使全流程获得较高的铁精矿品位和铁回收率，大幅度降低生产成本，获得显著的经济效益；在强磁—反浮选流程中，SLon强磁机主要应用于粗选抛尾或细粒抛尾作业、螺旋溜槽尾矿的抛尾作业，可有效地控制尾矿品位，提高全流程回收率；SLon磁选机用于浮选作业之前具有脱泥效果好、作业铁精矿品位较高的优点，能为浮选作业降低药剂消耗和获得高质量的铁精矿创造良好的条件；SLon立环脉动高梯度磁选机已成为国内外新一代高效强磁选设备，在工业上的广泛应用促进了我国赤铁矿选矿工业的高速发展，使我国赤铁矿选矿技术达到国际先进水平。

4.1.5 SSS-Ⅱ湿式双频脉冲双立环高梯度磁选机

双频双立环脉冲高梯度磁选机是广州有色金属研究院选矿所所长汤玉和博士领导的研究小组研制的新型强磁选设备。SSS型系列湿式双频双立环高梯度磁选机是新型高效磁力选矿设备，由于采用独特的双频脉冲装置，能兼顾精矿质量和金属回收率。分选指标根据流程的需要可灵活地进行调节。

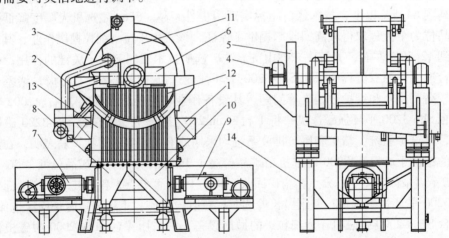

图4.8   SSS-Ⅱ湿式双频脉冲双立环高梯度磁选机结构示意图

1—激磁线圈；2—介质；3—分选环；4—减速机；5—齿轮；6—给矿斗；7—中矿脉冲机构；8—中矿斗；
9—尾矿脉冲机构；10—尾矿斗；11—精矿斗；12—上磁极；13—下磁极；14—机架

SSS-Ⅱ型湿式双频脉冲双立环高梯度磁选机，包括分选环、磁系、激磁线圈、聚磁介质、传动机构、脉冲装置、给矿和产品收集装置等。其特征在于能在分选空间内产生水平磁力线的磁系并能使矿浆产生与磁力线相垂直的往复运动，在分选环下方设有双频脉冲装置。水平磁力线的分选空间是由左磁极、右磁极、左磁轭、右磁轭、前磁轭、后磁轭、激磁线圈和转盘外缘导磁部分所形成。双频脉冲装置由双频脉冲机构、尾矿斗、中矿斗组成，双频脉冲机构分设在尾矿、中矿斗外侧，其间通过机架与地基相连。当激磁线圈给入大电流的直流电时，在分选空间内形成高强度磁场，在磁场作用下聚磁介质表面能形成高磁场力。分选环由电机与传动机构和一对齿轮带动向顺时针方向转动，其下部通过左磁极和右磁极形成的弧形分选空间，分选环上的每一个分选室中都充满聚磁介质。矿浆由给矿斗均匀地进入分选空间，由于磁场力的作用，磁性矿物颗粒被吸附在聚磁介质表面上，调整尾矿脉冲机构使得脉冲频率和峰值较小，由此产生的流体动力很小，磁性极弱和非磁性颗粒受到的磁场力极小，它们受到矿浆的流体动力大于磁场力，不能被聚磁介质吸住而通过其空隙进入尾矿斗，即为非磁性矿物；剩下吸附在聚磁介质表面上的颗粒群随分选环继续转动进入中矿斗，调整中矿脉冲机构使得脉冲频率和峰值增大，此时产生的流体动力随之增强，磁性较弱的颗粒和连生体受到的磁场力小于流体动力，它们就会脱离聚磁介质表面通过其空隙进入中矿斗；而不脱落的磁性较强的颗粒群受到的磁场力大于流体动力被牢固的吸在聚磁介质表面上随同分选环继续转动逐渐脱离磁场区，进入磁性产品卸矿区，由于磁场在该区极弱，用精矿冲洗水将磁性物从聚磁介质表面冲洗下来并进入精矿斗中，即为磁性产品。从而使磁性不同的颗粒群得到有效的分离。双频脉冲装置能兼顾精矿质量和金属回收率，既能得到高品位的精矿，又能使尾矿品位降到一定程度，同时还产出部分中矿。其中矿可能是连生体，可能是磁性介于精矿和尾矿矿物的一种或几种其他矿物，也可能是两者都有。该设备特别适合于处理含磁性不等的多种矿物组成的矿石，同时也适合简单的磁性和非磁性矿物的分离及非金属矿的除杂。

SSS-Ⅱ-2000 型湿式双频脉冲双立环高梯度磁选机在海南钢铁公司铁矿进行工业试验，处理 2 号尾矿库矿样、富粉溢流、混合矿（2 号尾矿库矿样＋富粉）和粗选平环强磁选机尾矿扫选分别进行试验，试验结果分别见表 4.12～表 4.15。

表4.12　2号尾矿库矿样高梯度磁选机试验结果　　　　　　　（%）

产物名称	产　率	品　位	回收率
精　矿	35.73	64.10	62.92
中　矿	27.54	25.30	19.14
尾　矿	36.73	18.00	17.94
给　矿	100.00	36.40	100.00

表4.13　富粉溢流高梯度磁选机试验结果　　　　　　　（%）

机　型	产物名称	产　率	品　位	回收率
SSS-Ⅱ	精　矿	45.95	67.00	52.18
	中　矿	27.03	55.40	25.38
	尾　矿	27.02	49.00	22.44
	给　矿	100.00	59.00	100.00
平　环	精　矿	35.64	65.60	39.63
	尾　矿	64.36	55.40	60.37
	给　矿	100.00	59.00	100.00

注：SSS-Ⅱ湿式双频脉冲双立环高梯度磁选机处理量48t/h，平环强磁选机处理量24t/h。

表 4.14　混合矿（2 号尾矿库矿样 + 富粉）高梯度磁选机试验结果　　　（%）

机　型	产物名称	产　率	品　位	回收率
SSS-Ⅱ	精　矿	65.19	63.00	78.98
	中　矿	18.32	35.20	12.40
	尾　矿	16.49	29.40	8.6
	给　矿	100.00	52.00	100.00
平　环	精　矿	64.49	61.80	76.64
	尾　矿	35.51	34.20	23.36
	给　矿	100.00	52.00	100.00

表 4.15　处理粗选平环尾矿（扫选）试验结果　　　（%）

机　型	产物名称	产　率	品　位	回收率
SSS-Ⅱ（扫选）	精　矿	43.62	64.30	55.43
	中　矿	26.78	42.30	22.39
	尾　矿	29.60	38.30	22.18
	给　矿	100.00	50.60	100.00
平　环（扫选）	精　矿	45.35	60.00	53.77
	尾　矿	54.65	42.80	46.23
	给　矿	100.00	50.60	100.00

4.1.6　DMG 型电磁立环脉动高梯度磁选机

马鞍山矿山研究院在 20 世纪 90 年代初研制的 DMG 型高梯度磁选机，现已形成系列产品。其转环直径为 ϕ800 ~ 2000mm，转环宽度 250 ~ 1200mm，最高背景磁感应强度 1.8 ~ 1.9T，处理能力为 8 ~ 10t/h。该机是一种高场强、高梯度、大脉动力的新型立环式电磁场高梯度磁选机，具有富集比高、不易堵塞、分选粒度范围宽、选别指标好、结构紧凑、可靠性高等优点，可用于分选赤铁矿、褐铁矿、锰矿等弱磁性矿物。

DMG 型高场强电磁脉动高梯度磁选机的结构如图 4.9 所示，主要由分选立环、磁系、脉动机构、给矿箱、磁性矿物排矿箱、卸矿水箱、非磁性矿物排矿箱、驱动机构及机架等部分构成。分选立环被带孔的不锈钢板隔板分成一个一个的介质盒，在介质盒内可以根据不同的需要装有丝状、网状、棒状或其他形式的磁性介质；磁系是由激磁线圈、上下磁轭、辅助磁极组成的全封闭铠装结构；脉动机构采用的是偏心连杆装置，与设置在磁系下面的非磁性矿物排矿箱相连。

DMG 型高场强电磁脉动高梯度磁选机是根据各种矿物的比磁化系数的不同，利用磁力和流体力进行矿物分选。当矿浆从给矿箱给入分选立环的介质中时，在磁场的作用下，比磁化系数较大的磁性矿物被吸附在介质上，随着分选立环旋转脱离磁场，被带到分选立环顶部，借助冲洗水反向冲洗排入磁性矿物排矿箱；非磁性矿物则在重力和流体力的作用下，经过分选介质进入非磁性矿物排矿箱，从而完成磁性矿物与非磁性矿物的分离。

DMG 型高场强电磁脉动高梯度磁选机分选环采用立式结构，沿着给矿方向，导磁不

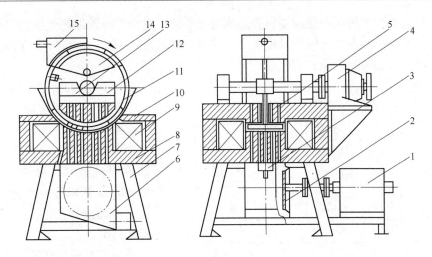

图 4.9 DMG 型电磁脉动高梯度磁选机结构示意图

1—脉动机构；2—鼓膜；3—溢流槽；4—驱动机构；5—上磁轭；6—非磁性矿物排矿箱；
7—机架；8—下磁轭；9—激磁线圈；10—辅助磁极；11—分选立环；12—给矿箱；
13—漂洗水槽；14—磁性矿物排矿箱；15—卸矿水箱

锈钢板网介质网孔尺寸由小到大排列，磁性矿物卸矿时与给矿方向正相反，沿卸矿冲洗水方向网孔尺寸由大到小，可以有效地避免介质网的堵塞现象；在磁选机选矿区下部采用了脉动机构，可以减少机械夹杂，提高分选效果。DMG 型高场强磁选机更突出的特点是场强高，它的磁系采用全封闭铠装结构，杜绝了漏磁现象，与其他高梯度磁选机相比，在不增加或少量增加激磁功率的前提下，就可以有效地提高场强，背景场强可达 2T 以上。同时，增加了辅助磁极，避免了分选立环旋转脱离分选区液面时，重力和流体力的作用而使介质中的磁性矿物脱离造成的与非磁性矿物的二次混杂现象。

4.1.7 磁场筛选机

新研制的磁场筛选机是近年来为适应我国铁矿资源开发利用现状新研制的低弱磁场精选设备的杰出代表，它依据磁场筛选法专利技术研制出来的新型高效选矿设备，也是对磁团聚重选工艺技术的新发展。

传统工艺经常使用的常规磁选机是在非均匀磁场中，靠磁场力直接对磁性物的吸引捕集磁性铁矿物，该方法的特点是磁性铁回收率高，但磁性产品中容易夹杂非磁性物，更难清除磁性物-非磁性物连生体。

磁场筛选机的分选原理与传统磁选机最大的区别就是不是靠磁场直接吸引，而是在低于磁选机数十倍的弱的均匀磁场中，利用单体铁矿物与连生体矿物的磁性差异，使磁铁矿单体矿物实现有效团聚后，增大了与连生体的尺寸差，密度差，再经过安装在磁场中的专用筛子，这样磁铁矿在筛网上形成链状磁聚体，沿筛面进入精矿，而脉石和连生体矿粒由于磁性弱，以分散状态存在，经过筛子进入中矿，因此磁场筛选机比磁选机更能有效地分离出脉石和连生体，使精矿品位进一步提高。同时它的给矿粒度适应范围变宽，只要是已经解离的磁铁矿单体，它就能从精矿回收，只需对影响精矿品质的连生体再磨再选，而不像传统细筛工艺只有过筛才能成为精矿，因此磁场筛选法不像细筛那样纯粹地靠尺寸大小来分级，同时克服了传统磁选设备极易造成夹杂弊病，它是选择性地把优质的铁精矿优先分离出来，从而更加有效地提高铁精矿质量，具有提高精矿品质的同时，达到减少过磨，放粗磨矿细度，提高生产能力的效果。

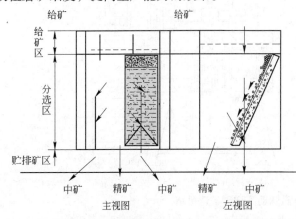

图 4.10　磁场筛选机分选筛片示意图

磁场筛选机由给矿装置、分选装置、储排矿装置组成。磁场筛选机分选筛片示意图如图 4.10 所示。

给矿装置，由分矿筒、分矿器等部件组成。分选装置，由磁系、分选筛片及辅助部件组成。储排矿装置，由螺旋排料机、中矿、精矿仓和阀门组成。

磁场筛选机与常规磁选机相比，可以避免磁性产品中夹杂非磁性物，更能有效清除磁性产品中的磁性物-非磁性物连生体与磁团聚重选法相比，该方法即使是微弱磁化形成的链状磁聚体，其链长也很容易超过入筛物料中最大单颗粒直径的许多倍，远远大于上述同样磁聚体与单颗粒脉石沉降速度的差异，所以可以比磁团聚重选法有效分选粒度范围更宽的物料，进一步提高分选效率。

磁场筛选机的分选原理科学、先进，精选提质效果明显对给矿浓度、流量、粒度等波动适应性强，分选指标稳定，精矿浓度高（65% ~ 75%），并采用高浓度自动化排矿装置，易于脱水过滤，设备耗电少，唯一运转部件螺旋排料机，电机功率只有 1.5kW 或 2.2kW，安装使用方便，无需基础固定，易于操作，管理性能稳定，维护工作量小，维护费用低，使用寿命长，不存在噪声污染。

磁场筛选机可用于选厂最终精选作业。利用磁场筛选机代替选矿厂原流程中的磁选、磁力脱水槽等精选作业，能不同程度地提高精矿品位，只需对精选作业产出的中矿进行再磨再选。

用于选厂细筛作业。可将原细筛筛孔放粗，这样工艺中的筛上循环量大幅下降，经磁场筛选机精选后能及早回收已解离的粗粒磁铁矿，分离开需再磨的连生体，这样可达到提高精矿品位的同时放粗磨矿细度，适合于大型粗细不均匀或细粒嵌布难选磁铁矿。

中矿再磨再选工艺流程的确定。磁场筛选机的中矿主要为连生体，因此需充分细磨后才能解离，进入再磨时有两种处理方法。第一种方法是中矿经浓缩后直接全部入磨后再选；第二种方法是中矿采用扫选磁筛，先丢弃部分贫连生体，扫选磁筛精矿再磨再选。再磨后的再选工艺可根据不同矿石性质通过可选性试验来确定。

采用磁场筛选机先后对国内多家磁铁矿进行过不同程度和规模的精选提质试验和应用，这其中几乎包括了国内各大矿区中不同类型和规模的磁铁矿，普遍具有较好的提质效果，结果见表 4.16。试验结果表明，对原采用常规磨矿磁选工艺的选厂铁精矿经磁筛精选后可提高精矿品位 2% ~ 5%。对像本钢南芬铁矿、河南舞阳铁古坑铁矿、辽宁保国铁矿、新班金宝铁矿经磁场筛选机精选后品位可达 70% 以上，有望生产出高纯铁精矿。对我国几大矿山如鞍钢大孤山矿、弓长岭矿，河北迁西、迁安一带铁矿，武钢三大铁矿、马钢南山铁矿、唐钢庙沟铁矿等矿山经采用磁场筛选机试验或应用后铁精矿品位能得以经济合理地提高。另外对较难选的铁矿如司家营铁矿、攀枝花钒钛磁铁矿、河北青龙、山西代县、云南等地铁矿精选后也收到了明显的提质效果。

表 4.16 采用磁场筛选机技术对多家磁铁矿的提质试验效果

铁 矿 区	铁矿山	精矿品位/%	品位提高幅度/%	试验情况
辽宁鞍山本溪成矿区	南芬铁矿	71.31	3.65（对磁选细筛工艺）	实验室评价
	大孤山铁矿	67.95	1.45（对磁选细筛工艺）	工业试验
	弓长岭铁矿	69.59	2.91（对磁选细筛工艺）	实验室评价
	贾家里子	67.59	12.60（对常规磁选工艺）	实验室评价
	保国铁矿	70.70	1.42（对磁选柱精矿）	实验室评价
	火连寨铁矿	67.73	5.15（对选厂二磁精）	实验室评价
河北冀东—北京密云成矿区	司家营铁矿	69.10	4.70（对常规磁选工艺）	实验室评价
	移民铁矿	69.21	4.15（对磁筛给矿）	工业试验
	龙安铁矿	65.45	2.13（对筛给矿）	工业试验
山西五台—吕梁成矿区	尖山铁矿	69.30	2.80（对常规磁选工艺）	实验室评价
	华联铁矿	67.76	6.24（对常规磁选工艺）	实验室评价
鲁中铁矿区	顺达铁矿	67.71	3.75（对常规磁选工艺）	实验室评价
	同和铁矿	66.17	2.79（对选厂磁选精矿）	试验室评价
湖北鄂东成矿区	大冶铁矿	66.53	1.93（对选厂磁选精矿）	工业试验
	程潮铁矿	68.75	2.96（对选厂二磁精矿）	扩大试验
	金山店铁矿	69.08	9.35（对选厂二磁精矿）	实验室评价
	铜录山铜铁矿	67.43	2.93（对选厂磁选精矿）	扩大试验
宁芜铁矿区	南山铁矿	66.23	4.19（对选厂磁选精矿）	实验室评价
河南铁矿	舞阳铁古坑矿区	69.91	（一段磁筛）	中间试验
		71.54	（二段磁筛）	中间试验
四川攀枝花矿区	密地铁矿	55.63	2.29（对选厂精矿）	扩大试验
新疆铁矿	八钢铁矿	68.42	3.07（对选厂磁选精矿）	实验室评价
	金宝铁矿	70.13	4.57（对选厂磁选精矿）	实验室评价

磁场筛选机在磁铁矿选矿工艺中的作用如下：

（1）提高铁精矿质量。由于磁场筛选技术能有效排除磁铁矿中的连生体，因此作为磁铁矿精选设备，磁场筛选机对经磁选工艺选得的磁铁矿精矿再次选别后还可以普遍提高精矿质量，选厂应用后铁精矿品位较以前均有不同程度地提高。

（2）提高选厂生产能力。实际应用中，由于磁场筛选法的选择性分选原理，它可将嵌布较粗的已解离的磁铁矿单体及早转入精矿，同时对分离出的连生体经充分单独再磨，避免了单体过磨，减少了过磨的负荷，充分提高了磨矿效率。同时它的原理也决定了在不提高或放粗磨矿细度的情况下，仍可达到提质降杂的目标，具备了提高生产能力的潜力。

（3）生产高纯铁精矿。高纯铁精矿又叫超级铁精矿，它是指 $w(TFe) > 70\%$，$w(SiO_2) < 0.4\%$，纯度大于 98.5% 的铁精矿，用途很广。目前利用磁铁矿生产高纯铁精

矿技术在我国不是很发达，浮选和反浮选等化学方法易造成污染，且生产工艺复杂，在这一方面，磁筛有其独特的作用。由于磁场筛选机独特先进的分选原理，更易剔除磁铁矿中的杂质，提高铁精矿的质量。利用磁筛对河南舞阳铁古坑铁矿和辽宁保国铁矿进行高纯铁精矿生产时均有较好的试验效果，最终铁精矿品位能达71%以上。

4.1.8　磁团聚重力分选机

　　磁团聚重选机是1985年由地质矿产部矿产综合利用研究所和首都钢铁公司等三个单位合作设计的专利产品。ϕ2500mm磁团聚重力分选机的结构如图4.11所示。

　　磁团聚重选机有以下特点：

　　（1）有效阻止细粒磁性矿物进入溢流。矿料在干扰沉降过程中，由于受到各种阻力，细粒磁性矿物沉降末速很小；在上升水作用下，会大量进入溢流。造成单体解离矿物再进入磨矿，增加不必要过磨，又增加了各相关作业的负荷。外加磁场后，细粒磁性矿物产生团聚，使个体沉降变成群体沉降，大大增加了它们的沉降速度，使之在受上升水的作用时，不再上浮。因此，增加外磁场，有效地阻止了细粒磁性矿物进入溢流。

　　（2）大大减少了等降几率。矿粒在下降时，在受上升水和悬浮液相对密度等共同作用下，会产生等降现象。由于磁聚机外加磁场后，磁性矿物轻度磁化后形成团聚，团聚后的磁性矿物进行群体沉降，使其"粒度"大大增加，大幅度降低了与粗粒脉石、连生体的等降几率，有利于磁聚机分选。

　　（3）增加了床层的稳定性。当矿浆进入磁聚机，且磁性矿物经过磁化后，矿粒沉降由个体行为变成群体行为，使磁性矿物因粒度差而产生的速度差大大降低；个体作用同时也受群体作用影响，使磁性矿物基本上能按给矿顺序逐层下降，减小了磁性矿物之间不规律沉降。

　　（4）用轴向变化来实现自身的"净化"。团聚的物料中会大量夹杂脉石与连生体，在下降过程中，由于轴向的磁场变化及上升水的冲散等作用，使之不断地翻动和变化，有效地实现了团聚本身的"净化"。

　　但该设备在生产实践中也出现了以下问题：

　　（1）设备设有向下的磁场力，上升水流不能过快，造成粗粒杂质脱不掉，使分选粒度偏细，选别指标提高幅度低，不能有效甩掉粗粒贫连生体，尤其是在矿石中贫连生体含量较高时，选别效果更不理想。

　　（2）由于各磁环由永磁铁构成，磁场始终存在，磁性矿物在矿浆中仅靠较弱的磁场

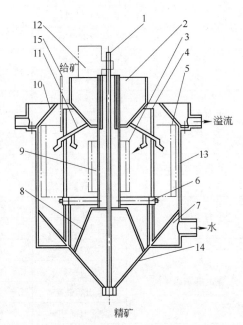

图4.11　ϕ2500mm磁团聚重力分选机

1—提升杆；2—给矿器；3—内磁系；4—中磁系；5—外磁系；6—给水装置；7—水包；8—支撑架；9—中心筒；10—溢流挡；11—分矿管；12—提升杆执行器；13—筒体；14—锥体；15—水位检测管

力和重力形成的"团聚—分散—团聚"现象不明显，夹杂的杂质不易脱掉。

（3）其磁场强度不可调，难以适应矿石性质的变化和自动控制的要求。

（4）磁聚机给水量大，平均每台磁聚机小时给水量约为150m³，造成流程中水循环量大，增加了泵及磁选机的负担，且造成二段球磨的通过量大，给矿浓度低，恶化了二段磨矿的磨矿效果。

（5）设备体积庞大，对于下一步流程改造磁聚机后移很难实现。

（6）技术操作调整复杂，需要比较有经验的岗位操作工才能调整好，否则就会造成精矿指标的波动。

（7）磁聚机分选粒度较窄，选别效果受到影响。

磁聚机要想提高选别效果，必须避免重选过程中等降现象的发生。这样，必须控制过粗颗粒进入选别设备，即控制给矿的粒度上限。过粗颗粒在选别过程中由于质量大，需要较高的上升水流速度才能作为溢流脱除，但过大的上升流速，磁聚机容易"跑黑"影响选别效果，而过粗粒子容易与磁团聚和磁絮凝体产生等降，而影响精矿质量。目前，磁聚机已经逐渐被新型的磁选柱、电磁精选机等设备代替。

4.1.9　强磁辊

4.1.9.1　YCG系列粗粒辊带式永磁强磁机

马鞍山矿山研究院于20世纪90年代开始研制粗粒永磁辊式强磁选机，并于2002年2月研制出工业型粗粒永磁辊式强磁选机。该设备的研制，是安徽省"十五"科技攻关项目，于2002年9月通过省级鉴定，获省级科技进步三等奖，且已获国家专利，专利号：ZL012172197。现产品已系列化，辊径有$\phi100mm$、$\phi150mm$、$\phi300mm$、$\phi350mm$、$\phi600mm$，辊长从500~1500mm不等，可根据用户需要进行定制，并可配置双辊、多辊等。表4.17为该系列产品的有关技术参数。

表4.17　YCG系列粗粒永磁辊式强磁选机技术参数

规　格 （辊径×带宽） /mm×mm	$\phi100\times$ 500	$\phi150\times$ 1000	$\phi150\times$ 1000	$\phi150\times$ 1000	$\phi150\times$ 1500	$\phi350\times$ 1000	$\phi350\times$ 1500	$\phi400\times$ 1500	$\phi600\times$ 1000	$\phi600\times$ 1500
磁感应强度/mT	1400	1400	1350	1350	1300	1300	1300	1300	1300	1300
传动电机功率/kW	0.75	1.1	1.1	1.5	1.5	1.5	1.5	2.2	2.2	3.0
转速/r·min⁻¹	200~400	200~400	150~300	150~300	50~160	50~130	50~130	40~120	30~80	30~80
给矿粒度上限/mm	6	6	12	12	40	50	50	60	75	75
处理能力/t·h⁻¹	0.4~0.5	0.7~3	1.5~4	2~10	8~30	15~45	25~70	30~80	20~60	40~100
外形尺寸 （长×宽×高） /mm×mm×mm	1200× 1500× 1000	1200× 2000× 1000	1300× 1500× 1000	1300× 2000× 1000	1800× 2049× 1050	3222× 2049× 1290	3700× 2100× 1300	2800× 2100× 1400	3200× 2100× 1400	3200× 2900× 1800
机重/t	0.8	1.2	1.1	2.2	2.8	3.5	4.2	4.8	5	6

永磁辊式强磁选机被认为是处理粗粒弱磁性矿石较为理想的设备，该机采用挤压式磁路结构，选用高性能的稀土永磁材料，辊子表面具有很强的磁场强度和很高的磁场梯度，

对弱磁性矿石能产生较大的磁力。永磁辊式强磁选机具有选别指标好、结构简单、操作方便、运行可靠、节能显著等一系列优点。

粗粒永磁辊式强磁选机配制示意图如图 4.12 所示。该机是根据各种矿物不同的比磁化系数，所受磁力不同进行矿物分离。当原矿给到中磁场磁选机上，矿石开始分离，磁性较强的矿石被吸附在中磁场磁滚筒外表的运输带上，被带入中磁机精矿斗。而磁性较弱的矿石不能被中磁场磁选机所吸引，进入粗粒辊式强磁选机上，在永磁辊强磁场力作用下，弱磁性矿物被吸附在紧贴永磁辊外表的薄型运输带上，排入强磁辊的精矿斗。脉石或磁性极弱的连生体被抛入强磁辊的尾矿斗，从而完成分选全过程。

磁系是磁选机的关键部件，其磁性能的好坏直接影响磁选机的技术性能和分选效果。因此磁路的优化设计至关重要。YCG 系列强磁辊式磁选机要求磁辊表面磁感应强度高、磁场梯度大，同时也希望磁场深度深一些。该机设计采用挤压式磁路，磁系形式如图 4.13 所示。

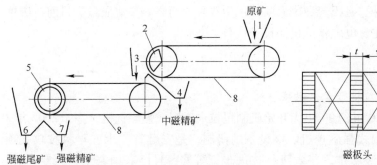

图 4.12　粗粒永磁辊式强磁选机配置示意图

1—原矿仓；2—永磁中磁场干式磁选机；3—中磁场磁选机
尾矿斗；4—中磁场磁选机精矿斗；5—粗粒永磁辊式
强磁选机永磁辊；6—辊式强磁选机尾矿斗；
7—辊式强磁选精矿斗；8—高强度薄型运输带

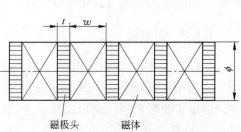

图 4.13　粗粒永磁辊式强磁选机
磁系结构示意图

ϕ—磁辊直径；w—磁体厚度；t—磁极头厚度

该机有以下特点：

（1）辊径大。国外生产的永磁辊式强磁选机辊径较小，最大辊径为 300mm，而 YCG 型强磁辊辊径可做到很大，现最大可做到 600mm，这有利于提高入选矿石粒度。

（2）挤压磁系。采用高性能稀土钕铁硼磁材与纯铁导磁材料组成挤压式磁系，磁辊表面磁感应强度高，磁性能稳定，不易退磁。

（3）无主轴。没有中心轴孔，辊体中心安置磁体，由于没有中心孔，从而消除了因中心孔而形成的不可利用的磁回路，增强了磁辊外圆周磁感应强度。这是该机磁路的最大特点。

（4）采用国产高强度薄型运输带输送矿石，价格低廉，使用寿命长。而国外使用的运输带，价格昂贵。

（5）本机的高强度薄型运输带设计有跑偏自动调节装置，可避免运输带跑偏。

（6）采用整体轴承座架，更换皮带方便、快捷。

上海梅山矿业公司用 YCG-ϕ350mm × 1000mm 粗粒永磁辊式强磁选机替代粗粒跳汰机，并将给矿粒度由 12 ~ 2mm 扩大到 20 ~ 2mm，改造后，20 ~ 2mm 粒级矿石先经干式磁选机预选，其尾矿进入粗粒永磁辊式强磁选机上部的中磁场磁选机，预先选出磁性较强的矿物，磁性弱的矿物进入下部粗粒永磁辊式强磁选机分选。改造后的流程，具有设备配置紧凑，操作、控制简单，基本无需耗水，选别指标稳定等一系列优点，极大地改善了选矿技术经济指标，提高了金属回收率，做到了经济合理地利用矿山资源。

重选车间的生产数据统计表明，在 YCG-ϕ350mm × 1000mm 粗粒永磁辊式强磁选机给矿品位 24% ~ 26% 条件下，选别后可获得铁品位 32% ~ 34% 的粗精矿，尾矿品位 10% ~ 12%，粗精矿作业产率 70% 左右，采用一台 YCG-ϕ350mm × 1000mm 粗粒永磁辊式强磁选机 1 年可回收 8.5 万 t 粗精矿。在该车间同一选别作业与美国进口的永磁强磁选机进行了对比试验，在给矿基本相同的情况下，YCG-ϕ350mm × 1000mm 粗粒永磁辊式强磁选机选别指标明显优于从美国 INPROSYS 公司进口的 ϕ300mm × 1000mm 双辊强磁选机，精矿品位高 2.90 个百分点，尾矿品位低 1.02 个百分点，回收率高 2.85 个百分点。

4.1.9.2　RTG 辊带式稀土永磁强磁选机

RTG 稀土永磁强磁力筒式磁选机是北京矿冶研究总院研制成功的高效磁分离设备。磁系全部采用高性能稀土钕铁硼材料制作，经过巧妙的开放式磁路设计，筒表分选区最高磁感应强度达到 0.8T 以上，磁场梯度是常规中磁机的 3 ~ 5 倍，分选区的磁场力可达到电磁强磁选机的磁力水平。分选筒体采用耐磨不锈钢精制而成；分选矿物通过振动给料器均匀地给到分选筒的上部，旋转的筒体把非磁性物料抛离筒体，磁性物料受到强磁场力作用吸向筒体，用分矿板很方便、精确地将磁性、非磁性物料分离。RTG 辊带式稀土永磁强磁选机技术参数见表 4.18。

表 4.18　RTG 辊带式稀土永磁强磁选机技术参数

项　　目	参　　数			
筒体直径/mm	400	600	900	1200
筒体长度/mm	450	600	900	1200
筒表最高磁感应强度/T	0.8			
分选筒转速/r · min^{-1}	50	60	100	
给料方式	振动给料器上部给料			
分选粒度/mm	10 ~ 0.074			
处理量/t · h^{-1}	0.3 ~ 8			
电机减速机型号	XWD1.5-63		XWD2.2-74	
设备质量/t	0.6 ~ 1.5			

强磁场力使筒式磁选机分选中、弱磁性矿物变成现实。设备处理量大，分选矿物粒级范围宽、分离精度高、不堵塞；结构简单、维护方便，耗电量仅为电磁强磁选机的 20%。

该系列磁选机可用于强、中、弱磁性物料的干式分选。对磁铁矿、假象、半假象赤铁矿分选粒度上限可达 25mm；有色金属矿如锡石除铁，从海滨砂矿中回收 TiO_2；锰铁矿、石榴子石的富集；尤其适合非金属矿的除铁提纯，如石英砂、钾长石、金红石、锆英砂等以及工业原料的二次回收，分选粒度下限可达 0.074mm。该系列磁选机已在江苏的连云港、黑龙江的通河、四川等地应用，用于高纯石英砂提纯，小时处理量为 $0.6 \sim 1.2t$，Fe_2O_3 含量由 0.02% 降到 $0.001\% \sim 0.002\%$，石英砂回收率达 98.5%。取代电磁双盘强磁选机从海滨砂矿中回收 TiO_2，品位从 39.8% 提高到 51.66%，回收率为 97.02%。

4.2　细筛设备

4.2.1　Derrick 重叠式高频细筛

20 世纪 50 年代初期，美国德瑞克公司德瑞克先生发明第一台三路给料高频振动细筛是个创新和发明，提高了筛分处理能力和筛分效率，但是当时筛网使用金属丝编织而成，开孔率低，使用寿命短。随着公司多年不断的改进，80 年代后期，推出了重叠式筛网，高效耐磨防堵聚胺酯细筛网（80 年代初期，最细孔径可达 $0.23mm$，$1989 \sim 1994$ 年可生产 $0.18mm$ 聚胺酯细筛网，到 90 年代后期，最细孔径可达 $0.1mm$）的生产和应用，开辟了提高磁性铁燧岩矿石（国内称鞍山式磁铁矿石）铁精矿品位，降低了 SiO_2 含量的新途径。这个控制铁精矿中 SiO_2 含量的方法最简便，铁矿物细、铁-石英连生体粗，用 $0.1mm$ 筛网筛分即可把连生体留在筛上，大幅度降低筛下铁精矿中 SiO_2 含量。在美洲铁矿山很快推广应用起来。2000 年后在我国也很快得到了应用，效果很好，如莱钢鲁南、太钢尖山、峨口等选厂，该筛网使用寿命可达 $9 \sim 12$ 个月。

德瑞克细粒筛分技术特点：

（1）严格按照选定筛孔几何尺寸分级；

（2）筛分效率高达 80% 以上；

（3）全封闭强力振动电机（7.3G），避免杂质侵入，提高设备作业率；

（4）浮动弹性支承传递给基础动负荷仅 $3\% \sim 5\%$；

（5）耐磨防堵聚酯筛网，不堵孔，不糊孔；

（6）聚酯筛网孔径最细可达 $0.075mm$，开孔率 30% 以上，寿命 $6 \sim 12$ 个月或更长。

全球首台以最小占地面积、最小能耗（功率仅 $3.75kW$），获得最大处理能力的高频细筛，最大可实现五路重叠式布置。其设备示意图和原理图如图 $4.14a$ 所示。目前使用浮选方法生产含硅 4% 的铁精矿，最后一段磁选供给浮选的精矿含硅 5.78%。采用德瑞克五路重叠式高频细筛，配置 DF165 夹层防堵筛网（$63\mu m$ 分级），每台处理能力 $120t/h$，筛下铁精矿含硅在 3% 以下，从而取代现有的浮选工艺，简化流程后节省了大量的生产成本和浮选药剂消耗，提高了铁精矿质量，增强了市场竞争力，经济效益非常显著。

Derrick 三路给料高频振动细筛（如图 $4.14b$ 所示）由三段相互独立的筛面组成，相当于 3 台传统细筛安装在同一活动筛框内，整个筛子由一个振动器驱动。每段筛面配置单独的给料箱，由一个高效分配器同时向 3 个给料箱均衡供料。该筛分方式使筛分面积得到最有效的利用。它能准确的进行湿式细粒物料分级，筛分效率高，处理能力大，特别适合筛上产率高的细粒物料的分级。

Derrick 重复造浆的高频振动细筛（如图 $4.14c$ 所示）采用单一的给料箱，每段筛网之间配置有衬耐磨橡胶的造浆槽。借助喷水装置，使筛上产物在造浆槽内彻底翻转和碎散，再经过筛面筛分使粗、细颗粒分离。该筛分方式使浆体得到充分的搅拌，从而达到提高筛分效率。该设备的特点是设计有耐磨衬胶的重复造浆槽，补加水彻底冲洗粗粒表面的

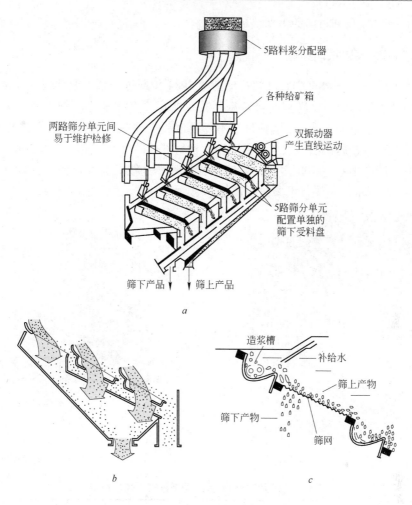

图 4.14　Derrick 细筛

a—Derrick 五路重叠式振动细筛工作原理；*b*—Derrick 三路给料高频振动细筛工作原理；
c—Derrick 重复造浆的高频振动细筛工作原理

细粒物料，增加筛下产物的回收率，单台设备提供多次分级，筛上产物更洁净，筛分效率更高。

　　山西太钢尖山铁矿将 8 台 2SG48-60W-5STK 型 Derrick 细筛安装在三段磨矿分级处，目的是为了控制最终铁精矿 + 0.147mm 在 0.25% 以内，满足管道输送要求，并且节省 1 台三段球磨机用于加工外购矿石。应用结果表明，最终精矿 + 0.147mm 粒度控制在 0.25% 以内；在三段克服了"磨机胀肚"的同时，并实现了节省一台球磨机；筛网不堵孔，不结垢；大大降低磨矿成本，效益显著。2005 年 12 月该矿又购置 8 台德瑞克细筛用于新建选厂的二、三段磨矿分级，以及控制精矿粒度满足管道输送要求。

　　我国某铁矿山在技术改造过程中采用一台 2SG48-60W-5STK 重叠式高频细筛，取代原二段磨矿工艺中的旋流器和尼龙细筛，将磨矿工艺由 2 对 1 改为 3 对 1，把原二段磨矿节省下来的一台球磨机用在 3 系列作为一段磨矿设备。工艺改造以后，筛分效率大幅度提高，由尼龙细筛的 46.59% 提高到 85% ~ 90%，二段磨机新生 - 0.074mm 生产能力从原来的 1.1t/(h·m³) 提高到目前的 1.6t/(h·m³)。

4.2.2 GPS 高频振动细筛

长沙矿冶研究院研制的 GPS 高频振动细筛 1984 年通过冶金工业部技术鉴定，并获冶金工业部科技成果奖。GPS 高频振动细筛在振动细筛关键技术"高频振动器的连续运转能力"、"橡胶弹簧悬挂支承"（隔振好，不需要混凝土地基）等方面处于国内领先水平，其系列产品在有色金属矿山、黑色金属矿山、建材玻璃砂生产、金属粉末制取、矿产品深加工等行业推广应用已达 100 多台，是细粒物料筛分分级的有效设备，其设备外形如图 4.15 和图 4.16 所示，主要技术参数如表 4.19 所示。

图 4.15 GPS(SB)-6 型高频振动细筛

图 4.16 GPS-1200-3 型高频振动细筛

表 4.19 GPS 系列高频振动细筛主要技术参数

型　号	振动频率 /min⁻¹	筛面规格（筛面段数×层数）/mm×mm	分离粒度 /mm	生产能力 /t·h⁻¹	驱动功率 /kW
GPS-900-3		700×900-3×1		2~16	1.5
GPS-1200-3		700×1200-3×1		5~20	2.2
GPSⅡ-1200-3		1000×1200-2×2	0.045~2.0	7~30	2.2
GPS-1400-3	2850	700×1400-3×1		8~25	3.0
GPSⅡ-1400-2		1000×600-1×2		8~30	3.0
GPS(筛板)-4		1000×600-1×2	0.085~4	12~25	2.2
GPS(筛板)-6		1000×600-1×2		15~35	3.0

主要特点如下：

（1）稳定可靠的、真正能连续运转的高频振动器；

（2）高振次、低振幅，能有效降低矿浆的表面张力，有利于细、重物料的析离分层而加快细、重物料透筛，筛下产物正富集效果显著；

（3）多路给矿，筛面利用率高，设备处理能力大，功耗低；

（4）橡胶弹簧支承筛框，隔振吸声，噪声低，设备动负荷小，不需大型混凝土基础；

（5）根据要求可选用高分子耐磨筛板或不锈钢叠层筛网。

应用范围：

（1）铁矿（钛铁矿）选矿厂：代替击振细筛、弧形筛、旋流器等，用于铁精矿控制分级。由于高频振动细筛筛分效率高，筛下产物正富集效果显著，而提高了精选入选品位，在磨矿机处理能力相同时，可稳定提高精矿品位 0.5% ~3%；由于分级效率的提高，减少了有用矿物过磨，精矿平均粒度增粗，从而使精矿过滤条件改善，滤饼水分降低 0.5% ~1%。

（2）钨、锡、钽、铌矿选矿厂：代替螺旋分级机、旋流器分级，或与它们组合分级，既控制了入选粒度，又有效地解决了脆性的、大密度的已单体解离有用矿物在沉砂中反富集而导致过磨的问题，可显著降低有用矿物过粉碎，提高选矿效率，使回收率提高 8% ~15%。

（3）玻璃原料石英砂、长石矿选厂：用于棒磨—筛分流程。石英砂棒磨产品粒级宽、棱角多，属难筛物料，采用高频振动细筛可稳定生产出合格产品。

（4）高岭土选矿厂：用于控制最终产品粒度或高梯度磁选机前隔粗，筛孔 0.043mm。

（5）金属粉末制取：生产 0.038 ~0.351mm 金属粉末。

GPS 高频振动细筛在金属矿、非金属矿选厂应用实例如表 4.20 所示。

表 4.20 部分 GPS 高频振动细筛在金属矿、非金属矿选厂应用实例

序号	使 用 厂 矿	台数	筛分粒度/mm	台时产量/t·h^{-1}	备 注
1	攀钢矿业公司选厂	63	0.10 ~0.15	17 ~26	GPS(SB)-6B
2	太钢尖山铁矿选厂	15	0.085	20	GPS(SB)-6A
3	新余钢铁公司良山铁矿	14	0.1	18 ~22	GPS(SB)-6
4	吉林省和龙市天池矿业有限公司	12	0.1	18	GPS(SB)-6
5	江西云蕾经贸公司	38	0.085 ~0.2	16 ~27	GPS(SB)-6
6	四川会理县金天艾莎铜业公司(铜矿)	2	0.25	25	GPS(SB)-6
7	江西省萍乡市萍兴矿业公司	3	0.1	20	GPS(SB)-6
8	攀枝花市洪友矿业有限公司	6	0.1	25	GPS(SB)-6A
9	广东怀集矿业公司	8	0.08 ~0.10	25	GPS(SB)-6
10	湖南锰业公司	8	0.074 ~0.40		
11	郴州万翔矿业(锡矿)	2	0.15	15	GPS(SB)-6
12	江西省萍乡市红光矿业公司	3	0.1	20	GPS(SB)-6
13	扬州首泰矿业公司	14		18 ~20	GPS(SB)-6
14	天津日板玻璃厂雷庄砂矿	8	0.7	棒磨石英岩	GPS1200-3
15	唐山滦县晶华美砂岩矿	8	0.6	棒磨石英岩	GPS1200-3
16	四川乐山天盛矿业公司	2		长石	GPS1200-3
17	深圳蓝玻文昌砂矿	8		海滨砂	GPS1400-3
18	洛玻方山砂岩矿	4		棒磨石英岩	GPS1200-3
19	海南昌江石英砂有限公司	7		型砂	

4.2.3 MVS 振网筛

唐山陆凯公司组织研制生产出了 MVS 振网筛（钢丝网），筛孔最细也可达到 0.1mm、

0.09mm，在我国攀枝花选矿厂、鞍山大孤山、弓长岭、本钢歪头山、南芬、武钢程潮等磁铁矿石选矿厂得到了广泛应用。对我国提铁降硅、提高精矿质量起到了重要作用。

它是通过低频电磁激振器，直接激振筛网入料端、出料端的筛网钩板，使筛网整体产生振动；同时高频电磁激振器通过筛网下方的橡胶帽激振筛网。这样筛面便产生了复合振动，有利于物料的输送及分级，并且出料端无物料堆积。其筛面采用3层不锈钢丝编织网，下层为粗丝大孔的托网，与激振装置直接接触，在托网上面张紧铺设由2层不锈钢丝编织网黏结在一起的复合网，复合网的上层和物料接触，根据筛分工艺要求确定网孔尺寸，复合网的下层为筛孔尺寸远大于上层网孔的底网，复合网具有很高的开孔率，具有一定的刚度。

其主要特点有：（1）只有筛网振动，筛箱不振动，基础受力小；（2）振动频率高达50Hz，振幅1~2mm，筛分效率高，筛网不易堵；（3）设计在近共振状态工作，电耗低，节能；（4）沿筛子纵向设置多组振动器和传动装置，可分别独立运转，独立调节控制；（5）筛子倾角可方便地调节；（6）筛面由托网和其上的双层复合网3层筛网组成，复合网上层为工作网；（7）共有8种机构形式，20多种规格。其结构示意图见图4.17。

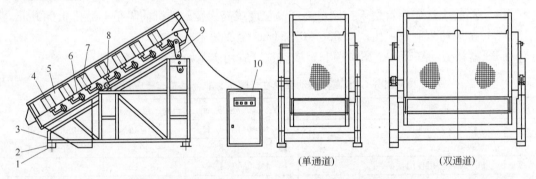

（单通道）　　　　　　　　（双通道）

图 4.17　MVS 型系列电磁振动高频振网筛的结构示意图

1—底座；2—橡胶减振弹簧；3—机架；4—低频电磁激振器；5—筛箱；6—筛网；
7—高频电磁激振器；8—支撑；9—角度调节杆；10—电控箱

MVS 振网筛的主要优点是：（1）可以根据物料性质及工艺要求来调节给料量；（2）筛箱不动，只动筛网，功耗小；（3）筛孔不易堵塞，难筛粒，透筛效率高，处理能力大；（4）筛分效率高，安装简便，使用寿命长。可以应用于金属矿、非金属矿、能源矿产和工业废水处理的细粒物料的脱水和回收。

4.3　浮选设备

浮选设备的研究，新结构和大型化是主题。目前黑色金属矿，特别是铁矿所用的浮选机大部分仍采用传统的 XJK 型、JJF 型、BF 型、SF 型浮选机，但近年来在铁矿新型浮选设备方面国内外学者也进行了有益的探索，取得了相应研究成果，具体介绍如下。

4.3.1　浮选柱

20 世纪 80 年代后成功解决了发泡器后，铁矿石反浮选厂纷纷用浮选柱代替浮选机在磁选铁精矿反浮选中使用，它不仅具有处理量大，占地面积小 1/3，能耗减少 20%，投资少的特点，而且具有铁精矿品位与含 SiO_2 低，对微细粒物料，在反浮选泡沫中损失铁少，铁回收率高的优点。

工业试验表明，浮选柱用于反浮选脱硅较传统浮选机分选性好，由于浮选柱的特定几何形状，单位体积容量占地面积小，泡沫密集，泡沫高度可达 1~2m，当冲洗水冲洗泡沫时，能降低铁精矿中硅含量，同时又能使铁的损失率保持最低，回收率高，浮选回路简单，建设投资低 20%~30%，运营费用低。近年来国外一些大型铁矿反浮选厂普遍采用浮选柱取代浮选机。巴西萨马尔库矿业公司最早于 1990 年在铁矿浮选中采用浮选柱用以提高生产能力，为降低浮选尾矿品位，又先后安装使用了粗选、扫选和精选作业的 15 台浮选柱。印度库德雷克铁矿有限公司采用 8 台浮选柱处理铁品位 67%、SiO_2 4.5% 的精矿，使 SiO_2 含量降到了 2%，满足了用户球团用铁精矿的质量要求。目前，巴西、加拿大、美国、委内瑞拉和印度等国的铁矿选矿厂已安装使用了 50 余台浮选柱。近年，国外一些大型铁矿反浮选厂普遍采用浮选柱取代浮选机，生产含硅小于 2% 的优质球团用铁精矿。

巴西某大型铁矿使用的浮选柱如图 4.18 所示，其生产流程一粗二精一扫，主要设备参数和试验结果见表 4.21。

表 4.21　巴西浮选柱设备参数及选别结果

作业名称	直径 d/m	高度 h/m	产品名称	w（Fe_2O_3）/%
粗　选	4.8	10	精　矿	99.0
扫　选	3.5	10	尾　矿	10~15
精　选	4.0	12	原　矿	75.0

长沙矿冶研究院与中国矿业大学联合研制了旋流—静态微泡浮选柱，该设备采用梯级优化分选，包括柱浮选、旋流分离和管流矿化三部分。柱浮选位于柱体上部，用于预分选，并借助于其选择性得到高质量的精矿；旋流分离位于柱浮选下部，用于柱浮选的进一步分选，并通过高回收率得到合格尾矿；管流矿化是引入气体并形成微泡。采用筛板和蜂窝混合充填浮选柱，以规划流体流动，支撑泡沫层厚度。其分选原理图如图 4.19 所示。

柱浮选段为一柱体，位于整个柱体上部；旋流器分选段采用柱—锥相连的水介旋流器结构，并与浮选段呈上下结构相连。从旋流段角度看，浮选段相当于放大了的旋流器溢流管。在浮选段的顶部，设

图 4.18　巴西某大型铁矿浮选柱

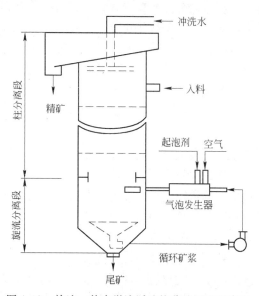

图 4.19　旋流—静态微泡浮选柱分选原理示意图

置了喷淋水管和泡沫精矿收集槽；给矿点位于浮选段中上部，最终尾矿由旋流器底流口排出。气泡发生器采用外置式，并沿切线方向与旋流段柱体相连（并相当于旋流器切线给料管）。气泡发生器上设有导气管。气泡发生器是浮选柱的关键部件。它采用文丘里管的内部结构，具有引入气体并把气体破碎成泡的双重作用。

以细筛筛下铁精矿为原料，使用旋流-静态浮选柱阳离子反浮选工艺，实验室研究制得了高纯铁精矿。在原矿 TFe 63.5% 的情况下，获得了 TFe 70% 以上、回收率大于 80% 的高纯铁精矿。

2003 年长沙矿冶研究院和中国矿业大学合作将旋流-静态浮选柱在鞍钢弓长岭选矿厂进行了 3t/h 规模的工业分流试验，与浮选机相比，精矿品位提高 1 ~ 1.5 个百分点，SiO$_2$ 含量降低了 1 个百分点，回收率提高 10 个百分点。弓长岭铁矿工业试验浮选柱与浮选机分选指标对比结果如表 4.22 所示。可见采用浮选柱可明显提高回收率，降低尾矿品位，且不需中矿再磨。

表 4.22　弓长岭浮选柱与浮选机分选指标对比　　　　　　　　（%）

分选系统	给　矿	精矿产率	精矿品位		回收率	尾矿品位	备　注
			TFe	SiO$_2$			
浮选柱	63.59	88.11	69.15	2.65	95.81	22.37	中矿不磨
浮选机	63.59	86.84	69.23		94.54	26.37	中矿再磨
差　值	0	+1.27			+1.27	-4.00	

4.3.2　磁浮选机

对于磁性铁精矿的脱硅反浮选，泡沫产品中铁主要损失于 -25μm 中，磁场的应用可抑制细粒磁铁矿的浮选，提高浮选的选择性，可有效地控制铁的损失。在容积为 1.42m^3 维姆科浮选机的泡沫堰下方安装磁格栅，可达到这一目的。在浮选机中用磁格栅产生外加磁场。在磁场分配装置设计预先试验中，在钢板上冲出边宽为 6.35mm 或 12.7mm 的方形孔来制造格栅，钢板每边有 4 个孔、5 个孔或 6 个孔。将厚度为 6.35mm 的高强度永磁块切成宽度为 6.35mm 或 12.7mm 的条，然后安放在格栅边框中，组成磁格栅。格栅中心的磁感应强度最低。较宽磁块的磁感应强度高些，磁感应强度随磁格栅磁条层数的增大而提高。用厚度为 3.2mm，宽为 25.4mm 的角铁焊成格栅，永磁条安放在角铁上，不需要黏结，依靠很强的磁力，永磁条就可牢固地固定在角铁上。6 层磁块组成的格栅中的每个孔的磁感应强度如图 4.20 所示。磁格栅安装在泡沫堰下面 152mm 处，所以，泡沫-矿浆界面位于 6 层厚度为 6.4mm 磁条的磁格栅一半处，泡沫层高度为 127mm。

浮选试验研究表明，应用安放有永磁条的格栅形式的磁场可以抑制磁铁矿的浮选，提高铁精矿的铁回收率；随着格栅中安放的永磁条层数的增多，槽内产品铁的回收率增大；随着格栅中安放的磁条层数的增加，浮选的选择性改善；磁铁矿覆盖后，磁格栅中每个孔中心的磁感应强度降低 50%，但是磁感应强度的这种降低对浮选结果影响不明显。

此外，将磁系安装在浮选机的上部形成磁浮力场分选装置，抑制铁矿反浮选时磁性矿物进入尾矿。磁浮机中的磁力场可有效地抑制磁性矿物进入尾矿，提高了铁精矿回收率；同时脉冲磁力场减少了磁团聚引起的非磁性夹杂，提高了铁精矿质量。在一定的磁场条件

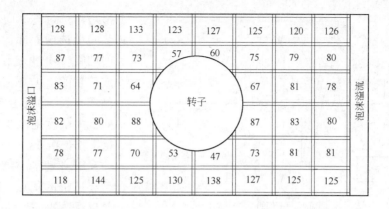

图 4.20 安装在 1.42m³ 维姆科浮选机中的磁格栅每孔的磁感应强度
注：格栅中永磁条宽度为 25.4mm（1in），方孔宽度为 203mm（8in），孔中
的数字表示 6 层磁条方孔位置处的磁感应强度（×10⁻⁴T）。

和药剂制度下，从磁铁矿中反浮选脉石矿物，一次分选能够使磁铁矿品位从 TFe 65.43% 提高到 TFe 69% 以上，精矿回收率在 95% 以上，明显优于单一的浮选和常规磁选。

北京矿冶研究总院在对磁铁矿分选过程进行大量分析研究的基础上，提出并探索研究了磁铁矿在磁浮力场中的分选规律性，设计了磁浮选机并进行了试验，其原理是：磁性颗粒在分选区不断地受到"分散—团聚—再分散—再团聚"的反复磁力作用，当磁性颗粒发生团聚时，在重力作用下向下运动，直到被排进精矿区；当磁性颗粒被分散时，脉石矿物脱离磁团（磁链），在药剂的作用下被气泡捕获后上升到溢流槽，作为尾矿排出。脉冲磁场的作用不但能很好地解决磁选过程中发生的磁团聚，保证精矿品位，同时磁场力对磁性颗粒还具有很好的抑制作用，保证了磁性矿物较高的回收率。

试验表明：同等条件下，磁浮选装置与浮选机相比精矿品位提高 0.5%～1.0%，尾矿品位降低 15%～20%，回收率提高 5%～15%；磁浮选装置与磁选管相比，可提高精矿品位，亦可提高回收率，综合分选指标基本相当，但明显高于磁选机的分选指标。磁浮选机的磁场强度、捕收剂用量、磁场脉冲时间是影响磁铁矿磁浮选结果的主要因素，尤其是脉冲磁场对精矿回收率、精矿品位、尾矿品位有着显著的影响。

4.3.3 BF-T 型浮选机

BF-T 新型浮选机是北京矿冶研究总院专门针对铁精矿反浮选工艺研制的新型浮选机。它采用国家发明专利自吸式浮选机的先进技术，吸取国内外同类产品的优点，针对铁精矿反浮选的特殊工艺条件进行优化设计，整机技术性能优异。

BF-T 型浮选机主要由电机装置、槽体部件、主轴部件、刮泡装置等部件组成。主轴部件包括大皮带轮、轴承体、中心筒、主轴、吸气管、叶轮、盖板等零部件，主轴部件是 BF-T 型浮选机的核心。BF-T 型浮选机结构简图如图 4.21 所示。

该浮选机工作时，当电机驱动主轴带动叶轮旋转时，叶轮腔内的矿浆受离心力的作用向四周甩出，叶轮腔内产生负压，空气通过吸气管吸入上叶轮腔。与此同时，叶轮下部的矿浆通过叶轮下锥盘中心孔吸入下叶轮腔，在叶轮腔内与空气混合，然后通过盖板与叶轮之间的通道向四周甩出，其中一部分气液固混合物在离开盖板通道后，向浮选槽上部运动

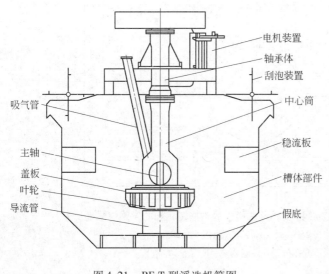

图 4.21　BF-T 型浮选机简图

参与浮选过程。而另一部分矿浆向浮选槽底部运动，受叶轮的抽吸再次进入下叶轮腔，形成矿浆的下循环。矿浆进行下循环有利于粗颗粒矿物的悬浮，能最大限度地减少粗砂在浮选槽下部的沉积。

BF-T 型浮选机继承了 BF 型浮选机的优点，并根据铁精矿反浮选的工艺特点加以改进，主要优点有：（1）功耗低，叶轮区搅拌强度适中；（2）槽内矿浆按固定方式进行下循环，有利于粗粒矿物悬浮，不产生沉槽现象；（3）作业间平面配置，自吸空气、自吸矿浆、自成浮选回路，不需配备辅助设备，流程变动方便灵活，操作维修方便；（4）吸气量可调，根据工艺需要调整吸气量；（5）叶轮圆周速度低，易损件使用周期长；（6）根据矿石性质、药剂制度的不同，调整最佳的浮选机技术参数；（7）矿浆液面控制配有自动控制、电动控制和手动控制装置，可根据客户需要任选一种。

近年来，BF-T 型浮选机在国内十多个铁矿选矿厂得到了广泛应用，取得了良好的经济效益和社会效益。目前使用 BF-T 型浮选机的选矿厂见表 4.23。

表 4.23　BF-T 型浮选机推广应用情况

序　号	选矿厂名称	浮选机型号
1	鞍钢集团弓长岭矿业公司二期	BF-T20
2	鞍钢集团弓长岭矿业公司三期	BF-T20
3	鞍钢集团东鞍山烧结厂	BF-T16
4	鞍钢集团调军台选矿厂	BF-T20、BF-T10
5	鞍钢集团齐大山选矿厂	BF-T10、BF-T6
6	安阳钢铁集团舞阳矿业公司	BF-T20
7	山东金岭铁矿	BF-T10
8	鞍钢集团鞍千矿业公司	BF-T20
9	太原钢铁集团尖山铁矿	BF-T10、BF-T6
10	重庆钢铁集团太和铁矿	BF-T10、BF-T4
11	海南钢铁公司	BF-T10
12	安徽龙桥铁矿	BF-T16、BF-T4
13	四川龙蟒矿冶有限责任公司	BF-T4、BF-T2.8

鞍钢集团东鞍山烧结厂处理鞍山式假象赤铁矿，2003 年东鞍山烧结厂进行工艺和设备改造，采用"两段连续磨矿、中矿再磨、重选、磁选、阴离子反浮选工艺"，反浮选作

业中使用 BF-T16 型浮选机代替原来的 JJF 浮选机，改造后铁精矿品位由 60% 左右提高到 66% 以上，尾矿品位由 23% 左右降低到 19.53% 左右；鞍钢集团齐大山选矿厂的原料是鞍山式赤铁矿，采用"阶段磨矿、粗细分选、重选—磁选—阴离子反浮选"工艺流程，反浮选作业使用 BF-T10 和 BF-T6 型浮选机，2004 年 4 月以来铁精矿品位一直稳定在 67% 以上，尾矿品位也由原 12.5% 降至 11.14%，SiO_2 由原 8% 降至 4% 以下，铁精矿品位比改造前提高 3.8 个百分点，尾矿品位降低 1.36 个百分点，一级品率达 99.80% 以上；鞍钢集团调军台选矿厂设计规模为年处理鞍山式氧化铁矿 900 万 t，采用"连续磨矿、弱磁、中磁、强磁、阴离子反浮选"的工艺流程，使用 BF-T20 和 BF-T10 型浮选机机组，在原矿品位 29.6% 的情况下取得了浮选精矿品位 67.59%、尾矿品位 10.56%、金属回收率 82.24% 的指标。鞍钢集团弓长岭矿业公司二选厂处理的矿石是鞍山式磁铁矿，2003 年鞍钢集团弓长岭矿业公司实施"提铁降硅"反浮选工艺技术改造，采用阳离子反浮选工艺，对磁选铁精矿进行反浮选提铁降硅，采用北京矿冶研究总院研制的 BF-T20 型浮选机 39 台。铁精矿品位由改造前的 65.55% 提高到 68.89%，铁精矿品位提高了 3.34%；SiO_2 含量由过去的 8.31% 降低到 3.90%，降低了 4.41%。反浮选作业铁回收率达到 98.50%，产品质量跻身于世界一流水平。2003 年 9 月，以弓长岭矿业公司"提铁降硅"反浮选工艺技术改造成果为主要内容的"鞍钢贫磁（赤）铁矿新工艺、新药剂的研究及工业应用"获得全国冶金行业科技进步特等奖。鞍钢弓长岭矿业公司三选厂是一个年产 100 万 t 赤铁精矿的选厂，处理的矿石是赤铁矿，采用成熟的阴离子反浮选工艺，使用 BF-T20 型浮选机 44 台。2005 年 7 月 1 日投产以来，日产赤铁精矿 2500t，精矿品位达到 66.5% 以上。BF-T 浮选机在其他选厂的应用情况也非常好，为企业创造了巨大的经济效益。

4.4　破碎磨矿设备

提高破碎效率，降低细碎粒度，实现"多碎少磨"，一直是铁矿选矿节能降耗努力的方向，同时，预选技术、磁化焙烧技术等分选技术效率的提高都期待细碎粒度的进一步降低。近年发展起来的新型圆锥破碎机、高压辊磨技术给选矿厂的节能降耗带来了希望。

4.4.1　Nordberg HP 系列圆锥破碎机

传统圆锥破碎机存在着单机产量低、能耗高、细粒级含量低等不足之处。2001 年，Nordberg（诺德伯格）和 Svedala（斯维达拉）合并成为 Metso Minerals（美卓矿机），其生产的 Nordberg HP 系列圆锥破碎机采用现代液压和高能破碎技术，破碎能力强，破碎比大。HP 型圆锥破碎机通过采用大破碎力、大偏心距、高破碎频率以及延长破碎腔平行带等技术措施，改进了传统机型的不足。鞍钢调军台选矿厂、齐大山选矿厂、太钢尖山选矿厂、包钢选矿厂、武钢程潮选矿厂、马钢凹山选矿厂等引进使用了该设备，最终入磨矿石粒度达到 -12mm 粒级占 95%，-9mm 粒级占 80%。

HP800 圆锥破碎机是美卓矿机 HP 系列圆锥破碎之一，该设备由上架体、下架体、动锥、定锥、主轴、水平轴、紧锁缸、释放缸、调整环、锁紧环、传动装置、液压锁紧和液压马达调整系统、液压和润滑站、TC1000 自动控制系统等组成，结构较为复杂。其排矿口调整通过液压马达驱动，升高或降低调整环内的定锥来实现。在超负荷条件下，超大破

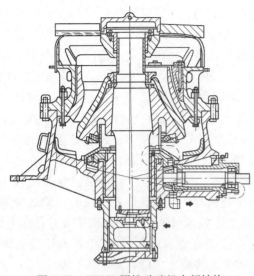

图 4.22　HP800 圆锥破碎机内部结构

碎力可使调整环升起从而实现过铁保护。该设备具有以下特点：在破碎力、大偏心距、高破碎频率与挤满给矿颗粒间层压粉碎相结合，使矿石颗粒在破碎腔内不仅被挤压破碎，而且受到很强的研磨作用，因此产生大量粉矿；自动化控制水平较高，操作方便，可自动处理破碎机各种监测装置传来的信号，使其在设定的极限范围内发挥最大效率。HP800 圆锥破碎机的内部结构如图 4.22 所示，外貌如图 4.23 所示。

　　2002 年齐大山选矿厂对破碎工艺流程进行了改造和完善，细碎作业分两次安装了 4 台 HP800 圆锥破碎机。改造后的破碎工艺流程为三段一闭路工艺流程，工艺流程见图 4.24。粗碎作业采用 1 台 1350/180 旋回破碎机，中碎作业采用 2 台 H8800 圆锥破碎机，

图 4.23　HP800 圆锥破碎机外貌

细碎作业分为新细碎和老细碎，新细碎作业采用的破碎机即为 4 台 HP800 圆锥破碎机。

粗碎产品直接给入中碎作业，中碎排矿给中碎筛分作业，筛下产品及老细碎的筛下产品同时为一选车间供料，中碎筛分作业的筛上产品给新细碎，新细碎的 HP800 圆锥破碎机的筛下产品为二选车间供料。

　　齐大山铁矿通过一段时间的调试，处理量达到了 550～600t/h，功率为 450～500kW，可开动率为 90%，排矿中 -12mm 含量 62%～65%，达到了设计指标。在调试过程中发现，发挥 HP800 圆锥破碎机的 TC1000 智能化控

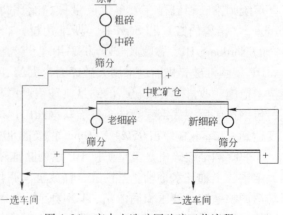

图 4.24　齐大山选矿厂破碎工艺流程

制系统（PLC 控制器）自动功率模式和高水平驱动功率优势，可显著提高细粒级产量。但由于 HP800 圆锥破碎机设备结构比较复杂，设备故障相对较高，检修维护量较大。

HP800 圆锥破碎机的技术参数如表 4.24 所示。

表 4.24　HP800 圆锥破碎机的主要技术参数

规格型号	HP800	偏心套转数/r·min^{-1}	310
给矿口宽度/mm	150	生产能力/t·h^{-1}	550～600
电机功率/kW	630	设备总重/t	64
最大给矿粒度/mm	100	电机型号	YKK5002-6
排矿口调整范围/mm	15～30	电机转数/r·min^{-1}	980
动锥底部直径/mm	1836	电机电压/V	6000
动锥高度/mm	1565		

包钢碎矿系统用 1 台 HP800 圆锥破碎机代替 3 台破碎机（1 台西蒙斯，2 台 PYD＜2200mm），将三段一闭路破碎流程改造为二段一闭路流程，在不降低产品粒度和处理量的情况下，节电效果十分显著，改造前后碎矿设备的对比结果如表 4.25 所示。

表 4.25　包钢磁矿系统改造前后碎矿设备对比结果

对比项目	改 造 前	改 造 后
中　碎	PYDφ2200mm，2 台，280kW	PYDφ2200mm，2 台，280kW
细　碎	PYDφ2200mm，4 台，280kW	PYDφ2200mm，2 台，280kW
闭路细碎	7' 西蒙斯，1 台，400kW	HP800 圆锥，1 台，600kW
筛　分	2400mm×6000mm，5 台，30kW	2400mm×6000mm，5 台，30kW
运行设备电机功率	2230kW	1870kW
系统处理量	1000～1200t/h	1000～1200t/h
筛下产品粒度	（-15mm）85%～86%	（-15mm）85%～86%

4.4.2　Sandvik 圆锥破碎机

瑞典 Sandvik 高科技集团公司生产的 H8800 圆锥破碎机具有以下四个特点：一是拥有排矿口自动调节系统，这个系统能够不停地监视破碎机的运转情况，如果破碎机超出允许的运转范围，那么设定值被自动调节，以便破碎机能再次在允许的极限范围内运转，这样，破碎机可始终处于挤满给料状态，大大增加了物料之间的"层压破碎"比例，同时破碎机能够在尽可能小的排矿口下工作，从而实现了该设备高产量、细排料、高可靠性和低运行成本的特点；二是破碎机衬板形状特殊，呈圆滑的曲线形，所以不易棚矿；三是可以根据所处理的矿石性质、矿量的大小灵活选择合适的偏心距；四是结构简单，操作、维护、检修方便。该设备主要技术参数见表 4.26。

表 4.26　H8800 圆锥破碎机主要技术参数

规格型号	H8800	偏心距/mm	24～70
腔　型	中粗	最大压力/MPa	6
给矿口宽度/mm	360	电机型号	Ⅱ GF450C
最大给矿粒度/mm	350	电机功率/kW	600
排矿口调整范围/mm	22～60	电机转数/r·min^{-1}	980
动锥底部直径/mm	2016	电机电压/V	6000
动锥转速/r·min^{-1}	230	生产能力/t·h^{-1}	1200～1600
偏心套转数/r·min^{-1}	105	设备总重/t	75

　　2002 年以来齐大山选矿厂破碎工艺流程进行了改造和完善，中碎作业原有的 3 台 ϕ2200mm 液压单缸圆锥破碎机改为 1 号和 2 号共 2 台 H8800 圆锥破碎机，这 2 台设备均主要由上架体、下架体、主轴、水平轴、定锥、动锥、底部液压缸、传动装置和排矿口调节系统等部分组成。不同之处是 2 号 H8800 圆锥破碎机采用的 ASRi 排矿口调节系统是 1 号 H8800 圆锥破碎机 ASR 排矿口调节系统的升级产品。齐大山选矿厂 H8800 圆锥破碎机生产指标及设计指标、ϕ2200mm 液压单缸圆锥破碎机对比见表 4.27。

表 4.27　H8800 圆锥破碎机和 ϕ2200mm 圆锥破碎机指标对比结果

项目名称	H8800 破碎机	设计指标	ϕ2200 破碎机
排矿粒度/mm	40 ~ 50	38 ~ 45	50 ~ 60
偏心距/mm	40		
处理量/t·h^{-1}	1200 ~ 1600	1200 ~ 1600	600 ~ 750
工作压力/MPa	3 ~ 5.2		
功率/kW	340 ~ 400		264
可开动率/%	95	95	80
产品粒度（ - 20mm）/%	54.64	45.00	35.22
产品粒度（ + 75mm）/%	2.32	5.00	22.91

　　从表 4.26 可看出，H8800 圆锥破碎机处理量、可开动率达到了设计水平，尽管排矿口尺寸稍大于设计指标，但产品粒度明显优于设计指标。 - 20mm 粒级含量提高 9.64%， + 75mm 粒级含量降低 2.68%；与 ϕ2200mm 液压单缸圆锥破碎机相比，H8800 圆锥破碎机可开动率提高 15%，台时处理量提高 1 倍以上，产品粒度大为改观， - 20mm 粒级含量提高 19.42%， + 75mm 粒级含量降低 20.59%。由于中碎产品粒度改善，一选车间入磨粒度也有明显改善， - 20mm 粒级含量由 80% 提高到 90%，使一段球磨机台时处理量得到提高。

　　从 H8800 圆锥破碎机运转情况看，存在的不足之处是给矿系统的料位传感器反应不灵敏，破碎腔不能始终处于充满状态，破碎箅子磨损不均、周期稍短，尚待进一步完善。

4.4.3　高压辊磨机

　　德国洪堡公司研制的高压辊磨机可以进一步降低入磨粒度，智利洛斯科罗拉多斯铁矿安装了德国洪堡公司的 1700/1800 型高压辊磨机，辊压机排料平均粒度为 - 2.5mm 粒级占 80%，辊压机可替代两段破碎，如果不用辊压机，在时处理量为 120t、破碎粒度 - 6.5mm 时，需安装第三段（用短头型圆锥破碎机）和第四段破碎（用 Cyradisk 型圆锥破碎机）。同时，用辊压机将矿石磨碎到所需细度的功指数比用圆锥破碎机时要低，其原因一方面是前者破碎产品中细粒级产率高，另一方面是其中粗颗粒产生了更多的裂隙。高压辊磨机的工作原理、辊面结构见图 4.25 ~ 图 4.29。

　　东北大学研制的工业机型（1000mm × 200mm）在马钢姑山应用表明，可使球磨给矿由原来的 12 ~ 0mm 下降为 -5mm 粒级占 80% 的粉饼，从而大幅度提高生产中球磨的台时能力。但是，辊面材料损坏后只能采用表面焊接法修补，表面材质难以满足要求。所需工作压力大，矿石中混杂的铁质杂质（钢纤、铁钉等）都将对辊面材质产生致命的损伤，因而阻碍了该设备在铁矿选矿领域的推广应用。

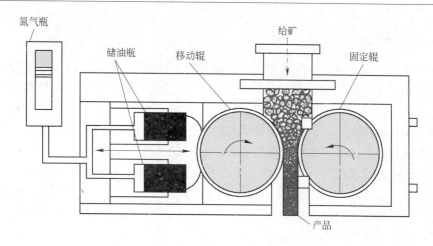

图 4.25 高压辊磨机工作原理图

图 4.26 高压辊磨机实际图

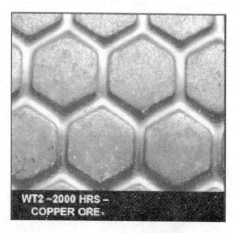

图 4.27 高压辊表面

图 4.28 高压辊工作示意图

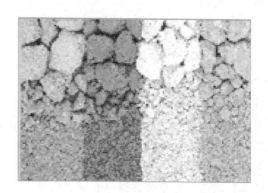

图 4.29 高压辊产品

目前马钢南山矿引进了德国的 Koppern 公司的高压辊磨机, 取得了较好的应用效果。

随着低品位、难处理矿产资源的开发利用, 高压辊磨机在我国金属矿山的应用将逐渐增加。

4.4.4 深湘柱磨机

深湘柱磨机是采用中速中压和连续反复脉动的辊压粉碎原理，由主轴带动数个辊轮在环锥形内衬中碾压并绕主轴公转自转，且辊轮衬板间隙可调。其出磨物料易磨性显著提高，并能极大降低能耗。该磨机适宜于铁矿超细粉碎。

该设备由长沙深湘通用机器有限公司研制并生产。矿石经柱磨机辊压粉碎，细粒抛尾以后，作为球磨机的给矿可使球磨机及系统产量提高60% ~ 100%；矿石粉碎到 -5mm 以后，-0.076mm 占20%左右，能使部分矿石单体解离，铁矿石经细粒抛尾后，可去除产率大于30%左右尾矿，显著提高铁精矿品位和回收率；磨矿及选矿系统可节能40% ~ 50%，且设备操作维护简单，故障率低，运转率高，易损件耐磨性好，寿命长。其不同型号设备的相关参数如表4.28 所示。

表 4. 28 深湘柱磨机相关参数

项 目	柱磨机型号			
	ZMJ900A	ZMJ1050A	ZMJ1150A	ZMJ1600A
生产能力/t·h^{-1}	20 ~ 30	35 ~ 40	50 ~ 60	100 ~ 150
产品粒度/mm	0 ~ 5	0 ~ 5	0 ~ 5	0 ~ 5
最大给矿粒度/mm	20	25	30	40
电机功率/kW	110	160	220	450
设备外形尺寸/m×m	$\phi2.5 \times 4.8$	$\phi2.9 \times 4.55$	$\phi3.5 \times 5.48$	$\phi4.4 \times 6.5$

4.5 脱磁设备

4.5.1 脱磁器进展

物料经过磁化后，保留有剩磁，影响下段作业的进行。比如在磨碎阶段选别流程中，一段选出的磁性产物进入分级机后，会造成溢流跑粗，影响分选指标。另外，选出的磁性产物进入细筛前如果不脱磁，会降低细筛的筛分效率。因此脱磁器在磁选厂中是一种不可缺少的辅助设备。脱磁器在我国的应用已有 50 多年的历史，20 世纪 70 年代以后相继开发了多种类型、多种规格的脱磁器。这些脱磁器都是电磁的。主要有三种类型：工频、中频和脉冲型。

工频脱磁器主要由电源开关、塔轮式脱磁线圈和补偿电容等组成。塔轮式脱磁线圈直接采用 50Hz 工频电源，依靠从大到小多个串在一起的线圈产生轴向衰减的磁场强度，达到对矿物的脱磁。工频脱磁器由于自身的特点，要提高磁场强度，只能靠提高脱磁线圈的激磁电流或者增加线圈匝数来实现。这不但增加了电耗和铜耗，而且给线圈散热带来困难。工频脱磁器虽具有结构简单、运行可靠的特点，但由于本身的限制，一般工作场强较低，且磁化频率受电源频率限制，在处理焙烧矿和高励磁、高矫顽力矿石时，脱磁效果不理想。因此，工频脱磁器一般用于要求退磁场强较低的磁性矿物的脱磁。

中频脱磁器是为了解决工频脱磁器退磁场强度低，轴向磁场变化次数少，耗电高的问题研制开发的。它在线路上采用了逆变和并联电容谐振的原理，使脱磁线圈上产生比输入电流大 10 倍的中频谐振电流，脱磁线圈保留了工频脱磁器的塔轮式结构。它能获得较高的退磁场强和磁化频率。对磁性矿物达到较理想的脱磁效果。但这种设备电器线路和冷却系统结构复杂，占地面积大，造价高，运行时主要元件和脱磁线圈都需要水冷，给操作和维护带来许多麻烦和不便。

脉冲脱磁器是 20 世纪 80 年代后开发研制的新型高效脱磁设备。它与以往工频和中频脱磁器相比，具有高退磁场强和高频率的特点，而且退磁场强可根据实际矿石性质进行调节来达到最佳脱磁效果。这种脱磁器运行稳定，维护和操作方便，脱磁线圈用铜材很少且不发热。其电耗不到工频脱磁器的十分之一，是一种高效节能设备。目前已基本上代替了工频和中频脱磁器。

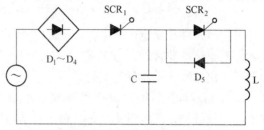

图 4.30 脉冲脱磁器主回路原理

脉冲脱磁器是利用电容器和脱磁线圈组成最简单的 RLC 振荡器，其原理如图 4.30 所示。

工作时电容器先充电，从电源获取能量。电容充足电后控制可控硅 SCR_1 关断，随后控制可控硅 SCR_2 打开，充足电的电容器和脱磁线圈接通。此时，电容器和脱磁线圈之间就发生了电能和磁能的反复转换，也就是电容器反复地放电和充电，由于回路中脱磁线圈电阻不断消耗能量。回路就产生了一个按指数规律衰减的减幅振荡电流。因此脱磁线圈内部也形成了一个相应的衰减振荡磁场。

回路的振荡频率为：$f = \dfrac{1}{2\pi}\sqrt{\dfrac{1}{LC} - \left(\dfrac{R}{2L}\right)^2}$ 振荡减幅的快慢决定于回路的参数。其幅值是按照 $e^{-\delta t}$ 的指数规律衰减的，其中 $\delta = R/2L$。因此只要调整回路参数就能调整脱磁器的工作场强、磁场梯度和磁化频率，达到较好的脱磁效果。脉冲脱磁器从问世到现在已开发出数十种不同型号规格的产品。其主要区别在于控制可控硅开关的控制电路上。早期的应用单结晶体管产生触发脉冲，实践证明，其触发电路不可靠，不能适应选矿厂恶劣的工作环境。现在随着电子元器件技术的发展，其触发控制电路已采用可控硅专用集成触发电路和单片机，使脉冲脱磁器的各项性能和可靠性得到了很大的提高，并在许多大型选矿厂得到广泛的应用。

从三种脱磁器的技术特点来看，脉冲脱磁器顺应了脱磁器的发展趋势，具有高效节能、运行可靠、脱磁效果好等优点，今后必将全面替代工频和中频脱磁器。进一步研制抗干扰能力强，可靠性高的数字式和单片机控制的触发电路是今后脉冲脱磁器完善和发展的方向。另外，随着新一代高磁能积永磁材料的开发和普遍使用，研制新一代更为节能的永磁脱磁器将成为今后的又一发展方向。

4.5.2 GMT 型高效脉冲脱磁器

设备技术参数：输入电压（220 ± 20）V；输入额定电流 4A；磁化振荡频率 800Hz。最高脉冲场强 100kA/m；脱磁线圈规格 250mm × 350mm；脱磁线圈质量 9kg，功率消耗为 0.6 ~ 1.5kW；控制箱外形尺寸为 500mm × 600mm × 380mm，整机质量为 28kg。

脱磁工艺对脱磁器的基本要求是要脱磁线圈产生足够强的并且逐渐衰减的磁场强度和较高的磁化频率。GMT 型高效脉冲脱磁器是利用阻容振荡的基本原理，用电容和脱磁线圈组成并联谐振电路使其产生阻尼振荡。

GMT 型高效脉冲脱磁器采用全集成数字电路，恰当地控制了振荡回路的充电放电时间，保证脱磁器能够稳定可靠运行。触发器采用铁壳屏蔽，严密封装，保证在目前磁选车间这种潮湿粉尘的污染环境里，能够完全不受干扰。经过生产实践的考验，已经证实确实达到了目的，自运行以来，所有电路板一直都正常工作。针对磁选现场环境潮湿的具体情况，为了防止保险丝经常爆断，在 GMT 型脉冲脱磁器里，降低了脉冲电压，通过调整相位角，保证可控硅元件在稳定区间工作。GMT 型脉冲脱磁器对硅元件的技术参数要求比较宽容，硅元件的损坏率非常低，自 1992 年 4 月 ~ 1994 年 6 月，硅元件的损坏率为零。经过以上的改进，使脉冲脱磁器日趋完善。

GMT 型脉冲脱磁器与以往工频脱磁器相比具有较好的脱磁效果，且设备运行稳定，方便操作和维护，耗电量小，每台每年可节电 8.02 万 kW·h。

大孤山选厂磁选车间 7 ~ 10 系统从 1992 年 1 月至 9 月已经全部采用 GMT 型脉冲脱磁器，设备运行率达 90%，故障率为零。二选车间在二次分级作业给矿前全部安装 GMT 型脉冲脱磁器，取得良好的脱磁效果和经济效益，仅节电一项年创效益 28 万元。GMT-I 型脉冲脱磁器能够适应二选车间现场多水潮湿的恶劣环境，抗干扰能力强。

4.5.3　SMT 型数字脉冲脱磁器

数字脉冲脱磁器摒弃了应用单结晶体管等一些基本电子元件所组成的触发电路，而采用寿命长、抗干扰性能好的 CMOS 集成电路块来实现触发功能。这种触发电路的基本原理是：将 50Hz 的输入信号由正弦波整型为矩形波，然后根据实际要求进行分频。分频后的矩形波经脉冲形成器，形成交替的、时间间隔相等的窄脉冲和宽脉冲，然后将窄脉冲和宽脉冲转变为窄脉冲列和宽脉冲列。这些脉冲列经过驱动器和隔离器之后便可触发可控硅，实现对电容充电和放电的控制。以往的脉冲脱磁器的触发电路不能工作时，很难查找问题出在何处。而在数字脉冲脱磁器中，可根据这些检测点的波形迅速判断触发电路工作正常与否，检修极其方便，携带一轻便的示波器即可。而整个触发电路工作是否正常仅可根据电路上设置的发光二极管就可作出判断。

1995 年 5 月进行了工业试验。数字脉冲脱磁器安装于南芬选矿厂的三选车间二次分级之前。由于条件有限，仅做脱磁器脱磁效果的比较试验。试验的主要目的在于考察新研制的数字脉冲脱磁器工作的稳定性和寿命。分析的物料分 SMT 前、SMT 后、GT 前、GT 后 4 种，将每种物料分成 + 120μm、(- 120 + 85)μm、(- 85 + 60)μm、(- 60 + 42.5)μm、(- 42.5 + 30)μm、(- 30 + 21.2)μm、(- 21.2 + 15)μm、- 15μm 8 个级别。SMT 前后物料各粒级的金属分布率的差别分别为 10.9%、7.46%、4.67%、4.23%、5.43%、5.73%、0.9%、6.74%；GT 前后物料各粒级的金属分布率的差别分别为 2.98%、7.59%、2.37%、1.19%、3.89%、2.69%、3.79%、1.38%。可见数字脉冲脱磁器的脱磁效果有明显提高。另外，经过 6 个月的连续运转，数字脉冲脱磁器没有出现任何问题，触发电路稳定性好，抗干扰能力强。

4.5.4　DQ 系列谐合波式脱磁器

谐合波脱磁的特点适用于矿浆中磁铁矿不同粒度颗粒的脱磁，相当于两个单独不同工作频率的线圈在同时工作，两种阻尼振荡波的合成，增大了退磁场强度和脱磁频率。

谐合波脱磁的基本原理：整机由充电回路、振荡回路和微机控制系统三大电路组成。根据阻尼振荡的基本原理，用电容和脱磁线圈组成并联谐振电路，使其产生阻尼振荡。利用微机控制产生第一、第二先后两路频率和振幅都不相同的两种阻尼振荡波，合成后形成谐合波。谐合波的往复阻尼振荡使线圈产生较高退磁场强度和较小的轴向梯度，矿浆通过线圈得到脱磁。

谐合波脱磁器在弓长岭选厂的应用：

（1）二选车间的应用。二选车间处理假象赤铁矿，1~4号系统采用弱磁细筛自循环再磨分级重选流程，在细筛前应用谐合波脱磁器。1992年3月开始在1~2号系统进行DQ-1型谐合波脱磁器应用试验，同年8月在3~4号系统推广应用。

（2）一选车间的应用。一选车间处理磁铁矿有15个系统，磁选精矿集中送再磨再选得到最终高品位精矿，1992年9月，在11号系统进行DQ型谐合波脱磁器的应用试验，脱磁器安装在一次磁选作业后，二次分级作业的旋流器给矿管道上。

（3）设备运行情况。DQ型谐合波脱磁器机内设有调整电压机构，在二选车间电压380~430V之间变化的条件下能正常运行。

一选车间采用三段磨矿、单一磁选工艺，在二段磨矿旋流器分级作应用谐合波式脱磁器。使旋流器溢流细度 -0.074mm 提高6个百分点，分级效率提高10个百分点。二段磁精品位提高了2个百分点，在三段磨矿、细筛分级也应用了脱磁器，使精矿品位得以提高；二选车间采用磁重联合工艺处理假象赤铁矿，细筛分级作业应用谐合波式脱磁器，使细筛筛下 -0.074mm 提高了6个百分点，分级效率提高了11个百分点，磁选精矿品位提高了0.9个百分点。

4.5.5 MTW-ϕ160型高场强脉冲脱磁器

MTW-ϕ160型高场强脱磁器由脱磁器线圈和电源控制柜两部分组成。其工作原理是：由电源控制柜中变压器升压整流经充电可控硅给脉冲电容器充电，贮满电能脉冲电容器与放电可控硅、续流二极管、脱磁器线圈组成衰减振荡电路。因此，脱磁器线圈中就会产生强大的、衰减的交变磁场，每个交变周期的磁场以一定的梯度逐渐衰减直至为零。经磁化有磁团聚的粗选（扫选）矿浆以小于或等于1.5m/s的流速通过脱磁器线圈时得以反复充磁退磁达到去除矿物磁性的目的。矿浆中剩磁的大小与矿石性质有关，对不同的矿石性质脱磁器的磁场强度要求也有所不同。MTW-ϕ160型高场强脱磁器可以根据矿石的性质，通过改变升压变压器次级的抽头作适当磁场强度的调整，以达到脱磁器的最佳效果。MTW-ϕ160型高场强脱磁器的原理如图4-31所示。

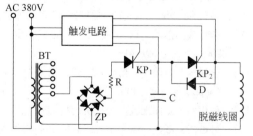

图 4.31　MTW-ϕ160型高场强脱磁器原理图

在选矿作业中经磁选设备磁选的矿石具有剩余磁性，形成磁团聚，对下一级分选效率影响甚大，严重时，可破坏正常选矿工艺技术指标。因此，矿浆的脱磁器成为选矿厂的主要配套设备，它的主要作用是消除磁性矿物磁化后由于磁性作用而形成的磁团或磁链，达到改善分选指标、提高球磨机的作业率及提升精矿品位的效果。对于高剩磁、高矫顽力的矿石,矫顽力越强大,消除剩余磁性就越困难,这就要求脱磁器的工作场强越高,要求达到矫顽力的 5 ~ 7 倍才行。一般的、通用的较低场强脉冲脱磁器显然不行。MTW-ϕ160 型高场强脱磁器是专门针对具有高剩磁、高矫顽力性质的矿石脱去磁性而特殊设计的。它通过改变升压变压器次级的抽头和调整电容充电的时间占空比,使脱磁器线圈内磁场强度达到 120 ~ 185kA/m 的调整范围。对剩磁高、矫顽力大的钒钛磁铁矿脱磁有着显著的效果。

太和铁矿球团厂的造球需要 -0.074mm 微细粒级占 72% 的高品位的铁精矿,为此必须对经过粗选、精选和扫选后的细粒级矿物再做一次粒度分级和磨细作业。为了保证水力旋流器对细粒级矿物有效地分级,必须引入脱磁技术,脱磁器主要目的是为因磁化而团聚的细粒包裹体退磁,让合格微细粒从磁包裹体中解离出来,不致分级而返回球磨机中过磨,使得二段磁选机能够选出合格产品。

利用 MTW-ϕ160 型脉冲脱磁器有 80 ~ 185kA/m 较宽的调整范围,通过对其磁场强度调整、测量计算矿物的分级效率的反复试验,得出分级效率与脱磁器磁场强度的关系。试验表明,旋流器的分级效率并不随着脱磁器的磁场强度增大而线性增加,过分增大脱磁器磁场强度,只会增加电耗、影响脱磁器的使用寿命。因此,研究表明脱磁器场强在 170 ~ 185kA/m 的范围内,水力旋流器的分级效率高达 50.18% ~ 52.6% 的技术指标是较为合理的。解决了选矿厂脱磁难的问题,保证了选矿生产需求。

参 考 文 献

[1]　赵言勤,段其福. 本钢铁精矿用磁选柱降硅提铁的工业试验[J]. 金属矿山,2004,(6):40 ~ 41.

[2]　刘秉裕,王连生. 磁选柱精选磁铁矿的效果及效益[J]. 金属矿山,2005. 8(增刊):370 ~ 374.

[3]　陈广振. 磁选环柱的研制及其试验研究[D]. 沈阳:东北大学,2002.

[4]　卞春富,许宏举. 复合闪烁磁场精选机的研制与应用[J]. 金属矿山,2005,(suppl.):379 ~ 383.

[5]　吴祥林. BX 新型磁选机在磁铁矿选矿厂应用实践[J]. 金属矿山,2004,(suppl.):158 ~ 160.

[6]　谢强,董恩海,赵瑞敏. BK 系列专用筒式磁选机分选机理和特点[J]. 金属矿山. 2005,(1):42 ~ 47.

[7]　熊大和. SLon 磁选机分选东鞍山氧化铁矿石的应用[J]. 金属矿山,2003,(6):21 ~ 24.

[8]　洪家凯. 云南落雪矿难选铁矿石综合利用研究与应用[J]. 矿产综合利用,1998,(2):1 ~ 3.

[9]　曾文清. SLon 磁选机分选南非红河钛铁矿的半工业试验[J]. 金属矿山,1997,(5):27 ~ 29.

[10]　汤玉和. SSS-Ⅱ湿式双频脉冲双立环高梯度磁选机的研制[J]. 金属矿山,2003,(3):37 ~ 39.

[11]　李月侠,李彪. DMG 型电磁脉动高梯度磁选机用于红柱石除铁的研究及实践[J]. 金属矿山, 2001,(3):39 ~ 41.

[12]　李迎国,雷晴宇,杨欣剑. 磁场筛选机对磁铁矿提质增产效果分析探讨[J]. 金属矿山,2006, (suppl.):398 ~ 400.

[13]　魏建民. 磁团聚重力分选机剖析[J]. 金属矿山,2002,(2):39 ~ 41.

[14]　吴世清,圣洪,赵光宇等. YCG 系列粗粒永磁辊式强磁选机的研制及现场生产应用[J]. 金属矿山,2006,(suppl.):225 ~ 229.

[15]　王允火. 德瑞克 Derrick 高频细筛在铁矿石选矿的应用[J]. 矿业快报,2005,(5):36 ~ 38.

[16]　温德贵,GPS-1200 高频振动细筛在良山选矿厂的工业试验[J]. 江西冶金,1999,(6).

[17]　张宏柯,李传曾. MVS 型电磁振动高频振网筛及其工业实践[J]. 金属矿山,2004,(1):35 ~ 38.

[18]　马子龙,马力强,刘炯天等. 旋流—静态微泡浮选柱浮选磁铁矿的研究[J]. 国外金属矿选矿, 2004,(11):19 ~ 21.

[19]　埃尔萨因 S. 在磁性铁燧岩精矿二氧化硅阳离子浮选中磁场的应用[J]. 国外金属矿选矿, 2004, (11): 19 ~ 21.

[20]　冉红想, 梁殿印. 磁铁矿在磁浮力场中的分选试验研究[J]. 矿冶, 2004, 13(3): 30 ~ 32.

[21]　董干国, 刘桂芝, 刘林. BF-T 型浮选机在铁精矿提铁降杂工艺中的应用[J]. 矿冶, 2005, 14 (4): 20 ~ 22.

[22]　宋乃斌, 张纪云, 徐冬林. HP800 圆锥破碎机的生产调试[J]. 金属矿山, 2005. 8(增刊): 251 ~ 253. 2005 年全国选矿高效节能技术及设备学术研讨与成果推广交流会.

[23]　徐冬林, 张纪云. H8800 型圆锥破碎机和 HP800 型圆锥破碎机在齐大山选矿厂的应用[J]. 金属矿山, 2004. 10(增刊): 260 ~ 262.

[24]　张纪云, 何晓明, 刘国义. H8800 圆锥破碎机的应用[J]. 矿业工程, 2004, 2(2): 40 ~ 42.

[25]　马斌杰, 游维, 崔长志. 高压辊磨机在铁矿石超细碎中的应用前景[J]. 矿山机械, 2007, 35 (7): 39 ~ 40.

[26]　任树德, 料团粉碎机理和 KHD 洪堡威达克公司辊压机在金属矿山的应用[J]. 金属矿山, 2004 (suppl): 77 ~ 83.

[27]　吴建明. 自磨(半自磨)的进展[J]. 金属矿山, 2004(suppl): 281 ~ 287.

[28]　郝志刚. 柱磨机在金属矿中的应用[J]. 金属矿山, 2004(suppl): 252 ~ 254.

[29]　周鲁生, 段其福. 球磨机金属磁性衬板应用实践综述. 2004(suppl): 99 ~ 102.

[30]　袁致涛, 王泽红, 印万忠等. 提高磁选厂分级效率的高效设备——数字脉冲脱磁器. 2004(suppl.): 329 ~ 332.

[31]　陈志华, 高志敏, 李维兵. GMT 型高效脉冲脱磁器的应用研究与实践[J]. 矿业工程, 2003, 1 (4): 39 ~ 41.

[32]　邹种粮. 脱磁器的技术特点及发展方向. 脱磁器的技术特点及发展方向[J]. 金属矿山, 1998, (2): 46 ~ 52.

[33]　李文龙. 谐合波脱磁器在鲁南矿业公司的应用[J]. 金属矿山. 2002, (2): 59.

5 铁矿石选矿药剂

5.1 铁矿石选矿药剂的最新进展

近年来铁矿石选矿药剂有了很快的发展，特别在铁矿石捕收剂方面的进展非常迅速。铁矿石的捕收剂主要分为阴离子捕收剂、阳离子捕收剂和螯合类捕收剂三大类。

(1) 阴离子捕收剂。

常用的阴离子捕收剂主要有脂肪酸类、石油磺酸盐类等，最早广泛应用的捕收剂是氧化石蜡皂和塔尔油。由于氧化石蜡皂和塔尔油的选择性不好，很难使精矿达到理想的选矿指标，因此已经很少使用。近几年我国的选矿工作者主要对脂肪酸、石油磺酸盐类进行改性和混合用药，使其选择性明显提高，捕收能力增强，尤其是在阴离子反浮选捕收剂方面取得重大进展。

长沙矿冶研究院研制的 RA 系列捕收剂包括 RA-315、RA-515、RA-715 和 RA-915 等药剂，早在"七五"期间，RA-315 药剂用作铁矿反浮选，采用弱磁—强磁—反浮选工艺流程选别鞍钢齐大山铁矿石获得成功，为开拓磁选—反浮选工艺流程选别我国鞍山式红铁矿选矿奠定了基础。目前开发的各类 RA 系列捕收剂已推广应用于鞍钢齐大山选矿厂、东鞍山烧结厂、安钢舞阳铁矿红山选矿厂等。

马鞍山矿山研究院近几年新研制的新型高效捕收剂 SH-37 和 MZ-21，分别在鞍钢调军台选矿厂、齐大山选矿厂和东鞍山烧结厂等红铁矿选矿厂应用，获得了成功。生产实践证明，铁精矿品位可达 66% ~ 67%，每吨精矿的药剂成本降低 15% 以上，对温度的适应性增强，经济效益显著。鞍钢自主研发的 LKY 捕收剂在齐大山铁矿调军台选矿厂应用后，与 RA-315 相比，可明显提高精矿品位，降低尾矿品位。另外，MD-28、MH-80 等用于磁铁矿精矿提质降杂的新型高效捕收剂，分别在鲁南矿业公司和太钢尖山铁矿等推广应用，磁铁矿精矿可提高至 69% 以上，为磁铁矿精矿提质降杂开辟了一条新途径。

(2) 阳离子捕收剂。

工业应用的阳离子捕收剂主要是胺类捕收剂，用于浮选硅质矿物，包括脂肪胺和醚胺。国内采用胺类捕收剂的选矿厂较少，且药剂种类较少，主要以十二碳脂肪胺和混合胺为主，对二元胺和醚胺类捕收剂研究的较少。为了解决十二胺泡沫量大、黏，影响后续处理以及选择性差等问题，鞍钢弓长岭选矿厂采用了新型阳离子捕收剂 YS-73 和 GE-601，不仅可解决十二胺存在的问题，而且可不需通过磁选抛尾而直接抛尾，从而简化了工艺流程。

(3) 螯合类捕收剂。

螯合类捕收剂是分子中含有两个以上的 O、N、P 等具有螯合基团的捕收剂，如羟肟酸、杂原子有机物等。由于该类捕收剂能与矿物表面的金属离子形成稳定的螯合物，其选择性比脂肪酸类捕收剂明显提高，如我国相关单位曾用 Q-618（羟肟酸类）及 RN-665 捕收剂对东鞍山铁矿石进行了浮选试验，取得了较好的选矿指标。但该类药剂对水质要求较高，且生产成本高，故一直没有工业应用。

在铁矿其他选矿药剂方面，鞍钢齐大山铁矿选矿分厂将水溶性的羧甲基淀粉应用于工业生产，大大简化了药剂的配制过程并降低了生产成本，年创效益 300 万元以上。马鞍山矿山研究院研制的铁精矿脱硫特效活化剂 MHH-1，该产品对脱除铁精矿中的硫化矿特别是磁性较强、可浮性较差的磁黄铁矿具有明显效果。

5.2　捕收剂

（1）阳离子捕收剂。

1）十二胺。

我国早在 1978 年就应用胺类捕收剂提高磁选铁精矿的品位，并取得了满意的工业试验结果。鞍山烧结总厂采用十二胺为捕收剂，在中性介质中进行反浮选，矿浆温度为 20 ~ 25℃，药剂用量为 80 ~ 100g/t，在浮选给矿粒度为 - 0.074mm 含量 88.5% ~ 92% 的条件下，得到铁精矿品位 67% ~ 68% 的指标。目前国外的磁铁矿选矿厂主要使用阳离子胺类捕收剂来提高铁精矿质量，降低 SiO_2 含量。阳离子捕收剂的主要成分是以十二胺为主的混合胺及部分添加剂。

弓长岭矿业公司采用十二胺阳离子反浮选，在弓长岭选厂二选车间的阶段磨矿—单一磁选—细筛再磨工艺的基础上进行"提铁降硅"工艺流程改造，最后得到的浮选指标：铁精矿品位 68.85%，SiO_2 品位 3.62%。石人沟铁矿以其精矿粉为原料，用十二胺为捕收剂进行了磨矿—反浮选、分级—反浮选和分级—低磁场磁选等试验，并按磨矿—反浮选方案建成了生产超级铁精矿的选矿厂，得到了优良的指标。

在国外，Quast 用十二胺醋酸盐作捕收剂研究酸碱度对人工配制铁矿（含 Fe_2O_3 98.5%）分选的影响。结果表明，在 pH 值为 8 时，铁精矿的回收率最大，同时发现捕收剂用量增加，其回收率大幅度上升。Laskuwski 研究十二胺盐酸盐与赤铁矿的作用机理时，发现其吸附量与赤铁矿的作用机理的同时，发现其吸附量与 pH 值关系紧密。当 pH 值小于 9 时吸附量很小，随 pH 值增大，其吸附量大幅度增加。表明反浮选工艺只能在中性或弱酸性时比较理想。

2）GE 系列。

GE-601 和 GE-609 捕收剂是由武汉理工大学研制生产的新型捕收剂，已在磁铁矿反浮选脱硅和提高铁精矿方面取得了良好的效果，且已用于生产。运用 GE-609 在胶磷矿脱硅与长石也取得了良好的效果，特别是对细粒含硅矿物更显示其选择性优于十二胺的优点。

反浮选阳离子捕收剂 GE-601 与十二胺相比，反浮选铁矿石时泡沫量大大减少，且泡沫性脆、易消泡，泡沫产品很好处理。GE-601 的选择性也优于十二胺，尾矿品位低、精矿品位高，有利于提高铁的回收率。GE-601 还具有良好的耐低温性能。通过采用 GE-601 反浮选某磁铁矿的结果表明，当 GE-601 用量为 162.5g/t，经二次粗选、二次扫选，中矿顺序返回的闭路流程，在 22℃ 时获得的指标为精矿铁品位 69.31%、回收率 97.90%；在 12℃ 低温条件下，获得了与常温条件基本一致的良好指标：精矿铁品位为 69.17%、回收率为97.87%。即在8~25℃的区间内，GE-601的捕收性能和分离选择性几乎不受温度的影响。以GE-601为捕收剂的阳离子反浮选工艺，药剂制度简单、添加方便，利于操作。由于不使用淀粉作抑制剂，可以解决阴离子反浮选因淀粉作用引起的铁精矿过滤难、水分过高的问题，从而提高过滤效率，降低过滤费用。

GE-609药剂同样具有选择性高、耐低温、浮选泡沫易消等优点。GE-609与十二胺和美国公司的ARMEEN12D相比较，GE-609比ARMEEN12D和十二胺产生的泡沫量少得多，且粗选泡沫产品扫选效果好，扫选后泡沫量进一步减少。这显示了GE-609有良好的分选性和较好的消泡性能，有利于整个浮选流程的顺畅操作，从而保证产品质量。GE-609在25℃和8℃时分选效果基本一致，它具有很好的耐低温性能。GE-609用于浮选太钢尖山铁矿石，经过一次粗选、一次精选、二次扫选，在25℃时，精矿品位高达69.22%，回收率97.78%，其浮选效果良好。当矿浆温度低到8℃时，GE-609反浮选同样获得铁品位69.17%，回收率97.87%的良好指标。针对齐大山赤铁矿石，采用GE-609作捕收剂，淀粉作抑制剂，反浮选硅酸盐矿，经一次粗选、一次精选、两次扫选顺序返回的闭路流程浮选，获得了铁精矿品位67.12%、回收率83.55%的良好指标，并可实现常温浮选，与阴离子反浮选工艺比较，阳离子反浮选可以降低选矿成本。

山西岚县铁矿主要金属矿物为假象赤铁矿和镜铁矿，含量占59.0%，极少量磁铁矿，脉石矿物主要是石英，占39.0%。铁矿物嵌布粒度较细，石英矿物也以细粒嵌布于条带中。该矿采用GE-609捕收剂与抑制剂淀粉组合对矿石进行可选性试验，结果表明，在磨矿细度 -0.043mm占80%、pH值8.5、淀粉用量1500g/t，GE-609用量300g/t时，采用一次粗选、一次扫选、两次精选流程，获得了铁精矿产率50.66%，铁品位65.91%，铁回收率83.20%，尾矿品位13.67%的指标，与使用十二胺相比，GE-609的选择性和捕收性能均优于十二胺。

3）YS系列。

YS-73型捕收剂是鞍钢弓长岭矿业公司与药剂厂家共同研制成功的新型高效复合阳离子捕收剂。弓长岭矿业公司将药剂用于磁铁精矿反浮选脱硅的工业试验，发现YS-73的性能优于十二胺，浮选温度低，仅为17℃，比阴离子反浮选低15℃，药剂制度简单，生产成本低，易于操作。在阳离子反浮选工艺中采用该药剂以来的工业应用实践表明，工艺流程顺行，生产指标稳定，浮选精矿铁品位达到68.89%、SiO_2 3.90%左右，铁的回收率98.50%以上。

4）其他阳离子捕收剂。

其他阳离子捕收剂的研究主要也围绕着胺类及其衍生物，还有铵盐类化合物。醚胺（一元或多元胺）是在胺类的基础上增加一个或多个醚基而生成的，是铁矿反浮选最有效的捕收剂之一。由于分子中亲水的RO—基团的存在，提高了药剂在水中的溶解性，使它更易进入固-液和液-气界面，同时还可提高气泡周围液膜的弹性，起泡性能良好。下面介绍国内外在阳离子捕收剂研制与应用方面的最新进展。

包头钢铁公司分别用油酸钠和醚胺等捕收剂对赤铁矿和钠辉石纯矿物进行浮选，使用阳离子捕收剂醚胺反浮选辉石时，采用氯化木素作为抑制剂，可使两者的可浮性之差达到80%，而采用油酸钠正浮选赤铁矿，难以达到有效分离的目的。

武汉理工大学根据腈在无水乙醇中被金属钠还原成胺的原理,合成了阳离子捕收剂 N-十二烷基-1,3-丙二胺。通过与十二胺的对比实验,发现在相同的条件下,对于赤铁矿脱硅反浮选,N-十二烷基-1,3-丙二胺的效果更好。北京矿冶研究总院用 C10~C13 醇合成的醚胺醋酸盐对司家营铁矿进行反浮选试验,药剂用量在 450~600g/t,铁精矿品位在 65% 以上,回收率 80% 左右。伍喜庆等人研究了新型浮选捕收剂 N-十二烷基-β-氨基丙酰胺 $CH_3(CH_2)_{11}NHCH_2CH_2C(O)NH_2 \cdot HCl$,缩写为(DAPA),分离石英和铁矿物的浮选性能和作用机理。小型浮选试验表明,在 pH 值为 6.5~8.5 的中性范围内,DAPA 用量为 12.5mg/L 的条件下,石英的浮选回收率可达到 90% 以上;与十二胺相比,DAPA 表现出对石英较弱的捕收能力和较强的选择性。随 DAPA 用量增加,DAPA 对石英的捕收能力增强,其增加程度明显大于对赤铁矿、磁铁矿和镜铁矿的捕收能力;在 pH 值为 6.5 的条件下,DAPA 能成功地分离石英与这 3 种铁矿物分别组成的人工混合矿;DAPA 是比常规的胺类阳离子捕收剂碱性稍弱的捕收剂,它吸附石英后,石英表面的 Zeta 电位朝较小负值的方向变化,DAPA 仍属阳离子类捕收剂。任建伟等人就新型阳离子浮选药剂进行了铁矿反浮选脱硅的试验研究。结果表明:在 pH 值为 6~12 的范围内,新型药剂 CS1 和组合药剂(CS2∶CS1 = 2)的捕收能力与十二胺相当,但选择性更好。磁选铁精矿反浮选脱硅试验表明:新型组合药剂在获得与十二胺相近的铁品位前提下,铁回收率提高 8.32%。同时对硬水有较好的适应性,铁精矿品位仍可保持在 69% 以上,回收率 90% 以上。表明 CS1 具有较好的适应性,是铁矿反浮选脱硅的有效捕收剂。

国外应用阳离子反浮选工艺生产含 SiO_2 低的铁精矿很普遍,常用的胺类捕收剂如表 5.1 所示。

表 5.1　国外常用的胺类捕收剂

商品名称	厂家	描述	烷基	中和程度
Flotigam SA-B	Clariant	十八酰胺醋酸盐	C_{12} 15% C_{16} 20% C_{18} 65%	
Flotigam T2A-B	Clariant	牛脂丙烯胺	C_{12} 5% C_{16} 30% C_{18} 65%	
Collector 075/94	Clariant	脂肪丙烯二胺		
HOE F2835-B	Clariant	醚二胺醋酸盐	$C_{12} \sim C_{13}$	50%
Flotigam EDA-B	Clariant	醚胺醋酸盐	C_{10}	50%
Flotigam EDA-3B	Clariant	醚胺醋酸盐	C_{10}	50%
MG-70-A5（粗粒硅石）	Sherex	醚胺醋酸盐	$C_{18 \sim 10}$ 烃氧基	5%~15%
MG-83-A	Sherex	醚二胺醋酸盐		
MG-98-A3	Sherex	醚胺醋酸盐		12%~35%
ECNA 04D	Pietschem	醚胺	$C_{12} \sim C_{13}$	部分
Nb 104	Pietschem	缩合胺	C_{18}	
Nb 112	Pietschem	缩合胺	$C_{8 \sim 10}$ 胺,C_{18} 缩合胺	
Colmin C12	Quimikao	醚胺醋酸盐		30%
Poliad A-3	Akzo	醚胺醋酸盐		

从表 5.1 可见，国外主要有酰胺、醚胺、多胺、缩合胺及其盐等阳离子捕收剂。如加拿大园湖铁矿，用 RADA、AL-11、Alamine21、Diamine21、Arosurf MG-83 进行浮选药剂选择性的比较，浮选过程中用淀粉、糊精抑制铁矿，最后得到 Arosurf MG-83 的指标最佳，铁精矿品位达 67.7%，回收率 94.2%，SiO_2 4.3%。美国默萨比铁矿，也用阳离子浮选硅石，用胺 MG-83 作捕收剂，树胶 8079 作抑制剂，起泡剂 MIBC 进行浮选试验，结果较佳。

A. C. 阿鲁吉欧认为醚胺是迄今为止最广泛使用的铁矿反浮选捕收剂，醚胺的中和度是一个重要的工艺参数；用非极性油部分替代胺是一种具有吸引力的方案，部分胺类药剂的起泡性可以被聚乙二醇代替；Peres 等报道了采用阳离子反浮选工艺，用醚胺醋酸盐作捕收剂，各种淀粉抑制剂对巴西铁英岩矿石的影响。通过对比实验，发现含高蛋白的玉米淀粉和支链淀粉对该铁矿有相同的抑制效果，而高油含量的淀粉效果较差。Santana 等用醚胺作捕收剂和玉米淀粉作抑制剂反浮选巴西磁铁矿。原矿（SiO_2 0.30%）经过一次粗选、二次精选得到精矿品位 SiO_2 0.17%，SiO_2 回收率 92.17% 的优良指标。

（2）阴离子捕收剂。

1）RA 系列。

RA 系列捕收剂包括 RA-315、RA-515、RA-715 和 RA-915 等药剂，早在"七五"期间，RA-315 药剂用作铁矿反浮选，采用弱磁—强磁—反浮选工艺流程选别鞍钢齐大山铁矿石获得成功，为开拓磁选—反浮选工艺流程选别我国鞍山式红铁矿选矿奠定了基础。目前开发的各类 RA 系列捕收剂已推广应用于鞍钢齐大山选矿厂、东鞍山烧结厂、安钢舞阳铁矿红山选矿厂等。

RA 药剂的结构模型如下：

$$R_1 \text{——} R \text{——} R_2$$
$$| \qquad | \qquad |$$
$$M_1 \qquad M \qquad M_2$$

式中，R_1—R—R_2 为烃基结构（包括烷基和芳基，结构中有饱和键和不饱和键，有直链也有支链）；M 为原料分子中的亲矿物基团；M_1、M_2 为经化学反应引进的活性基团。

RA-315 是用脂肪酸类物质为基础原料进行氯化反应加工改性制得的，它具有如下特点：（1）由于脂肪酸原料本身是一组复杂的混合物，当它与氯化剂进行反应时，既发生加成反应，又发生取代反应及其他副反应，所以制得的反应产物是一组更多组分的混合物，由于混合药剂的协同效应而提高了药剂的捕收性能；（2）由于在氯化反应烃基结构上引进了氯原子活性基团，而提高了药剂的选择性。

RA-315 的结构模型如下：

$$R_1 \text{——} R \text{——} R_2$$
$$| \qquad | \qquad |$$
$$Cl \qquad COOH \quad X$$

X 为原料的另一活性基团。试验研究表明，用 RA-315 药剂选别齐大山铁矿石比使用油酸、塔尔油和氧化石蜡皂具有更好的选别效果。

RA-515 和 RA-715 是由化工副产品为原料，经氯化等反应制得。两种药剂的化学成分基本一样，不同之处在于：（1）反应物（原料）配比及工艺操作有所不同；（2）药剂产品浓度不同。RA-515 药剂成有效成分为 70%，RA-715 为 98% 以上。

制取 RA-515 和 RA-715 的主体原料为化工副产品，即有机羧酸类与小部分脂肪酸混合物，其他原料为氯化剂、催化剂和少量添加剂，制取工艺流程如图 5.1 所示。

图 5.1 制取 RA-515 和 RA-715 药剂的工艺流程

RA-515 和 RA-715 的结构模型如下：

$$R_1 — R — R_2$$
$$Cl \quad COOH \quad M_2$$

活性基团在烃基上的位置及其数量直接影响了它们的选矿性能，因此在制取过程中必须严格控制反应物料的配比和操作条件。

RA-915 是 RA 系列捕收剂的第三代，主要是针对贫细、难磨和难选铁矿物的浮选而研制的，用 RA-915 选别舞阳铁矿石的工业试验和祁东铁矿石的扩大连选试验表明，RA-915 比 RA-515 和 RA-715 更好。

制取 RA-915 的原料与 RA-515 和 RA-715 不同，主要原料为非脂肪酸类化工副产品，其他原料为氯化剂、氧化剂、催化剂和少量添加剂。制取工艺流程如图 5.2 所示。

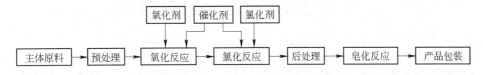

图 5.2 制取 RA-915 药剂的工艺流程

RA-915 的结构模型如下：

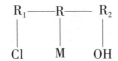

$$R_1 — R — R_2$$
$$Cl \quad M \quad OH$$

氯基、羟基等活性基团的引入提高了药剂活性的同时还能与矿物形成环状螯合物，提高其捕收性能。

目前 RA 系列捕收剂均已实现工业化生产，已经建成了能生产 RA 系列药剂的工厂如表 5.2 所示。

表 5.2 已建成的 RA 系列捕收剂的药剂厂

药剂名称	建厂时间	生产规模/t·a⁻¹	药剂厂名
RA-315	1990 ~ 2000 年	3000	鞍钢齐大山铁矿选矿分厂
RA-515 RA-715	2002 ~ 2003 年	3000 ~ 5000	鞍山天翔化工有限公司 武汉祥辉选矿技术公司
RA-915	2005 年	3000	武汉祥辉选矿技术公司

RA 系列捕收剂对不同铁矿石的选矿效果不同，对难选铁矿石的适应性大小顺序如下：

$$RA\text{-}915 > RA\text{-}715 \approx RA\text{-}515 > RA\text{-}315$$

RA 系列捕收剂的选矿工业试验及工业应用情况如表 5.3 所示。

表 5.3　RA 系列捕收剂的选矿工业试验和工业应用情况

药剂名称	工业应用实例	选矿工业试验			工业应用情况
		浮选工业试验		对比试验结果	
		精矿品位/%	尾矿品位/%		
RA-315	鞍钢齐大山铁矿选矿分厂	65.33	8.70	优于脂肪酸药剂（油酸）优于阳离子捕收剂（十二胺）	1990 年始应用情况良好
RA-515	鞍钢齐大山选矿厂	68.32	17.96	优于 MZ-21	2002 年 8 月至今应用情况良好
RA-715	鞍钢东鞍山烧结厂	65.42	24.52	优于 MZ-21	2003 年 8 月至今应用情况良好
	鞍钢鞍千矿业公司	—	—	—	良好
RA-915	安钢红山选矿厂	65.08（综合指标）	16.80（综合指标）	优于 MH-88 和 RA-715	2005 年 12 月至今应用情况良好
	湖南祁东铁矿选矿厂	64.14（连选指标）	16.41（连选指标）	优于阳离子捕收剂 GE-609	待工业应用

RA 系列捕收剂的应用实例：

鞍钢齐大山铁矿选矿分厂。鞍钢齐大山铁矿选矿分厂 1988 年采用弱磁—强磁—反浮选工艺流程选别齐大山铁矿石时，采用 RA-315 作为捕收剂，选别工业试验获得铁精矿品位达 65.33%，回收率高达 80.72% 的先进水平。随后 1990 年后 RA-315 药剂被应用于鞍钢新建齐大山铁矿选矿分厂作铁矿反浮选捕收剂获得成功，开拓了赤铁矿磁选—反浮选工艺流程，为选别我国鞍山式红铁矿奠定了基础。

齐大山选矿厂。齐大山铁矿选矿厂在 2002 年 7 月进行了 RA-515 药剂的选矿工业试验，获得比 MZ-21 药剂更好的选别指标：铁精矿品位高达 68.32%，尾矿品位为 17.96%。这是目前国内外红铁矿选矿达到的最高指标。

东鞍山烧结厂。东鞍山烧结厂比齐大山铁矿石组成复杂而且嵌布粒度较细。根据东鞍山铁矿石的特点，2003 年 7 月至 8 月在东鞍山烧结厂采用磁选—重选—反浮选工艺流程，用 RA-715 作捕收剂进行选矿工业试验，获得比 MZ-21 药剂更好的指标；铁精矿品位达 65.21%，尾矿品位为 24.63%。随后 2003 年 8 月至 12 月东鞍山烧结厂继续对 RA-715 药剂和 MZ-21 药剂进行对比试验，在浮选精矿品位相近的情况下，用 RA-715 的浮选尾矿品位比 MZ-21 低 1.5%，金属回收率提高 1.38%。所以从 2004 年 1 月起，RA-715 药剂在东鞍山烧结厂全面推广应用至今生产指标稳定，经济效益显著。

安阳钢铁公司。安阳钢铁公司舞阳铁山庙矿石，由于组成复杂、铁品位低、嵌布粒度细，属典型的"贫、细、难磨、难选"红铁矿石。2005 年 11 月至 12 月该矿采用 RA-915

为捕收剂，采用磁选—重选—反浮选工艺流程进行选矿工业和生产调试，获得铁精矿品位高达 65.08%，尾矿品位为 16.51% 的良好指标。故 RA-915 药剂目前在红山选矿厂投入工业应用，生产指标稳定并获得了一定的经济效益。

2）MZ 系列。

MZ 系列捕收剂是马鞍山矿山研究院研制的新型铁矿物反浮选捕收剂。它与目前使用的 RA-315 捕收剂相比，在浮选过程表现出选择性好、捕收能力强、淀粉用量低、适于较低矿浆温度、节约能源且浮选精矿沉降速度快、药剂配制简便等优点。MZ-21 捕收剂主辅原材料来源广泛，可就近采购且质量有保障。MZ-21 生产属间歇式，反应过程稳定，生产工艺可靠，无易燃、易爆及有害气体产生，对生产设备及储运设备无特殊要求，生产中的能耗低于 RA-315，排放的三废量极小，且新产生的污染物可直接回收利用或处理后达标排放，具备工业化大规模生产条件。

鞍钢集团鞍山矿业公司齐大山选矿厂将 MZ-21 与 RA-315 进行了对比试验，结果表明，用 MZ-21 代替 RA-315，玉米淀粉集中加至粗选，可使浮选作业精矿品位提高 0.49%，浮选作业尾矿品位上升 0.04%，车间综合精矿品位提高 0.18%，综合尾矿品位不变。通过对生产技术指标、药剂消耗和蒸汽消耗的综合分析，年效益可达 294.9 万元以上。但 MZ-21 与 RA-515 相比，在提高精矿品位方面，RA-515 略佳，因此目前齐大山选矿厂又用 RA-515 替代了 MZ-21。对比结果如表 5.4 所示。

表 5.4　齐大山选矿厂 RA-515 与 MZ-21 工业对比试验指标　　　　　（%）

捕收剂	原矿品位	精矿品位	尾矿品位	回收率
RA-515	29.01	66.82	11.76	72.16
MZ-21	29.01	66.84	11.68	72.43

3）MH 系列。

尖山铁矿采用 MH 阴离子捕收剂对其磁铁矿石采用阴离子反浮选试验研究，考察了调整剂 NaOH 用量、抑制剂玉米淀粉用量、活化剂 CaO 用量和捕收剂 MH 用量对浮选试验结果的影响，并进行了浮选时间、浮选浓度和浮选温度的条件试验，进一步进行了开路、闭路流程和连选试验。研究表明，尖山铁矿以 MH 为捕收剂采用单一阴离子反浮选工艺进行提铁降硅效果良好，磁选铁精矿品位 65.5%，SiO_2 含量为 8% 左右，可以选出 69.01%，SiO_2 含量为 3.77%，产率 93.75%，回收率 98.40% 的优质铁精矿粉。进一步将该工艺投入工业生产，最终生产出精矿品位 69% 以上，SiO_2 含量小于 4% 的铁精矿产品，综合经济效益巨大。

河南舞阳铁山庙铁矿使用 MH-88 特效捕收剂，解决了铁山庙矿石脉石矿物的浮选难题。捕收剂种类的选择试验中，MH-88 捕收剂比其他捕收剂对脉石矿物有较好的可浮性，选择性也比其他捕收剂较佳，通过小型试验和连续试验证明了这些优点。MH-88 原料来源广泛、加工容易、无毒，使用也很方便。

4）其他阴离子捕收剂。

长沙矿冶研究院目前研制成功一种 RA 系列的新药剂，即 A·B 组合药剂，该药剂的主要特点是：（1）配药时只要配制 A 药（极性非离子型捕收剂）和 B 药（新高分子有机抑制剂）两种药剂，而不必加温配制，节省了配药费用，从而降低了选矿成本；（2）浮选作业只添加 A 药和 B 药两种药剂，而不必加调整剂、抑制剂和活化剂，故药剂制度简单，便于工人操作，生产指标稳定；（3）该药剂比其他药剂具有更好的选矿性能，指标稳定。目前正在筹建 A·B 组合药剂的生产厂，即将投入工业应用。

用 SO₃ 将氧化石蜡磺化，使可以在其 α 位引入磺酸根，得到磺化氧化石蜡，再用碱将其皂化，可得到磺化氧化石蜡皂，用于包钢选矿厂弱磁选铁精矿反浮选去除氧化矿杂质，与氧化石蜡皂相比，在 37～38℃时，选矿效率提高 2.97%，药剂用量降低 45%；在 22℃时，选矿效率提高 1.35%，药剂用量降低 54%。

（3）螯合类捕收剂

螯合类捕收剂是分子中含有两个以上的 O、N、P 等具有螯合基团的捕收剂，如羟肟酸、杂原子有机物等。

RN-665 螯合捕收剂的合成经历三个过程，即合成中间体、化合反应和纯化分离，最终产品为棕色胶状品，或呈小圆粒状，易溶于热水，略有刺激性气味，溶于水后气味消失。该药剂储存超过半年后会发生基团变换，影响其选择性和捕收力。根据合成工艺和目前原料价格，批量生产 RN-665 药剂的出厂价为 6800 元/t。由于其用量较原有捕收剂少一半，所以使用 RN-665 不会增加药剂成本，且两种药剂改为一种药剂，配药、加药更加方便，可节省配药费用和人工费。鞍钢矿山公司东鞍山选矿厂应用 RN-665 所氧化石蜡皂和塔尔油混合捕收剂进行了对比试验，研究发现采用，RN-665 与原捕收剂比较，它不仅可以较大幅度提高精矿铁品位（3.92%），还使铁回收率提高 1.91%，降低了尾矿品位，在选矿流程和其他工艺条件不变的前提下，使用 RN-665 作为东鞍山贫铁矿浮选捕收剂，可以获得精矿品位 62.05%，回收率为 75.18% 的良好指标，显示了较强的捕收能力和良好的选择性，是理想的贫铁矿捕收剂。从浮选过程可以看出，RN-665 浮选过程中，消泡明显，矿泥上浮量少，浮选操作十分便利，最终精矿也非常干净，易于过滤；而用原捕收剂则不一样，矿泥上浮量大，泡沫难消，浮选操作不便，最终精矿仍夹带有泥，由于其选择性差。尽管粗选上浮量大，但仍有部分铁未上浮，导致尾矿品位高，精矿铁品位上不去。

5.3　抑制剂

在铁矿抑制剂方面，淀粉及其淀粉衍生物是目前所有阴离子反浮选工艺中普遍使用的铁矿物抑制剂，目前用量最大的是淀粉和羧甲基变性淀粉（阴离子）。

美国最早在铁矿石反浮选中使用淀粉选择性絮凝氧化铁矿物，获得良好效果。淀粉对矿物的抑制机理，一般认为氢键的作用是最重要的。因为淀粉分子很大。每个葡萄糖单体有 3 个羟基，变性淀粉还带有羧基或胺基，这些极性基团既能通过氢键的作用与水分子结合，又能在含有电负性大的元素（如氧）的矿物表面吸附，从而使矿物亲水，或吸附在若干个矿粒表面，借助高分子桥联，使细粒矿物絮凝。根据静电作用原理，阳离子型变性淀粉因在溶液中荷正电，比较容易在荷负电的矿物表面吸附，使之受到抑制或絮凝。反之，阴离子变性淀粉在溶液中荷负电，较容易在荷正电的矿物表面吸附，使之受到抑制或絮凝；另一方面，由矿物表面电性与 pH 值的关系可知，随着溶液 pH 值的增高，石英及金属氧化物表面电性相负值方向增大，这时阳离子淀粉的吸附量增多，而阴离子型淀粉则因同性相斥，吸附量减少。石英的零电点 pH 值为 2～3，在溶液中阳离子型淀粉较易在石英表面吸附，且吸附量随 pH 值的升高而增加，而阴离子型淀粉则因同性相斥而影响吸附。反之，赤铁矿的零电点 pH 值为 6.5，这时阴离子型淀粉较易在赤铁矿表面吸附，吸附量随 pH 值的升高而增大，而阳离子型淀粉则因受同性相斥而影响吸附。

张国庆等人研究表明，糊精对赤铁矿的抑制效果较好，在较大的范围内精矿品位和回收率都较高；各种淀粉中支链淀粉和直链淀粉的配比不同，支链淀粉和直链淀粉的链长不同，导致各种淀粉对赤铁矿的浮选效果有差异；没有发现不同分子量的淀粉，对赤铁矿的抑制效果有明显差别。

齐大山铁矿选矿分厂投产初期采用阴离子反浮选工艺时所用的铁矿抑制剂是玉米淀粉，由于玉米淀粉配制过程中需要消耗大量蒸汽、冬季热量浪费大且保质期短，故齐大山铁矿于 2000 年 6 月开始了关于用冷水配制保质期长的羧甲基淀粉代替玉米淀粉的试验研究，结果表明，采用羧甲基淀粉代替玉米淀粉作为阴离子反浮选抑制剂，浮选精矿品位提高了 0.42%，作业回收率降低了 0.52%。这表明羧甲基淀粉代替玉米淀粉作为阴离子反浮选抑制剂不仅具有节约能源，延长淀粉使用期的特点，而且对提高精矿品位有利。

东北大学系统地研究各种类型的淀粉对赤铁矿的抑制作用效果，研究表明，对比几种淀粉的抑制效果来看，普通玉米淀粉效果比较平缓，指标也比较好，对于生产应用比较方便调整；磷酸脂化淀粉是一种常见的阴离子改性淀粉，其用量对指标的变化则较灵敏，可能原因是其溶解性较好，过量时，自身发生团聚而降低了抑制作用，而用量不足同样也不能有效抑制赤铁矿，使用时用量控制应当严格；糊精在较高的用量下可有效絮凝赤铁矿，主要原因是由于其相对分子质量较小，但可能对微细粒级的赤铁矿有较好的抑制作用；糯玉米淀粉的抑制效果与普通玉米淀粉相似。复合淀粉对赤铁矿和石英的抑制作用都较强，但精矿品位偏低。

S. 帕夫洛维奇等借助红外光谱测定法、吸附等温线测定和微量浮选试验等手段，研究了玉米淀粉、它的多糖组分（直链淀粉和支链淀粉）、单体葡萄糖和二分子聚合物麦芽糖对赤铁矿和石英的抑制作用。研究表明，上述药剂都能有效地使赤铁矿保持亲水状态，而对于石英只是起絮凝作用（主要由于支链淀粉引起的），使在用胺类捕收时才适度地降低它的可浮性；傅立叶变换红外光谱研究证实，这些碳水化合物被强烈地吸附在赤铁矿表面上，并且吸附的聚合物与单体的光谱很相似。

目前淀粉可以用含有蛋白质的食品工业淀粉产品成功地替代高纯度玉米淀粉。淀粉中的油含量超过 1.8%，可以作为泡沫抑制剂。如果木薯淀粉产品产量达到需求水平，木薯淀粉将可能成为铁矿的主要抑制剂。

5.4　活化剂

马鞍山矿山研究院研制出铁精矿脱硫特效活化剂 MHH-1，该产品对脱除铁精矿的硫化矿特别是磁性较强、可浮性较差的磁黄铁矿具有明显效果。磁黄铁矿磁性较强，可浮性较差，要将其与磁铁矿有效分离，活化剂种类的选择尤为重要，目前国内很多选厂采用 $CuSO_4$ 作活化剂，能够改善分选效果，但有时也不尽如人意。

马鞍山矿山研究院在大量试验研究的基础上，通过对国内外不同矿种的研究，自行开发研制了新型活化剂 MHH-1，该药剂相对其他同类药剂具有如下优点：（1）脱硫效果好。

通过对国外某高硫铁矿的脱硫试验结果可以看出，加入 $CuSO_4$ 作为活化剂进行选别后，铁精矿中硫含量为 0.891%，仍然较高。而使用 MHH-1 活化剂后，铁精矿中硫含量大幅降低，达到 0.298%，选别指标明显优于使用 $CuSO_4$ 作活化剂的选别指标。通过对新疆某矿的磁选精矿进行的脱硫试验结果可以看出，使用 MHH-1 活化剂可以有效地分离磁黄铁矿与磁铁矿，从而大幅降低精矿中的磁黄铁矿的含量，使精矿中硫含量从 10.47% 降到 0.25%，达到了满意的效果。(2) 成本低。采用 MHH-1 作为活化剂，在相同用量的情况下，可以降低黄药用量，且与常规脱硫工艺相比，药剂费用略有降低。该药剂的研制成功、有效地解决了目前部分矿山铁精矿中因含磁黄铁矿而使硫含量较高的问题，为矿山铁精矿提铁降硫提供了新途径。

参 考 文 献

[1]　孙炳泉. 我国高质量铁精矿选矿技术新进展及发展趋势[J]. 金属矿山，2004. 10(增刊)：31~36. 2004 年全国选矿新技术及其发展方向学术研讨会与技术交流会.

[2]　李永聪，等. 用唐钢石人沟铁精矿生产超级精矿[J]. 化工矿山技术，1997，26(4)：17~19.

[3]　Quast. A review of hematite flotation using 12-carbon chain collector. Minerals Engineering, 2000, 13：1361~1376.

[4]　Laskuwski. Weak-electrolyte type collectors. Mineral processing Control, 1987, 137~154.

[5]　葛英勇，陈达，余永富. 耐低温阳离子捕收剂 GE-601 反浮选磁铁矿的研究[J]. 金属矿山，2004，(4)：32~34.

[6]　葛英勇，余永富，陈达，张明. 脱硅耐低温捕收剂 GE-609 的浮选性能研究[J]. 武汉理工大学学报，2005，(8)：17~19.

[7]　王春梅，葛英勇，王凯金，等. GE-609 捕收剂对齐大山赤铁矿反浮选的初探[J]. 有色金属(选矿部分)，2006，(4)：41~43.

[8]　葛英勇，刘敬，王凯金，等. GE-609 阳离子捕收剂用于岚县赤铁矿反浮选的研究[J]. 金属矿山，2006. 8(增刊)：183~185. 2006 年我国金属矿节约资源及高效选矿加工利用学术研讨与技术成果交流会.

[9]　高林章，王义达，马厚辉. 提高铁精矿铁品位降低 SiO_2 含量的研究及应用[J]. 金属矿山，2004，(3)：17~19.

[10]　郭兵. 白云鄂博细粒赤铁矿的新型捕收剂的浮选试验研究[J]. 包钢科技，1995，(1)：99~101.

[11]　梅光军，等. 捕收剂 N-十二烷基-1,3-丙二胺的合成与应用[J]. 矿业工程，1999，19(4)：26~28.

[12]　伍喜庆，刘长森，黄志华. 一种铁矿物与石英分离的有效浮选药剂. 矿冶工程，2005，25(2)：41~43.

[13]　任建伟，王毓华. 铁矿反浮选脱硅的试验分析. 中国矿业，2004，13(4)：70~72.

[14]　Bunge F H, et al. XIIth I. M. P. C. 1.

[15]　Hout R, et al. XIth I. M. P. C. Vol. II, 59.

[16]　A. C. 阿鲁吉欧. 铁矿浮选药剂. 国外金属矿选矿，2006，(2)：4~7.

[17]　Peres and Correa. Depression of iron oxides with iron starches. Minerals Engineering, 1996, 9：1227~1234.

[18]　Santana and Peres. Reverse magnesite flotation. Minerals Engineering, 2001, 14(1)：107~111.

[19]　伍喜庆，刘长森，黄志华. 一种铁矿物与石英分离的有效浮选药剂[J]. 矿冶工程，2005，25(3)：30~32.

[20] 林祥辉，林苑，黄俊. 铁矿"选矿与药剂"新技术——RA 系列药剂的研制、生产及其选矿应用. 中国冶金矿山产业高峰论坛. 2006：353~361.

[21] 何晓明，崔玉环，张纪云. 新型捕收剂 MZ-21 代替 RA-315 的工业试验[J]. 国外金属矿山，2002，(5)：48~51.

[22] 郭友谦. 尖山铁精矿提铁降硅试验及生产实践[J]. 金属矿山，2004. 10(增刊)：349~353. 2004 年全国选矿新技术及其发展方向学术研讨会与技术交流会.

[23] 徐金球，徐晓军。磺化氧化石蜡皂的合成及其铁精矿反浮选中的应用[J]. 有色金属，2001，(1)：27~30.

[24] 葛英勇，肖国光，林祥辉. 螯合捕收剂 RN-665 浮选东鞍山难选赤铁矿的研究[J]. 矿冶工程，2001，21(2)：41~42.

[25] 张国庆. 不同淀粉对混合磁选精矿抑制效果的研究[J]. 金属矿山，2007，(7)：40~41.

[26] S. 帕夫洛维奇. 淀粉、直链淀粉、支链淀粉和葡萄糖单体的吸附作用及其对赤铁矿和石英浮选的影响. 国外金属矿选矿，2004，(6)：27~30.

[27] 李亮，徐修生. 新型活化剂 MHH-1 在分离磁黄铁矿与磁铁矿中的应用[J]. 矿业快报，2004，(6)：50~51.

6 复杂难选铁矿石选矿

6.1 复杂难选铁矿石的种类及性质

含铁矿物种类繁多，目前已发现的铁矿物和含铁矿物约300余种，其中常见的有170余种。但在当前技术条件下，具有工业利用价值的主要是磁铁矿、赤铁矿、磁赤铁矿、钛铁矿、褐铁矿和菱铁矿等。其中褐铁矿、菱铁矿、赤铁矿等弱磁性含铁矿石为较难选别的铁矿石。弱磁性铁矿物的物理化学性质如表6.1所示，其伴生的主要脉石矿物的物理化学性质如表6.2所示。

表6.1 弱磁性铁矿物物理化学性质

种类	矿物	成　分	铁质量分数/%	密度/g·cm⁻³	比磁化系数/cm³·g⁻¹	比导电度	莫氏硬度
无水赤铁矿	赤铁矿	Fe_2O_3	70.1	4.8~5.3	$(40~200)\times10^{-6}$		5.5~6.5
	镜铁矿	Fe_2O_3	70.1	4.8~5.3	$(200~300)\times10^{-6}$	2.23	5.5~6.5
	假象赤铁矿	$nFe_2O_3\cdot mFe_2O_3(n<m)$	约70	4.8~5.3	$(500~1000)\times10^{-6}$		
含水赤铁矿	水赤铁矿	$2Fe_2O_3\cdot H_2O$	66.1	4.0~5.0			
	针铁矿	$Fe_2O_3\cdot H_2O$	62.9	4.0~4.5			
	水针铁矿	$3Fe_2O_3\cdot 4H_2O$	60.9	3.0~4.4	$(20~80)\times10^{-6}$	3.06	1~5.5
	褐铁矿	$2Fe_2O_3\cdot 3H_2O$	60	3.0~4.2			
	黄针铁矿	$Fe_2O_3\cdot 2H_2O$	57.2	3.0~4.0			
	黄赫石	$Fe_2O_3\cdot 3H_2O$	52.2	2.5~4.0			
	菱铁矿	$FeCO_3$	48.2	3.8~3.9	$(40~100)\times10^{-6}$	2.56	3.5~4.5

表6.2 脉石矿物的物理化学性质

矿　物	成　分	铁质量分数/%	密度/g·cm⁻³	比磁化系数/cm³·g⁻¹	比电导度	莫氏硬度
石　英	SiO_2		2.65	10×10^{-6}	3~3.5	7
黑云母	$(H, K)(Mg, Fe)_3[AlSi_2O_{10}](OH, F)_2$	约20	2.71~3.1	40×10^{-6}	1.73	2.5~3.0
石榴子石	$(Ca, Mg, Fe, Mn)_3(Al, Fe, Mn, Cr, Ti)_2(SO_4)_3$	约22	3.4~4.3	63×10^{-6}	6.48	6.5~7.0
辉　石	$Ca(Mg, Fe, Al)[(Si, Al)_2O_6]$	约41	3.2~3.6		2.17	5~6
角闪石	$(Ca, Mg, Al, Fe, Mn, Na_2, K_2)$	约24	2.9~3.4		2.51	5~6
阳起石	$Ca_2(Mg, Fe)_5[Si_4O_{11}]_2(OH)_2$	约28.8	3~3.2			5~6
绿帘石	$Ca_2(Al, Fe)Al_2[SiO_4][Si_2O_7]O(OH)$	约15	3.25~3.45			6~7
橄榄石	$(Mg, Fe)_2SiO_4$	约44.5	3.3		3.28	6.5~7
方解石	$CaCO_3$		2.7		3.9	3
白云石	$(Ca, Mg)CO_3$		2.8~2.9		2.95	3.5~4
磷灰石	$Ca_5(PO_4)_3(F, Cl, OH)$		3.2	18×10^{-6}	4.18	5

我国各类难选铁矿石的储量如表 6.3 所示。

表 6.3 我国各类难选铁矿石的储量

矿石类型	累计探明		保 有		采 出		利用率 /%
	亿 t	%	亿 t	%	亿 t	%	
赤铁矿	95.93	72.55	89.91	72.10	6.02	79.98	6.27
菱铁矿	18.35	13.88	18.25	14.64	0.10	1.33	0.55
褐铁矿	12.30	9.30	10.90	8.74	1.40	18.60	11.39
镜铁矿	5.65	4.27	5.64	4.52	0.007	0.09	0.12
合 计	132.23	100.00	124.71	100.00	7.527	100.00	5.69

6.2 复杂难选铁矿石选矿工艺进步

我国作为世界第一铁矿石生产与消费大国,加上其铁矿资源"贫、细、杂、散",开发利用难度大的特点,近几年已成为世界铁矿选矿技术研究开发的中心,其工艺技术达到了国际领先水平。

我国铁矿石类型多样,主要类型及比例为:磁铁矿型 55.40%,赤铁矿型 18.10%,菱铁矿型 14.40%,钒钛磁铁矿型 5.30%,镜铁矿型 3.40%,褐铁矿型 1.10%,混合型 2.30%。中国铁矿石的共(伴)生组分多,物质成分复杂。据统计,全国已勘探的 2034 处铁矿产地中,呈单一铁矿床的 1588 处,以铁为主的 280 处,共(伴)生铁矿床 166 处。多组分铁矿石常伴生有钒、钛、稀土、铌、铜、锡、钼、铅、锌、钴、金、铀、硼和硫、砷等元素。

中国铁矿类型主要包括鞍山式铁矿、大冶式铁矿、镜铁山式铁矿、大西沟式铁矿、攀枝花式铁矿、宁芜式铁矿、宣龙-宁乡式铁矿、风化淋滤型铁矿、包头白云鄂博式铁矿、海南石碌铁矿、吉林羚羊石等。除鞍山式铁矿和大冶式铁矿相对易选之外,其他几类铁矿都属于难选铁矿石,另外鞍山式铁矿石中微细嵌布的赤铁矿和磁铁矿也属于较为难选的铁矿石。

根据"提铁降杂,实现企业整体效益最大化"的观点,在铁矿石的选矿工艺方面,针对磁铁矿选矿提出了弱磁—阴离子和阴离子浮选法、弱磁—磁选柱(全磁选工艺)分选法、弱磁—磁场筛选机分选法、弱磁选—高频振动细筛分选法和超细碎—湿式磁选抛尾工艺,针对赤铁矿选矿提出了磁选—阴离子反浮选工艺和强磁选—细筛工艺。

在浮选药剂方面,在赤铁矿反浮选工艺流程中应用了新型高效阴离子捕收剂 SH-37、MZ-21、RA 系列捕收剂等,用于磁铁精矿提质降杂的新型高效捕收剂 MD-28、MH-80 分别在鲁南矿业公司和太钢尖山铁矿等推广应用,磁铁精矿品位提高至 69% 以上。新近研制的 MH-88 特效捕收剂用于选别舞阳铁山庙贫赤铁矿石,获得铁精矿品位 65% 以上,金属回收率 72.56% 的良好指标。鞍钢弓长岭选厂采用了新型阳离子捕收剂 YS-73 及武汉理工大学研制的新型阳离子捕收剂 GE-601。GE-601 具有耐低温、效率高的特点,不仅可解决十二胺存在的问题,而且可不需通过磁选而直接抛尾,从而简化了工艺流程。

在细粒磁选深选设备方面,近年来开发了磁选柱、脉冲振动磁场磁选机、BX 型弱磁选机、SLon 立环高梯度脉动强磁选机、双频双立环脉冲高梯度磁选机、DMG 型电磁立环脉动高梯度磁选机、磁场筛选机、磁聚机、强磁辊等设备，这些对铁精矿的"提铁降硅"起到了重要的作用。

在细筛设备方面，Derrick 重叠式高频细筛及我国长沙矿冶研究院、唐山陆凯公司研制的 GPS 高频振动细筛和 MVS 振网筛在铁矿石得到普遍采用。

在浮选设备方面，国外一些大型铁矿反浮选厂普遍采用浮选柱取代浮选机，生产含硅不大于 2% 的优质球团用铁精矿。国内长沙矿冶研究院与中国矿业大学合作，将已在选煤行业成功应用的浮选柱引入铁矿反浮选，在鞍钢弓长岭铁矿完成了工业试验；北京矿冶研究总院设计研制了磁浮选机，可明显提高铁精矿品位和回收率。

在破碎、磨矿设备和工艺方面，近年发展起来的新型圆锥破碎机、高压辊磨技术应用前景十分广阔。Nordberg HP 系列圆锥破碎机采用现代液压和高能破碎技术，破碎能力强，破碎比大。鞍钢齐大山铁矿选矿分厂、齐大山选矿厂、太钢尖山选矿厂、包钢选矿厂、武钢程潮选矿厂、马钢凹山选矿厂等纷纷引进使用了该设备，最终入磨矿石粒度达到 −12mm 粒级占 95%，−9mm 粒级占 80%；德国洪堡公司研制的高压辊磨机在智利洛斯科罗拉多斯铁矿应用表明，辊压机可替代两段破碎。中国马钢南山铁矿也引进了德国的 Koppern 公司的高压辊磨机，取得了较好的应用效果；国内外大型液压机械和自磨、半自磨技术正在逐渐推广应用，这使粉碎流程简化，效率提高。如美国皮马和加拿大洛奈克斯选矿厂采用自磨后，将粗碎产品 200mm 左右的矿石直接给到 $\phi9.6m$ 大型自磨机，使传统的三段破碎和两段磨矿流程大为简化；磁性衬板逐渐在铁矿选矿厂得到应用，我国处理赤铁矿最大的 $\phi5.5m \times 8.8m$ 球磨机应用金属磁性衬板的成功和本钢歪头山铁矿 $\phi3.2m \times 4.5m$ 球磨机的生产实践证明，金属磁性衬板具有无可比拟的优越性。与金属型、非金属型衬板相比较，金属磁性衬板具有使用寿命长、质量轻、噪声小、节球节电、作业率高、安装方便和经济效益极其显著等优点。HM 型大型磨机磁性衬板在包钢选厂 $\phi3.6m \times 6.0m$ 二段溢流型球磨机的应用情况表明，该磁性衬板包括筒体衬板和端衬板，使用寿命可达高锰钢衬板的 5~6 倍，减少了衬板消耗，提高了磨机作业率。对磨矿产品粒度、磁选精矿品位和回收率等选矿指标没有不良影响。

在难选铁矿石的选矿工艺方面，近年来国内一些难选铁矿选矿厂进行了有益的探索，取得了相应的研究成果。下面举几个实例加以说明。

东鞍山铁矿矿石类型较为复杂，按自然类型可划分为假象赤铁石英岩、磁铁石英岩、磁铁赤铁石英岩、赤铁磁铁石英岩和绿泥假象赤铁石英岩、绿泥赤铁磁铁石英岩、菱铁磁铁石英岩等。其矿石的矿物成分及铁元素赋存状态如表 6.4 所示。

表 6.4　矿石的矿物成分及铁元素赋存状态

类　型	主要矿物	次要矿物	微量矿物
有用矿石	假象赤铁矿、磁铁矿	赤铁矿、褐铁矿、菱铁矿	镜铁矿、针铁矿、穆铁矿
脉石矿物	石英、鳞绿泥石	铁闪石、阳起石、透闪石、方解石、含铁方解石、含锰方解石、铁白云石	磷灰石、黄铁矿

可见，该矿矿石中铁的赋存状态极为复杂，因此属于较难选的铁矿石。最早开始应

用的工艺流程为连续磨矿、单一碱性正浮选工艺，由两段连续磨矿、一次粗选、一次扫选、三次精选单一浮选工艺组成。其工艺技术要求是一段磨矿细度为 -0.074mm 占45%，二段磨矿细度为 -0.074mm 占80%。浮选作业以碳酸钠为调整剂，矿浆 pH = 9；以氧化石蜡皂和塔尔油为捕收剂，其比例为 3∶1 ~ 4∶1。至 2000 年底，该工艺流程选矿技术指标为原矿品位 32.74%，精矿品位 59.98%，尾矿品位 14.72%，金属回收率72.94%，选矿技术指标不高。根据小试及连选试验结果，2001 年 6 月至 10 月间，鞍山矿业公司在东鞍山烧结厂一选车间 12 系统进行了两段连续磨矿、中矿返回二次分级、重选—强磁选—反浮选工艺和两段连续磨矿、中矿返回二次分级、强磁选—重选—反浮选工艺两种流程的工业试验，两个工艺流程分别取得了原矿品位 31.38%、精矿品位 64.08%、尾矿品位 13.77%、回收率 71.47% 和原矿品位 32.94%、精矿品位64.74%、尾矿品位 14.68%、回收率 71.69%的技术指标。根据试验结果，最终选定两段连续磨矿、中矿再磨、强磁选—重选—反浮选工艺流程进行了技术改造。目前，东鞍山烧结厂一选车间的选矿技术指标为原矿品位 32.39%，精矿品位 64.74%，尾矿品位16.70%，金属回收率 65.28%。

江西新余钢铁有限责任公司铁坑褐铁矿床为酸性残余火山岩与石灰岩接触发生交代硫化作用，并经后期长期氧化作用生成黄铁矿矽卡岩型铁帽状褐铁矿床，整个矿床平均含铁地质品位为 38.76%，褐铁矿、石英占总量的 90% 以上，其中石英占 10% ~ 40%，与褐铁矿成消长关系。矿石的工业类型有矽卡岩型褐铁矿和高硅型褐铁矿两大类。矽卡岩型褐铁矿由内含磁铁矿、磁黄铁矿、透辉石的矽卡岩经氧化而形成，是矿区内的主要矿石，占66%，矿石呈土黄色，质轻性软，可称"黄矿"。粉矿多由此种矿石形成，矿石主要由褐铁矿、赤铁矿和石英组成；高硅型褐铁矿由含磁铁矿和硫化矿细脉浸染的硅化灰岩氧化而成，占区内矿石的 34%，矿石呈紫褐色、深褐色或黑褐色，质重性坚，易碎，习称"黑矿"。矿石主要由褐铁矿、赤铁矿、针铁矿和石英组成。金属矿物主要有褐铁矿、针铁矿、赤铁矿，其次有磁铁矿、镜铁矿等；脉石矿物主要为石英。原矿化学多元素分析结果见表 6.5，铁物相分析结果见表 6.6。

表 6.5 原矿化学多元素分析结果

元 素	TFe	SFe	FeO	SiO$_2$	Al$_2$O$_3$	CaO
含量（质量分数）/%	37.07	36.90	0.61	37.83	1.64	0.16
元 素	MgO	K$_2$O	Na$_2$O	P	S	烧失
含量（质量分数）/%	0.074	0.16	0.024	0.020	0.068	8.02

表 6.6 铁物相分析结果

铁 物 相	赤、褐铁矿	磁铁矿	硫化铁	碳酸铁	硅酸铁	合 计
铁含量（质量分数）/%	36.07	0.30	0.03	0.50	0.17	37.07
铁分布率/%	97.30	0.81	0.08	1.35	0.46	100.00

铁坑铁矿从 1960 年开始建矿，1968 年建成我国第一个处理原矿 50 万 t/a 的褐铁矿反浮选选矿厂。1969 年由于药剂来源困难改为正浮选流程，1977 年改为强磁—正浮选联合流程。1978 年，南昌有色冶金设计研究院编制了铁坑铁矿采选 100 万 t/a 的扩建设计，

1984 年编制了 100 万 t/a 扩建补充设计。1984 年初开始建设，选矿厂部分基本完成了土建、水电以及大部分选矿设备的安装，1986 年下半年停止建设。投产以后一直未达到设计能力，年处理矿量 30 万 t 左右，铁精矿品位 51.00%。铁坑铁矿从 1995 年 4 月停止褐铁矿生产。2000 年初铁坑矿开始探索加工外购磁铁矿。在对广东河源、湖南攸县及周边苑坑、松山两乡矿点做小型试验的基础上，参照良山铁矿选厂的工艺流程确定了铁坑选厂生产磁铁矿精矿的工艺流程。2001 年铁坑选矿厂对原有弱磁选流程进行了改造。首先对选别系统进行了改造，将二次磁选用的磁选机拆除并入三次磁选，一次磁选用的磁选机拆除用于二次磁选，新购一台稀土复合磁系的磁选机（CT1050 × 2100）用于一次磁选；然后对磨矿系统进行了改造，检修恢复了 1 号螺旋分级机，对 1 号磨机进行了大修，形成了两个磨矿系列，消除主、副棒磨机水分；对脱水系统也进行了改造，修复了 4 号、5 号过滤机，过滤机由 3 台增至 5 台。流程改造中删除了粗精分级再磨，减少了粗精矿、1 号球磨机排矿两次矿浆扬送，流程大大减化，使球磨机的利用系数提高到 1.96t/(h·m³)，棒磨机的利用系数提高到 4.07t/(h·m³)，选矿加工成本大幅度降低，设备潜力得到了一定程度的发挥，年处理能力由 20 万 t 提高到 32 万 t。

铁坑铁矿 1995 年以来一直没有放弃对褐铁矿选矿的试验研究，并多次委托科研单位进行褐铁矿的选矿试验。1999 年，委托赣州冶金研究所进行高梯度全磁选小型选矿试验，铁精矿品位达到 54.11%；2002 年长沙矿冶研究院进行的探索性试验，铁精矿品位达到56.63%，SiO₂ 降到 5.89% 以下；2003 年马鞍山矿山研究院进行的褐铁矿探索试验中，褐铁矿精矿品位也达到了 TFe 56.50% 以上。

2004 年 6 月，马鞍山矿山研究院对铁坑褐铁矿进行了选矿试验研究。通过磨矿细度、强磁选、浮选、浮选中间产品选矿的试验、磨矿—强磁—再磨反浮选流程试验、磨矿—强磁—再磨强磁—反浮选流程试验和扩大连续选矿试验，制定了铁坑褐铁矿选矿的合理工艺流程，并确定磨矿—强磁选—再磨强磁选—反浮选工艺为选厂工业设计推荐流程，较好地解决了褐铁矿选矿工艺问题。磨矿—强磁选—再磨强磁选—反浮选工艺连续试验药剂制度及数质量流程如图 6.1 所示。结果表明，铁坑褐铁矿采用磨矿—强磁选—再磨—反浮选流程，经过连续运转 48h，获得产率 38.26%、铁精矿品位 56.73%、SiO₂ 含量 5.44%、全铁回收率 58.52% 的铁精矿。

河南舞阳矿业公司铁古坑铁矿矿石主要矿物为磁铁矿，次为硅酸铁，有少量赤铁矿；脉石矿物主要为辉石、碧玉和石英等，次为蓝闪石、白云石和紫辉石等。其原矿化学分析、铁物相分析结果分别见表 6.7 和表 6.8。

表 6.7　铁古坑铁矿原矿化学分析结果

元　素	TFe	FeO	SiO₂	Al₂O₃	CaO	MgO	Mn	S	P
含量（质量分数）/%	20.43	19.19	52.78	2.47	6.30	3.09	0.23	0.01	0.01

表 6.8　铁古坑铁矿原矿铁物相分析结果

铁物相	磁性铁	赤铁矿	硅酸铁	合　计
含量（质量分数）/%	14.71	0.95	5.26	20.92
分布率/%	70.32	4.54	25.14	100.00

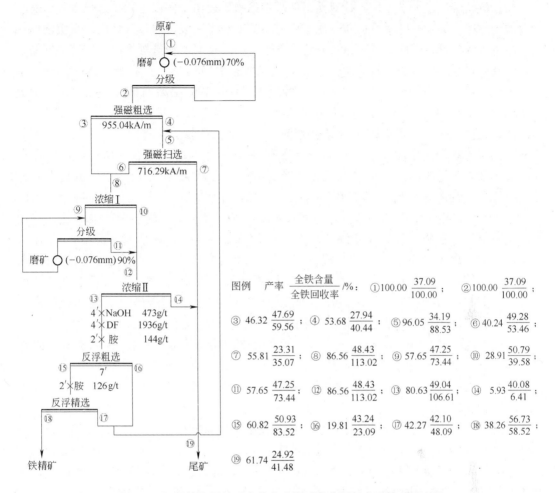

图例　产率 $\dfrac{\text{全铁含量}}{\text{全铁回收率}}$/%：①$100.00\dfrac{37.09}{100.00}$；　②$100.00\dfrac{37.09}{100.00}$；

③ $46.32\dfrac{47.69}{59.56}$；　④ $53.68\dfrac{27.94}{40.44}$；　⑤ $96.05\dfrac{34.19}{88.53}$；　⑥ $40.24\dfrac{49.28}{53.46}$；

⑦ $55.81\dfrac{23.31}{35.07}$；　⑧ $86.56\dfrac{48.43}{113.02}$；　⑨ $57.65\dfrac{47.25}{73.44}$；　⑩ $28.91\dfrac{50.79}{39.58}$；

⑪ $57.65\dfrac{47.25}{73.44}$；　⑫ $86.56\dfrac{48.43}{113.02}$；　⑬ $80.63\dfrac{49.04}{106.61}$；　⑭ $5.93\dfrac{40.08}{6.41}$；

⑮ $60.82\dfrac{50.93}{83.52}$；　⑯ $19.81\dfrac{43.24}{23.09}$；　⑰ $42.27\dfrac{42.10}{48.09}$；　⑱ $38.26\dfrac{56.73}{58.52}$；

⑲ $61.74\dfrac{24.92}{41.48}$

图6.1　江西铁坑褐铁矿床扩大连续试验药剂制度及数质量流程

　　由于矿石中存在硅酸铁，因此分选时影响了铁的回收率；磁铁矿中含有碧玉和辉石，由于碧玉和辉石的密度和比磁化系数均比石英高，使碧玉和辉石与磁铁矿分离困难，造成矿石更加难选。铁古坑铁矿从20世纪70年代开始建设，初拟采用焙烧—磁选工艺进行选别，后因成本高而未能实现。90年代初期，采用长沙矿冶研究院研究的两段连续磨矿—中磁粗选—弱磁扫选—强磁粗选—强磁精选—强磁再选工艺和磨矿—中磁选—弱磁扫选—再磨—弱磁精选工艺，投产后，取得了原矿品位28.14%、精矿品位60.83%、金属回收率63.78%的选矿技术指标。为了进一步提高铁古坑矿石的选矿技术指标，舞阳矿业公司先后委托鞍钢矿山研究所进行电选试验研究、委托马鞍山矿山研究院进行浮选试验研究、委托北京矿冶研究总院进行磁重选试验研究、委托赣州有色冶金研究所进行弱磁选、SLon立环脉动高梯度磁选机强磁选试验研究，但指标均不理想。近年来，铁古坑铁矿却由于采矿贫化率高达25%～30%，使得入选矿石原矿品位降至20%左右，导致选矿单位能耗高，经济效益差。为了更好地利用该矿石资源，提高企业经济效益，舞阳矿业公司停止氧化混合矿的开采，开展低品位难选磁铁矿高效节能选矿技术的研究和应用。

铁古坑铁矿经过大量工作，针对低品位难选磁铁矿提出了多段干式预选—多碎少磨—阶段磁选抛尾—细筛＋磁聚机提质—尾矿中磁扫选的技术路线，通过降低破碎系统输出粒度、减少入磨矿量、应用细筛＋磁聚机提质新工艺、强化尾矿扫选等手段，实现了低品位难选磁铁矿石选矿技术的高效节能化，选矿厂处理能力由 74 万 t/a 提高到 153 万 t/a、精矿铁品位由 64.05% 提高到 67.5% 以上、铁回收率由 64.49% 提高到 69% 左右、选矿电耗由 48.1kW·h/t 降至 25.8kW·h/t，可年增经济效益 7500 万元以上。

在新工艺中采用多段破碎、多段磁滑轮预选，不仅恢复了矿石的铁地质品位，而且还分离出了破碎过程中解离的大块岩石，废石抛弃率达到 25% 左右，使选矿厂磨选车间的处理能力由原来的 74 万 t/a 提高到 115 万 t/a；在破碎回路中，通过采取扩大中碎破碎机规格、细碎选用美卓 HP500 型挤压式液压破碎机、细碎作业筛分设备由原来的 SZZ1800×3600 型单层振动筛改为泰勒型 2900×5900 双层振动筛、调整破碎比、应用耐磨橡胶筛板等措施，使破碎最终产品粒度由原来的 −30mm 减小到 −12mm，不仅降低了选矿厂的单位矿石电耗，而且提高了磨矿作业的处理量；采用阶段磨矿阶段磁选抛尾工艺，针对第 1 段和第 2 段磨矿粒度变粗的实际，增加第 3 段磨矿作业，适应了矿石性质。同时，对粗精矿进行脱磁并用钢段代替钢球作为第 2 段和第 3 段磨矿机的磨矿介质，提高了磨矿效果，为磁选创造了优化条件；采用高频细筛＋磁聚机处理 1 段精选精矿，剔除磁铁矿与脉石矿物的连生体，保证了最终精矿质量的较大幅度提高；磁选尾矿经中磁扫选，可使选矿厂精矿产率提高 0.72 个百分点，每年多产铁精矿 1.1 万 t；铁精矿改用高效陶瓷过滤机过滤后，滤饼水分由 12% 降至 8%，可使选矿厂每年减少 1.2 万 t 精矿输送量。

马钢山姑山铁矿与长沙矿冶研究院合作，完成了用 $\phi300mm×1000mm$ 双筒永磁强磁选机取代 1.2m×2.0m×3.6m 梯形跳汰机的工业试验与生产改造，2001 年 6 月投产至今，（−12＋6）mm 粗粒铁精矿品位达到 55% 以上，在与原跳汰机铁精矿品位相当条件下，仅停开 4 台（155kW/台）供跳汰机使用的环水电机及节约 4 个辅助作业的备件消耗，就使加工成本比跳汰工艺下降 56.11 元/t，年创效益 200 万元以上。在此基础上，又采用处理粒度更粗、处理量更大、场强吸附深度更深、选别效果更好的单筒 $\phi600mm×1000mm$ 永磁强磁选机，作为从细碎作业循环回路贫矿中选别（−30＋16）mm 赤铁矿的主体设备，结果表明，采用该设备每年可从细碎闭路循环贫矿中提前获得铁品位 55% 的块精矿 5 万 ~ 8 万 t，每年为姑山矿业公司创效益 500 万元以上，同时还减少了二次破碎矿量和二次过粉碎。姑山铁矿还采用 SLon-1750 立环脉动高梯度磁选机，作为粗、精选作业的主体设备，取代原有的 SQC 平环强磁选机，即采用阶段磨矿 SLon-1750、SLon-1750、SLon-1500 的一粗一精一扫全高梯度工艺流程，获得了成功。工业试验指标如表 6.9 所示。

表 6.9　阶段磨矿、全高梯度一粗一精一扫工业试验结果　　　　　（%）

磨矿细度（−0.074mm）	给矿品位	精矿品位	尾矿品位	精矿产率	铁回收率	精矿含量
85	43.15	60.17	22.41	54.93	76.59	0.245

梅山铁矿选矿厂针对原磁重预选工艺中 75 ~ 12mm、12 ~ 2mm、2 ~ 0mm 三个粒级在生产中存在的问题，增加了 0.5 ~ 0mm 细粒级选别系统，更新了主要选别设备，调整了选别粒级范围。改造结果表明，50 ~ 20mm 粒级扫选全部采用大粒跳汰后，每年多回收铁品

位 41.23% 的粗精矿 4.96 万 t，可生产铁品位为 58.5% 的铁精矿 2.84 万 t，提高金属回收率 1.17 个百分点；20～2mm 粒级扫选应用辊式强磁机后，每年增加铁品位 32.24% 的粗精矿 8.77 万 t，可生产铁品位为 58.5% 的铁精矿 2.19 万 t，提高金属回收率 0.90 个百分点；2～0.5mm 粒级采用弱磁—强磁工艺后，每年多回收铁品位 57.64% 的粗精矿 2.52 万 t，可生产铁品位 58.5% 的铁精矿 2.28 万 t，提高金属回收率 0.94 个百分点；新增的 0.5～0mm 细粒级选别系统，每年多回收精矿 7.11 万 t，折算成铁品位为 58.5% 的铁精矿 6.47 万 t，提高金属回收率 2.60 个百分点。

包钢选矿厂磁矿系列磨矿选别流程中磨矿产品过磨现象严重，影响了选别效果，工艺技术指标偏低、能耗高，其原因一是分级设备分级效率低，二是三段连续磨矿中由于旋流器的富集作用，使得二次球磨的给矿铁品位达到 45% 左右，也就是有相当数量已单体解离的铁矿物进入到二次球磨中，造成部分铁矿物过磨和不必要的循环，二次磨机磨矿效率也因此有所降低；同时由于二次磨机排矿浓度高，粒级分布窄，密度差异小，二段旋流器分级效率降低，造成恶性循环。因此通过改造采用阶段磨选流程，结果表明，改造后可实现 2～3 个系列使用一台二段球磨机，从而大大降低能耗，减少选矿加工费用；阶段磨选的尾矿进行铁、稀土综合回收可解决阶段磨选工艺中提前抛尾的尾矿处理问题；采用高频振动细筛取代二段 φ350mm 水力旋流器，强化对粒度组成相对均匀、铁矿物含量较高物料的分级，提高分级效率，减少进入下段磨机的矿量和过磨现象。

攀钢矿业公司选矿厂针对生产中出现的各种问题，对原有流程进行了如下改进，并取得了明显的效果：(-70+20)mm 大块矿石采取干式磁选选别抛尾工艺，预先抛掉部分难磨的脉石矿物，恢复地质品位，提高磨矿效率，保证入选矿石稳定均衡；实施破碎流程闭路改造，使入磨粒度降至(-12～0)mm，降低了选矿能耗，提高了生产能力；旋流筛加细筛流程实现了合理磨矿、适时分级、及时抛尾的目标；实现系统精矿品位监测与球磨分级过程控制联网，达到磨选过程的自动化控制，提高选厂的整体技术水平。

峨山他达铁矿高平洗选厂对洗矿床进行改建，以提高水力洗矿床的洗矿效率。水力洗矿床上的筛上产品(+50mm)经圆筒洗矿机洗矿后再手选、破碎进入一次槽洗机，一次槽洗机返砂(净矿)进入二次槽洗机进行再次洗矿，以确保产品质量和取消目前两次返洗作业；二次槽洗机沉砂与螺旋分级机沉砂合并进入振动筛，筛下为合格粉精矿；为提高净块矿质量，对筛上(+8mm)产品再次进行手选。经强化水力洗矿床，增加一次筒洗、二次槽洗和手选作业后，净块矿品位可达到 TFe50% 以上；为提高强磁作业效率，将入选粒度下限由 0.019mm 提高到 0.037mm，并取消原生产流程中 2 号分泥斗和 3 号脱渣筛。技改后彻底解决了块矿需要返洗才能合格的问题，提高了块精矿、粉精矿、磁选精矿的品位，技改前后指标对比如表 6.10 所示。

表 6.10 技改前后指标对比 （%）

产品指标		+8mm 块精矿	-8mm 粉精矿	磁选精矿	总尾矿（包括废石）	原矿
技改前生产指标	产 率	10.65	26.53	4.43	58.39	100.00
	品 位	45.67	50.62	52.08	29.84	38.02
	回收率	12.79	35.32	6.07	45.82	100.00

续表 6.10

产品指标		+8mm 块精矿	−8mm 粉精矿	磁选精矿	总尾矿（包括废石）	原矿
技改 设计指标	产率	8.36	26.86	6.58	58.24	100.00
	品位	50.00	51.00	52.00	28.71	38.00
	回收率	11.00	36.00	9.00	44.00	100.00
技改后 生产指标	产率	9.53	25.54	3.73	61.20	100.00
	品位	52.41	54.61	53.09	29.67	39.08
	回收率	12.78	35.69	5.07	46.46	100.00

6.3　微细粒嵌布的鞍山式贫磁铁矿石选矿

这类矿石由于磁铁矿嵌布粒度太细（小于 0.037 mm 的占 90%）造成单体解离、分选困难。此外，铁矿物与含铁硅酸盐脉石矿物的物理化学性质相近，也造成分选困难，使其尚无法在工业上大规模利用。该类矿石如本钢贾家堡子磁铁矿矿石（储量约 1.5 亿 t）、鞍钢谷首峪铁矿、河南舞阳矿业公司铁古坑铁矿等。近年来在鞍山式贫磁铁矿的选别研究方面，国内学者进行了有益的探索，取得了一些研究成果。

鞍钢谷首峪铁矿为微细嵌布的贫磁铁矿，全铁品位为 31.90%，96.14% 的铁分布在磁铁矿中，还有一部分以菱铁矿、硅酸铁和假象、半假象赤铁矿形式存在。其多元素化学分析和铁物相分析结果分别见表 6.11 和表 6.12。

表 6.11　谷首峪铁矿石的多元素化学分析结果

元素	TFe	FeO	SiO_2	CaO	MgO	Al_2O_3	MnO	S	P	Ig
含量(质量分数)/%	31.90	16.78	44.82	2.02	2.48	1.02	0.14	0.086	0.046	3.10

表 6.12　谷首峪铁矿石的铁物相分析结果

铁物相	TFe	磁性铁	碳酸铁	硅酸铁	假象、半假象赤铁矿
含量（质量分数）/%	31.90	26.70	2.05	3.00	0.15
分布率/%	100.00	96.14	2.00	1.39	0.47

鞍山矿山公司对五种磨矿细度的矿石进行了磁选管试验发现，在磨矿细度 −0.074mm 含量占 55% 的情况下，可抛弃产率 42.00%、品位 8.71% 的尾矿。在磨矿细度 −0.074mm 含量占 84% 的情况下，取得的精矿品位为 58.42%，抛弃的尾矿品位为 8.88%，产率为 54.00%。因此谷首峪铁矿石适应于阶段磨选工艺；扩大磁选条件试验研究表明，将谷首峪铁矿石一段磨矿至 −0.074mm 含量占 55%，进行一段磨矿后磁选得到精矿并抛尾，一次磁选精矿经过二段磨矿后进行两次磁选分别抛尾，三次磁选精矿给入一段、二段细筛后筛下得到最终精矿，筛上给入三段磨矿后，进行一次磁选抛尾后进入三段、四段细筛，筛下得到最终精矿，筛上为中矿的扩大磁选条件试验。试验的最终结果为原矿品位 31.90%，精矿品位 65.53%，精矿产率 27.07%，中矿品位 59.74%，中矿产率 14.34%，尾矿品位 9.55%，尾矿产率 58.59%；对二段磨矿闭路，将三段、四段细筛筛上返回三段磨矿进行连选试验，结果表明，当原矿品位为 31.72% 时，精矿品位 65.05%，尾矿品位 10.21%，金属回收率 80.43%。

河南舞阳矿业公司铁古坑铁矿主要铁矿物为磁铁矿，次为硅酸铁和少量赤铁矿，脉石矿物为碧玉、辉石，与磁铁矿的分离较为困难。由于近年来矿石贫化率的增加，入选矿石原矿品位降至20%左右。因此，舞阳矿业公司提出了低品位难选磁铁矿的高效节能技术，提出了多段干式预选—多碎少磨—细筛—磁团聚提质—尾矿中磁扫选的技术路线，特别加强了原矿破碎流程中的预选，抛弃废石，恢复了矿石地质品位，提高了整个选矿厂的处理能力。

铁古坑低品位矿体不但矿石铁品位低，矿体薄，呈层状赋存，夹层多又难以剔除，且露天采场用4m³电铲装矿，岩石混入率高达25%左右，使得进入选矿厂的原矿铁品位进一步降低，处理5t左右矿石才能得到1t铁精矿，因而必须强化预选，抛去废石，提高入选矿石品位。为此，采用原矿多段预先抛尾工艺，先后在原破碎系统的粗碎和中碎回路中各安装了两台磁滑轮，在细碎回路中安装了1台磁滑轮。粗碎回路中的磁滑轮用于甩去采矿过程中混入的废石，中碎和细碎回路中的磁滑轮用于选出破碎后解离的大块脉石。磁原矿预先抛废的工艺流程如图6.2所示，工艺技术指标如表6.13所示。

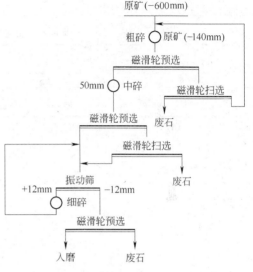

图6.2 磁滑轮多段预选工艺流程

表6.13 多段破碎多段磁滑轮预选结果 （%）

产 品 名 称	产 率	铁 品 位	回 收 率
粗碎废石	15.87	4.65	3.29
中碎废石	6.04	5.09	1.38
细碎废石	3.06	5.85	0.80
入磨矿石	75.03	28.32	94.53
原矿	100.00	22.48	100.00

采用多段破碎多段磁滑轮干式预选工艺后，废石抛弃率可达25%左右，使选矿厂磨选车间的年处理能力由74万t提高到115万t。

另外该矿采用多碎少磨，降低了入磨矿石粒度，减少了磨矿能耗；采用阶段磁选抛尾工艺，强化磨矿—磁选作业，提高了粗选处理量；采用先进的细筛＋磁聚机工艺，提高了铁精矿质量；增加尾矿扫选作业，提高了铁回收率；采用节能设备，降低了选矿厂能耗；广泛使用脱磁器，消除磁夹杂，改善了选分条件，提高了选别指标。通过工艺流程的改造，选矿厂处理能力由74万t/a提高到153万t/a，精矿铁品位由64.05%提高到67.5%以上，铁回收率由64.49%提高到69%左右，选矿电耗由48.1kW·h/t降至25.8kW·h/t，年增经济效益7500万元以上。

新疆某铁矿床主要为磁铁矿类型，铁矿物主要为磁铁矿，其次是碳酸铁、赤铁矿、褐铁矿和黄铁矿。矿石的嵌布粒度极细，使该矿极为难选。其原矿多元素和铁物相分析结果如表6.14和表6.15所示。

中钢集团马鞍山矿山研究院根据该矿石的特点，通过细磨全磁选和细磨磁选—浮选两个方案的试验研究，提出了三段磨矿、三次磁选、磁选精矿反浮选工艺，反浮选闭路试验条件见表 6.16，数质量流程见图 6.3。

表 6.14　原矿多元素分析结果　　　　　　　　　　　　　　　（%）

元　素	TFe	SFe	FeO	CaO	MgO
含量(质量分数)/%	31.78	28.35	18.80	3.46	3.22
元　素	Al_2O_3	SiO_2	S	P	烧减
含量(质量分数)/%	2.48	23.76	0.20	0.246	1.61

表 6.15　原矿铁物相分析结果　　　　　　　　　　　　　　　（%）

铁物相	磁铁矿	假象赤铁矿	赤、褐铁矿	黄铁矿	碳酸铁	硅酸铁	合　计
铁含量(质量分数)/%	22.80	0.20	1.53	0.10	6.75	0.40	31.78
分布率/%	71.74	0.63	4.81	0.32	21.24	1.26	100.00

表 6.16　反浮选闭路试验条件

作　业	NaOH/$g \cdot t^{-1}$	淀粉(DF)/$g \cdot t^{-1}$	CaO/$g \cdot t^{-1}$	MD-30/$g \cdot t^{-1}$	浮选时间/min
粗选	600	800	200	470	8
精选				130	3
一次扫选	70				6
二次扫选	70				5

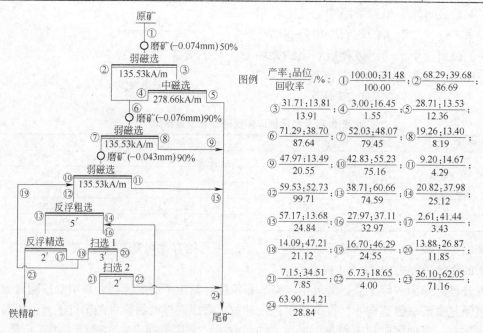

图 6.3　原矿三段磨矿、三次磁选、磁选精矿反浮选数质量流程图

　　结果可见，矿石在最终磨矿粒度 −0.043mm 占 90% 的条件下，经过三段磨矿、三次磁选、磁选精矿反浮选流程选别，可以获得产率为 36.10%、铁品位为 62.05%、铁回收率为 71.16% 的选别指标。而采用圆筒弱磁选机、SLon-750 立环脉动高梯度磁选机、磁选柱的全磁流程，经过三段磨矿、三次磁选、三次弱磁粗精矿弱磁再选，只能获得产率为 39.49%、铁品位为 58.59%、铁回收率为 73.30% 的选别指标；经过三段磨矿、三次磁选、三次弱磁粗精矿磁选柱选别，只能获得产率为 26.26%、铁品位为 60.55%、铁回收率为 50.51% 的选别指标。产品考察结果表明，损失在尾矿中的铁主要是碳酸铁和少量的

贫连生体磁铁矿、赤铁矿、褐铁矿，进一步回收的意义不大。

6.4 微细粒嵌布的鞍山式赤铁矿石选矿

微细粒嵌布的鞍山式赤铁矿石储量大，有近30亿t，以太钢袁家村铁矿、昆钢惠民矿、湖南祁东为代表的这一类型矿石，这类矿石由于嵌布粒度太细（小于0.037mm的占90%），故单体分离困难，分选较难。近年来，国内学者针对该类矿石进行了相应的研究，取得了一些研究成果。

太钢袁家村铁矿属大型铁矿床，保有储量在13亿t以上。矿床中矿石有多种类型，主要可分为氧化铁矿石和原生铁矿石。氧化铁矿石又可分为石英型、镜（赤）铁矿型、闪石型和砾岩型；原生铁矿石又可分为石英型和闪石型。每种矿石依据铁品位的不同，还有贫铁矿石和次贫铁矿石之分。由于袁家村铁矿石类型较多，结构、构造复杂，各种矿物嵌布粒度微细，给选矿造成很大难度，致使到目前为止尚未全面开发利用。石英型和闪石型氧化铁矿石的多元素分析和铁物相分析结果分别见表6.17～表6.20。

表6.17　石英型氧化矿多元素分析结果

元　素	TFe	SFe	FeO	SiO$_2$	Al$_2$O$_3$	CaO
含量(质量分数)/%	32.70	32.68	1.48	49.23	0.80	0.85
元　素	MgO	S	P	MnO	TiO$_2$	烧减
含量(质量分数)/%	0.36	0.021	0.040	0.154	0.033	1.63

表6.18　闪石型氧化矿多元素分析结果

元　素	TFe	SFe	FeO	SiO$_2$	Al$_2$O$_3$	CaO
含量(质量分数)/%	33.45	32.69	4.95	45.46	0.66	1.62
元　素	MgO	S	P	MnO	TiO$_2$	烧减
含量(质量分数)/%	1.29	0.038	0.051	0.094	0.031	2.57

表6.19　石英型氧化矿铁物相分析结果

铁物相	磁铁矿	碳酸铁	赤铁矿	硅酸铁	全　铁
含量(质量分数)/%	2.32	0.53	30.30	0.16	33.36
分布率/%	6.95	1.74	90.83	0.48	100.00

表6.20　闪石型氧化矿铁物相分析结果

铁物相	磁铁矿	碳酸铁	赤铁矿	硅酸铁	全　铁
含量(质量分数)/%	9.96	0.62	22.28	1.16	34.02
分布率/%	29.28	1.82	65.49	4.41	100.00

可见，两种氧化矿石中的金属矿物均以假象赤铁矿、半假象赤铁矿、赤铁矿、镜铁矿为主，其次为磁铁矿、褐铁矿、黄铁矿等。脉石矿物主要为石英、闪石类矿物（透闪石、镁铁闪石、少量铁闪石）和方解石等。两种氧化矿石均以条带状构造为主，在金属矿物条带中嵌布有细粒的脉石矿物，在脉石矿物条带中嵌布有细粒的金属矿物。金属矿物和脉石矿物的结晶粒度均极细。石英型矿石中金属矿物粒度多在0.045mm以下，有部分极细者粒度在0.01mm以下；脉石矿物粒度较金属矿物稍粗，多在0.05mm以下，其中相当数量颗粒的粒度在0.01mm以下。闪石型矿石的矿物粒度比石英型矿石粒度略粗，但闪石型矿物因纤维结构较多，且纤维直径通常仅几微米，造成解离困难。

对袁家村铁矿石的选矿试验研究开始于20世纪50年代。马鞍山矿山研究院前期做了较多的工作，如 1959 年进行了"袁家村寺头尖山磁铁矿石选矿试验"，1975 年进行了"山西岚县袁家村铁矿氧化矿石可选性试验和原生矿石可选性试验"，1980 年进行了"山西岚县袁家村铁矿镜铁矿型氧化矿石可选性试验"等。在 1975 年的"山西岚县袁家村铁矿氧化矿石可选性试验和原生矿石可选性试验"和 1980 年的"山西岚县袁家村铁矿镜铁矿型氧化矿石可选性试验"中，对石英型氧化矿、闪石型氧化矿、镜铁矿型氧化矿和原生矿共进行了单一阴离子正浮选、单一阴离子反浮选、焙烧—磁选、焙烧—磁选—反浮选以及弱磁选—强磁选等流程试验。各流程所取得的技术指标为：在 −0.043mm 占 90% ~ 95% 的最终磨矿粒度下，石英型氧化铁矿石铁精矿品位 60% 左右、回收率 80% ~ 95%，闪石型氧化铁矿石铁精矿品位 50% 左右、回收率 75% ~ 80%，焙烧—磁选—反浮选可提高精矿铁品位 5 个百分点。选别结果总体不佳，这是由于矿石性质及当时的选矿技术水平及装备水平有限等原因造成的。

　　2005 年中钢集团马鞍山矿山研究院对石英型原生铁矿石、石英型氧化铁矿石、镜（赤）铁矿型氧化铁矿石、闪石型氧化铁矿石四种矿样进行了单矿样选矿试验，并将前三种矿样按 3:1:1 的比例配成了混合矿样，进行了选矿试验研究。混合样最终采用阶段磨矿—弱磁—强磁—反浮选流程选别，即矿样先磨至 −0.076mm 占 85% 后进行 1 次弱磁选，其尾矿经强磁 1 次粗选 1 次扫选，弱磁选和强磁选的混合粗精矿再磨至 −0.037mm 占 85%，通过阴离子反浮选 1 次粗选、1 次精选、3 次扫选得到最终精矿。试验结果见图 6.4。

　　从图 6.4 可知：由于应用了适宜袁家村铁矿矿石性质的阶段磨矿—弱磁—强磁—反浮

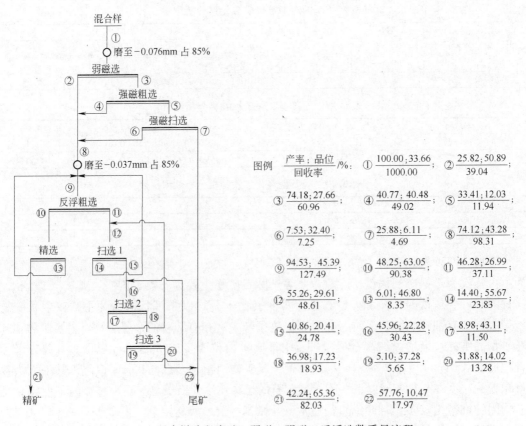

图 6.4　混合样阶段磨矿—弱磁—强磁—反浮选数质量流程

选工艺，采取了细磨、高效强磁选设备及高效阴离子反浮选捕收剂等手段，混合样的选矿试验获得了精矿铁品位65.36%、回收率82.03%的较好指标，为太钢（集团）公司开发袁家村铁矿石提供了重要技术依据。

山西岚县某赤铁矿，储量达10亿t以上，矿石中假象赤铁矿、镜铁矿含量占59%，极少量的磁铁矿，脉石矿物主要是石英，占39.0%。由于嵌布粒度细，大多数晶粒为0.015~0.045mm，属于难选铁矿。其矿石的多元素分析如表6.21所示。

表6.21 矿石多元素分析结果

成 分	TFe	SiO$_2$	Al$_2$O$_3$	CaO	MgO	S	P
含量(质量分数)/%	41.50	39.41	0.3	0.74	0.22	0.005	0.025

对该矿石进行反浮选条件试验，考察了磨矿细度、pH值、淀粉用量、捕收剂种类和用量对反浮选结果的影响，确定了最佳的反浮选条件，即磨矿细度 -0.043mm 占80%，pH值8.5，淀粉用量1500g/t，GE-609 用量300g/t。采用上述最佳条件进行了闭路试验，试验流程如图6.5所示。

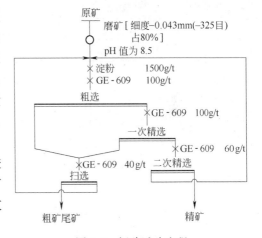

图6.5 闭路试验流程

闭路试验获得了铁精矿产率50.66%，铁精矿品位65.91%，铁回收率83.20%，尾矿产率49.34%，尾矿品位13.67%，尾矿回收率16.80%的良好指标。

鞍钢关宝山铁矿以微细嵌布的赤、褐铁矿为主，粗细分布不均，其多元素化学分析结果和铁物相分析结果如表6.22和表6.23所示。

表6.22 关宝山铁矿石的多元素化学分析结果

元 素	TFe	FeO	SiO$_2$	CaO	MgO	Al$_2$O$_3$	MnO	S	P	Ig
含量(质量分数)/%	32.48	1.71	50.25	0.11	0.22	0.51	0.08	0.016	0.033	1.23

表6.23 关宝山铁矿石的铁物相分析结果

铁物相	TFe	磁性铁	碳酸铁	硅酸铁	假象、半假象赤铁矿	赤、褐铁矿
含量(质量分数)/%	32.48	3.00	0.65	0.45	0.70	27.68
分布率/%	100.00	9.24	2.00	1.39	2.15	85.22

结果可知，矿石中 FeSiO$_3$、FeCO$_3$ 含量不高，有害元素 S、P 含量较低，矿物组成比较简单，主要由赤铁矿和石英组成，同时含有少量磁铁矿、褐铁矿、硅酸盐和碳酸盐类矿物，属于高硅、贫铁、低钙、镁、铝的酸性矿石。

关宝山矿石铁矿物嵌布粒度平均46.57μm，脉石矿物嵌布粒度平均53.66μm，铁物 +0.074mm 粒级占58.57%，0.074~0.015mm 粒级占36.69%，-0.015mm 粒级占4.74%。铁矿物粗细分布不均匀，适宜采用阶段磨矿、阶段选别工艺。铁矿物和脉石矿物粒度分布基本一致，适于连续磨矿后入选。

　　根据该矿矿石性质，鞍山矿业公司确定采用阶段磨矿、粗细分选工艺，磨矿采用两段连续磨矿，粗粒中矿再磨再选，重—磁—浮联合流程。首先进行了粗细分级重选条件试验，即一段磨矿磨至 -0.074mm 占 75%，进行粗细分级，粗粒进行一次粗选、一次精选两次重选，扫中磁抛尾，中矿再磨后返回粗细分级作业。结果表明，中矿返回量为 119.28%；粗细分级中粗粒级品位 32.14%，产率 175.41%；细粒级品位 35.29%，产率 43.87%。在粗选获得重选精矿品位 64.27%、产率 16.43% 的基础上，实现了扫中磁抛尾产率 39.70%、品位 9.38% 的选别指标。对粗细分级中的细粒部分进行磁场强度为 900kA/m、1000kA/m 条件试验，结果见表 6.24。

表 6.24　强磁选脱泥条件对比试验结果

磁场强度/kA·m⁻¹	给矿品位/%	强精品位/%	强尾品位/%	作业产率/%	作业回收率/%
900	35.29	47.84	15.05	61.73	83.68
1000	35.29	47.12	13.59	64.72	86.42

　　进一步将强磁选精矿进行了反浮选试验，反浮选采用的药剂为 NaOH 调整剂，淀粉抑制剂，CaO 活化剂，MZ-21 捕收剂。在进行药剂条件试验的基础上，选取 NaOH 用量为 1125g/t，淀粉用量为 1125g/t，CaO 用量为 500g/t，MZ-21 用量为粗选 390g/t，精选 210g/t，进行一次粗选、一次精选、三次扫选的反浮选闭路试验。试验在入选品位 47.12% 的情况下，取得了浮选精矿品位 65.50%、浮选尾矿品位 19.24%、浮选作业回收率 83.79% 的选矿技术指标。

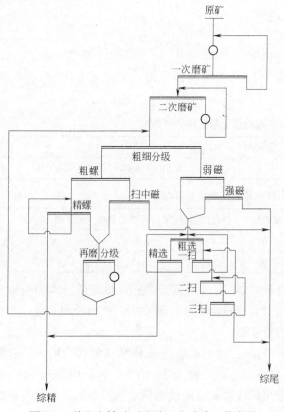

图 6.6　关宝山铁矿石选矿工业试验工艺流程

　　鞍山矿业公司在实验室实验的基础之上进行了连选试验。连选试验稳定运行 8 小时，在磨矿细度 -0.074mm 含量占 74%、原矿品位 31.09%、中矿细度 -0.074mm 含量占 72.27%、产率 123.3%、再磨后细度 -0.074mm 含量占 84%、粗细分级旋流器溢流细度 -0.074mm 含量占 99% 条件下，得到精矿品位 64.68%、尾矿品位 12.47%、精矿产率 35.66%、回收率 74.19% 的较好指标。

　　进一步利用东烧一选车间进行了工业试验，流程如图 6.6 所示。原矿经两段闭路磨矿后的产品给入粗细分级旋流器分级，旋流器沉砂给入螺旋溜槽粗选，粗螺精矿给入螺旋溜槽精选，获得重选精矿，精螺中矿自循环，粗螺尾矿用中磁机抛弃粗粒尾矿，扫中磁精矿和精螺尾矿合并为中矿再磨后返回粗细分级旋流器分级；分级溢流给入弱磁，弱磁尾矿经浓缩机给入强磁，抛掉细粒级尾矿，弱磁精矿与强磁精矿合在一起成为混磁精矿，经浓缩机进行反浮选，经一粗一精三扫得到浮选精矿和尾矿。重选精矿与浮选精矿合在一起为综合精矿，扫中尾、强尾和浮尾合在一起为综合尾矿。

工业试验结果表明，原矿处理量 53t/(台·h)，一次磨矿细度 −0.074mm 含量占 40%~45%，二次磨矿细度 −0.074mm 含量占 75%~80%，粗细分级旋流器溢流细度 −0.074mm 含量占 95%，粗细分级旋流器分级比例 75∶25，再磨细度 −0.074mm 含量占 50%~60%，中矿产率 132.67%，强磁激磁电流 1300A，扫中磁激磁电流 750A，浮选每吨原矿加药量：NaOH 495g，淀粉 374g，CaO 204g，捕收剂 177g，取得的试验结果为：原矿品位 30.69%，精矿品位 64.62%，尾矿品位 15.63%，精矿产率 30.73%，回收率 64.61%。

河南舞阳铁山庙矿石是一种较难处理的红铁矿矿石，主要矿物有（半）假象赤铁矿、赤铁矿、石英、黑云母等。其原矿化学成分分析结果见表 6.25，矿物组成见表 6.26。

表 6.25　河南舞阳铁山庙矿石的化学成分分析结果

元　素	TFe	FeO	SiO$_2$	S	P	CaO	MgO	Al$_2$O$_3$
含量(质量分数)/%	36.56	0.29	41.49	0.12	0.47	1.38	0.069	2.4

表 6.26　河南舞阳铁山庙矿石的矿物组成

金　属　矿　物		非　金　属　矿　物	
矿物名称	相对含量(质量分数)/%	矿物名称	相对含量(质量分数)/%
磁铁矿	1.3	石　英	42.7
半假象赤铁矿	13.6	辉石、透闪石、角闪石	10.3
假象赤铁矿、赤铁矿	22.2	方解石、白云石	1.6
褐铁矿	0.5	黑云石、绢云母、黏土矿物	4.9
黄铁矿	微	绿泥石、金红石、磷灰石及其他矿物	2.9

赤铁矿的嵌布关系十分复杂，且很细，多小于 0.025mm。假象赤铁矿、半假象赤铁矿、赤铁矿是主要的铁矿物，实现铁矿物单体解离，有效回收这三种矿物是选矿分离的关键。东北大学近期研究了一种新的铁矿浮选工艺——正-反浮选工艺流程，即用正浮选首先来抛尾，获得品位较合理的粗精矿，再用反浮选来提高精矿品位，同时保证较高的回收率。研究结果表明，针对铁山庙矿石，该工艺流程的适宜工艺条件是：磨矿细度为 −0.074mm 含量 90%；药剂用量：碳酸钠用量 3000g/t，正浮选捕收剂为 700g/t，活化剂为 1200g/t，抑制剂为 1200g/t，反浮选捕收剂为 400g/t，矿浆温度为 35℃，矿浆 pH 值为 11.5。闭路试验结果为：金属回收率 78.37%，精矿品位 59.45%，正浮选尾矿品位 10.15%，反浮选尾矿品位 20.30%，综合尾矿品位 14.75%。闭路数据质量流程如图 6.7 所示。

另外，舞阳铁山庙有近亿吨已经完成基建剥岩的贫赤铁矿没有得到有效的利用，这部分铁矿石主要以赤、褐铁矿为主，其原矿矿物组成、多元素分析和物相组成分别如表 6.27~表 6.29 所示。

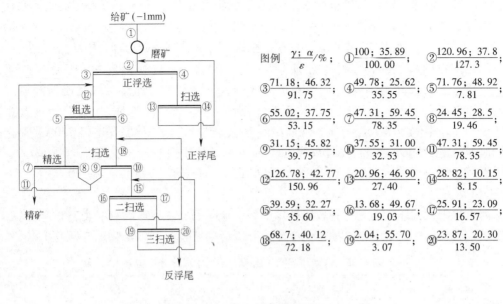

图 6.7　河南舞阳铁山庙正—反浮选闭路数质量流程

表 6.27　河南舞阳铁山庙贫赤铁矿原矿矿物组成

名　称	赤、褐铁矿	磁铁矿	碧玉	石英	辉石	其　他
含量(质量分数)/%	31.5	2.5	31.4	20.6	9.8	4.2

表 6.28　河南舞阳铁山庙贫赤铁矿原矿多元素分析

元　素	TFe	FeO	SiO_2	Al_2O_3	CaO	MgO	Ig	S	P	MnO
含量(质量分数)/%	30.46	0.63	50.70	2.50	0.25	0.22	2.16	0.023	0.047	0.074

表 6.29　河南舞阳铁山庙贫赤铁矿原矿铁物相组成

铁物相	TFe	Fe_3O_4	$FeCO_3$	$FeSiO_3$	赤、褐铁矿
铁含量(质量分数)/%	30.46	0.30	0.30	1.05	28.81
分布率/%	100.00	0.98	0.98	3.45	94.59

粒度分析表明，该贫赤铁矿 -0.074mm 占 68% 时铁矿物解离度为 66.49%， -10μm 产率为 27.12%； -0.074mm 占 85% 时铁矿物解离度为 80.49%， -10μm 产率为 35.17%。表明该矿的嵌布粒度极细。

长沙矿冶研究院对该矿石进行了强磁—重选试验，其流程有两个方案：一个方案是一段磨矿后二次强磁选抛尾，强磁精矿分级后分别给入螺旋溜槽进行重选，粗粒用一段螺旋溜槽，细粒用两段螺旋溜槽分别得到精矿。尾矿给入离心选矿机，中矿再磨后用三次强磁选抛尾，其精矿经过脱泥后给入两段螺旋溜槽各得精矿，其第一段螺旋溜槽尾矿与脱泥作业的矿泥一起给入离心选矿机，而第二段尾矿作为最终尾矿抛掉，离心选矿机获得合格精矿后，尾矿作为最终尾矿抛掉。该工艺流程的选别指标为原矿品位 25.52%，精矿品位 60.51%，尾矿品位 11.09%，金属回收率 69.23%，另一方案是一段磨矿后进行一次粗选、一次精选、一次扫选、三次强磁选，得到最终精矿，尾矿经脱泥作业抛尾后，经高梯度磁选机得到最终精矿和最终尾矿。该工艺流程的指标是原矿品位25.48%，精矿品位57.41%，尾矿品位10.68%，金属回收率71.36%。

另外，长沙矿冶研究院还对该矿石进行了单一强磁选阶段磨矿阶段选别流程和还原焙烧磁选流程。单一强磁选方案为一段磨矿后进行一次粗选、一次精选、一次扫选、三次强磁选，得到精矿并抛尾后中矿再磨，再磨产品再经一次粗选、一次扫选、两次强磁选后抛掉最终尾矿，二者精矿成为最终精矿。该工艺流程的指标是原矿品位25.19%，精矿品位57.75%，尾矿品位11.46%，金属回收率68.00%；还原焙烧磁选方案为焙烧后两段连续磨矿，共进行五次弱磁选。一次弱磁选的精矿再经过二次弱磁选得到最终精矿，弱磁尾矿经一次弱磁选后，得到精矿和尾矿；一次弱磁选的尾矿再经一次弱磁选扫选抛掉最终尾矿，精矿给入最后一次弱磁选得到最终精矿和尾矿。该工艺流程的指标是原矿品位25.52%，精矿品位60.06%，尾矿品位70.5%，金属回收率82.00%。

鞍钢集团鞍山矿业公司对该矿石进行了水力旋流器分级、粗粒重选、细粒强磁选浮选流程试验，结果表明，重选部分精矿品位可达65.72%，产率25.85%。但是，重选部分的尾矿品位高达19.63%，产率为42.53%；强磁和浮选部分的精矿量很少，尾矿品位也较高；因此，把工艺流程进行了调整，采用强磁选抛尾、重选得精、重尾再磨、强磁-正浮选工艺流程，即在磨矿细度-0.074mm占65%的情况下，用强磁抛尾，强磁精矿给入两段螺旋溜槽重选得到精矿，重选尾矿再磨后用强磁抛尾，强磁精矿再进行正浮选。该工艺流程的指标是原矿品位30.46%，精矿品位65.71%，尾矿品位16.45%，金属回收率65.71%。

云南某铁矿矿石以赤铁矿、镜铁矿为主，其他矿物有菱铁矿、针铁矿、黄铁矿、白铁矿，还有少量磁铁矿，脉石矿物有石英、微斜长石、铁白云石、方解石、重晶石、高岭石，还有少量灰铁锰矿。其多元素分析结果如表6.30所示，铁矿物物相分析结果如表6.31所示。

表6.30　云南某铁矿多元素分析结果

元　素	TFe	Al_2O_3	CaO	MgO	Na_2O	SiO_2	K_2O
含量(质量分数)/%	41.66	4.25	5.80	3.47	0.21	10.19	0.28

表6.31　云南某铁矿物相分析结果

矿物名称	赤、镜铁矿	铁白云石	方解石	石　英
含量(质量分数)/%	55.66	7.95	3.18	7.34
矿物名称	重晶石	菱铁矿	针铁矿	黄铁矿
含量(质量分数)/%	6.35	5.45	2.62	1.22

矿石中石英、羟基磷灰石和重晶石均以不规则块状、粒状嵌布在赤铁矿或镜铁矿中，嵌布粒度很细，为3~50μm，羟基磷灰石嵌布粒度在15~80μm之间。铁矿物-100μm占82.3%，故嵌布粒度较细，要想得到高的铁精矿品位必须细磨。

昆明理工大学针对该矿石，采用磨矿—弱磁选—强磁选—摇床精选工艺，确定了最佳的选别条件，进行了分选新工艺流程试验，而且在试验中选用离子波形摇床，该设备是在重力、磁力、离子电力等复合力场作用下，利用矿物的电性、磁力及密度的不同进行流膜选矿，特别适于细粒、微细粒物料的分选。分选的试验结果如图6.8所示。

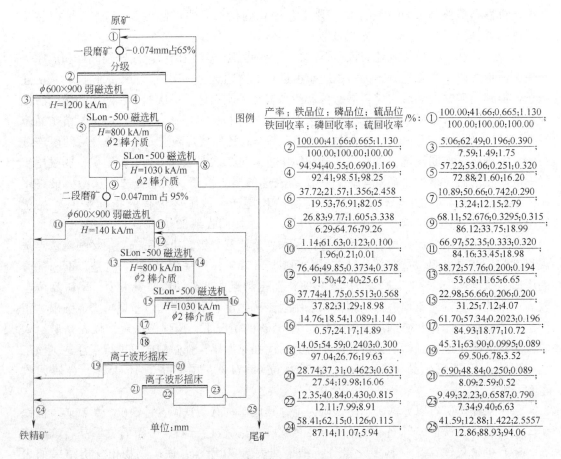

图 6.8　云南某铁矿工艺流程试验数质量流程

结果表明，在磨矿细度 −0.043mm 占 95% 的情况下，铁精矿品位达到 62.15%，尾矿品位 12.88%，回收率达到 87.14%，精矿产率提高 7.93 个百分点，精矿品位提高 3.8 个百分点，回收率提高 17.96 个百分点，同时铁精矿中硫、磷都低于 0.2%。

6.5　菱铁矿石选矿

菱铁矿石包括单一菱铁矿石、含菱铁矿混合铁矿及其复合铁矿石。由于菱铁矿的铁理论品位低，且经常与钙、镁、锰呈类质同象共生，采用普通选矿方法铁精矿品位很难达到 45% 以上。另外菱铁矿烧损大，降低高炉利用系数，增加能耗，因此在现代钢铁工业上的大量利用受到限制。

我国菱铁矿资源较为丰富，储量居世界前列，已探明储量 18.34 亿 t，占铁矿石探明储量的 3.4%，另有保有储量 18.21 亿 t。我国菱铁矿主要分布在湖北、四川、云南、贵州、新疆、陕西、山西、广西、山东、吉林等省（区），特别是在贵州、陕西、山西、甘肃和青海等西部省（区），菱铁矿资源一般占全省铁矿资源总储量的一半以上，如陕西省柞水县大西沟菱铁矿矿床储量超过 3 亿 t。菱铁矿多以碎屑颗粒或以胶结物的形式广泛分布于不同环境沉积岩中，特别是在湖泊和海相沉积物中十分常见。从成因类型来看，主要有与中酸性（包括偏酸性与偏碱性）岩浆侵入活动有关的接触交代—热液铁矿床，如湖北大冶、福建马坑、内蒙古黄岗等；与中性钠质或偏钠质火山侵入活动有关的铁矿，如江苏、安徽两省的宁芜铁矿、云南大红山铁矿等；沉积型赤铁矿和菱铁矿床，主要产于地台型碎屑碳酸盐建造中，如鄂西、赣西、湘东地区的赤铁矿—菱铁矿；变质沉积铁矿，形成于中晚元古代及震旦纪的沉积铁矿，如甘肃镜铁山、陕西大西沟、河北张家口等；风化淋滤残积型铁矿，主要是第四纪表生风化作用对早先形成的铁矿床的改造，如广东大宝山、贵州观音山等。

菱铁矿焙烧后因烧损较大而可大幅度提高铁精矿品位，因此可作为优质的炼铁原料。菱铁矿比较经济的选矿方法是重选、强磁选，但该法难以有效地降低铁精矿中的杂质含量。采用强磁选—浮选联合工艺能有效地降低铁精矿中的杂质含量。单一菱铁矿石（包括含赤、褐铁矿和镜铁矿的矿石）的选矿工艺比较简单，一般粗粒或粗粒嵌布的单—菱铁矿石选矿采用重选（跳汰、重介质）、粗粒强磁选、焙烧磁选及其联合流程者居多，而对于细粒嵌布的菱铁矿石，焙烧磁选最为有效，还可采用强磁选、浮选或磁浮联合流程。对于磁铁—菱（赤、褐、镜）铁矿石，选矿工艺相对比较复杂，一般采用弱磁选与焙烧磁选、重选、强磁选或浮选相串联的联合流程，或者磁化焙烧磁选法与其他方法的并联流程。

陕西柞水县大西沟菱铁矿是我国最大的菱铁矿基地，矿床储量超过 3 亿 t，矿石属沉积变质菱铁矿类型。矿石组成简单，铁矿物以菱铁矿为主，其次是褐铁矿和少量的磁铁矿，铁矿物中还因类质同象作用含有一定数量的 Mg^{2+} 和 Mn^{2+}，根据 $MgCO_3$ 分子百分含量较高的特征，可将其称为镁菱铁矿。脉石矿物主要为石英和绢云母，其次是绿泥石、铁白云石、白云母和重晶石等。该矿矿石的化学多元素分析结果见表 6.32，铁物相分析结果见表 6.33，主要矿物组成及含量见表 6.34。

表 6.32 陕西大西沟菱铁矿石原矿化学多元素分析结果

元 素	TFe	FeO	Fe_2O_3	SiO_2	Al_2O_3	CaO	MgO	MnO	CO_2	烧失
含量（质量分数）/%	25.00	24.30	8.74	32.24	9.03	0.58	2.14	0.85	18.41	18.21

表 6.33 陕西大西沟菱铁矿石原矿铁物相分析结果

铁物相	碳酸铁	磁性铁	赤褐铁	硫化铁	硅酸铁	合 计
铁含量（质量分数）/%	18.07	1.16	4.66	0.20	0.91	25.00
分布率/%	72.28	4.64	18.64	0.80	3.64	100.00

表 6.34 陕西大西沟菱铁矿石原矿主要矿物组成及含量

矿 物	菱铁矿	磁铁矿	赤、褐铁矿	黄铁矿、黄铜矿	石英	绢云母、白云母	绿泥石	其他
含量（质量分数）/%	43.8	1.5	7.1	0.3	17.3	24.9	4.6	0.5

武汉理工大学对陕西大西沟菱铁矿矿石进行了中性气氛焙烧试验研究，考察了焙烧温度、焙烧时间、冷却方式等焙烧磁选效果的影响，并对焙烧矿的化学组成、矿物组成、磁化焙烧前后铁矿物磁性进行了分析。结果表明，应用中性磁化焙烧—干式自然冷却—异地磁选技术，将在 700℃下焙烧 70min 的焙烧矿先封闭冷却至 400~300℃，再排入空气中冷却至室温，可形成强磁性的磁铁矿和 γ-Fe_2O_3；焙烧矿的磁选流程试验获得了精矿铁品位 59.56%~59.37%、铁回收率达 72.03%~73.72% 的良好指标。

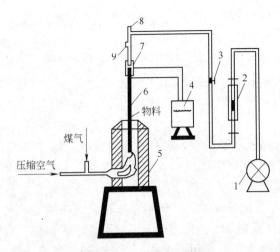

图 6.9　悬浮态焙烧装置

1—真空泵；2—流量计；3—阀门；4—温度控制仪；5—炉膛；
6—石英管；7—热电偶；8—加料口；9—取气口

西安建筑科技大学针对陕西大西沟菱铁矿传统的堆积态菱铁矿焙烧工艺中气固接触面积小、能耗大、矿石质量不均匀、容易产生"过烧"和"欠烧"的缺点，开展了悬浮态磁化焙烧细粒菱铁矿的试验。悬浮态焙烧是在气体和固体颗粒相互剧烈运动的状态下进行焙烧，与竖炉、回转窑等焙烧工艺相比，具有气固接触面积大、传热传质迅速、反应速率快、焙烧矿质量均匀、焙烧能耗小、易于实现大型化等优点。采用的悬浮态焙烧装置如图 6.9 所示。

本试验系统主要由焙烧加热、物料流化及参数计量三部分组成。试验时将炉膛温度稳定在某一稳定范围内，从加料口加入菱铁矿粉，小于 $80\mu m$ 颗粒的质量分数为 71.11%，然后调节阀门使物料充分流态化并进行焙烧。待温度回升到指定温度时开始计时，焙烧到指定时间后，立即取出石英管，倒出物料进行冷却。将冷却后的物料研磨 5min 后用磁选管选别，并用化学滴定法分析精矿和尾矿的铁品位，计算回收率，作为产品质量的评价指标。

试验考察了焙烧温度、焙烧时间、冷却方式对焙烧磁选效果的影响，结果表明，悬浮态焙烧细粒菱铁矿，气固接触面积大，反应速度快，焙烧 3min 就可达到较好指标；在焙烧矿的自然冷却过程中，不同出炉温度对焙烧矿性质的影响不同。500~400℃为相变激烈区域，将焙烧矿密闭冷却至 400℃以下后与空气接触对产品质量的影响不大；将焙烧矿在空气中快速冷却能够获得质量较好的产品，铁精矿品位达到 60.07%，铁回收率为 90.77%。

2004 年长沙矿冶研究院针对大西沟菱铁矿在陕西大西沟铁矿进行了工业试验，研究开发的焙烧—磁选—反浮选工艺取得了焙烧矿品位 30.08%，最终精矿品位 61.48%，总尾矿品位 8.25%，金属回收率 83.83%的先进指标。目前陕西大西沟已建成年处理能力 90 万 t 的生产线，为低品位复杂菱铁矿奠定了坚实的技术基础。

长沙矿冶研究院针对菱铁矿的磁化焙烧进行了系统的研究，针对细粒级物料，采用"多级循环旋流磁化焙烧—磁选—（浮选）"方案，以新型多级循环旋流磁化焙烧装置、工艺参数人工智能控制和固体燃料气化与磁化焙烧耦合工艺技术与设备为核心技术，目前已完成 650kg/h 的中试，可在 30s 内完成磁化反应，节能效果显著，与传统焙烧技术相比，节能 30%以上；针对全粒级原矿，采用"新型回转窑磁化焙烧—磁选—（浮选）"方案，以两段磁化、燃料与还原剂互补利用和工艺参数人工智能控制为核心技术，目前已完成 35kg/h 连续试验，正在进行 200 万 t/a 选矿厂的建设，与传统焙烧技术相比，回转窑单位产能提高 30%，能耗下降 25%以上，生产顺行。

昆钢王家滩铁矿主要以菱铁矿为主，偶见褐铁矿零星分布，金属硫化物以黄铁矿为主，其次是黄铜矿和闪锌矿；脉石矿物含量较高的是石英，其次为绢云母和绿泥石，其他微量矿物包括白云石、方解石、锆石、磷灰石和独居石等。其原矿多元素化学分析、铁物相分析和矿石中主要矿物含量分别见表 6.35~表 6.37。

表 6.35　昆钢王家滩铁矿石原矿化学多元素分析结果

元　素	TFe	FeO	Fe_2O_3	SiO_2	Al_2O_3	CaO	MgO	MnO
含量(质量分数)/%	27.98	33.01	3.32	23.41	1.27	0.47	6.18	1.54
元　素	Na_2O	K_2O	Cu	As	S	P	Ig	$(CaO + MgO)/(SiO_2 + Al_2O_3)$
含量(质量分数)/%	0.15	0.52	0.31	0.084	2.00	0.012	28.65	0.27

表 6.36　昆钢王家滩铁矿石矿物相分析结果

铁物相	磁铁矿	赤(褐)铁矿	碳酸盐	硫化物	硅酸盐	合　计
铁含量(质量分数)/%	0.14	0.21	24.03	1.70	1.90	27.98
分布率/%	0.50	0.75	85.88	6.08	6.79	100.00

表 6.37　昆钢王家滩铁矿石主要矿物含量

矿　物	菱铁矿	褐铁矿	黄铜矿	黄铁矿	石英	绢云母	绿泥石	其　他
含量(质量分数)/%	65.4	0.6	0.9	3.2	19.3	5.4	4.7	0.5

矿石中菱铁矿分为细粒（颗粒直径小于 0.2mm）和中粗粒两种类型。前者多为自形、半自形粒状，部分呈竹叶状，晶体粒度较为均匀，大多在 0.02~0.15mm 之间，晶粒相互紧密镶嵌构成集合体或以浸染状的形式与石英、绢云母和绿泥石等脉石矿物混杂交生；中粗粒菱铁矿形成时间晚于细粒菱铁矿，形态亦较为规则，但晶体粒度变化较大，部分可至 2.0mm 左右而向粗粒过渡，其集合体常为不规则团块状或细脉状，并交代早期形式的细粒菱铁矿，局部亦可包裹石英等脉石矿物。

长沙矿冶研究院对王家滩菱铁矿石进行了焙烧和闪速焙烧试验研究，考察了焙烧气氛、焙烧温度、焙烧时间、焙烧给矿层厚度等对菱铁矿焙烧效果的影响，并对焙烧矿进行了磨矿细度、弱磁精矿反浮选、弱磁选精矿降硫等选矿试验；对细粒矿物进行了闪速焙烧试验。结果表明，焙烧矿选矿所得铁精矿品位最高为 59.80%；采用常规焙烧工艺处理王家滩菱铁矿会导致铁精矿的硫含量较高；闪速焙烧可以实现在焙烧过程中降硫的目的，铁精矿硫含量低于 0.20%，同时可以获得比常规焙烧高 4.72 个百分点的回收率。刘宁斌等人介绍了王家滩菱铁矿土法烧结、烧结机烧结的实验室和现场试验，以及菱铁矿焙烧磁选实验室的试验情况。研究表明：使用土法烧结工艺烧结王家滩菱铁矿是有效开发利用王家滩菱铁矿资源的方法之一；配加一定量赤铁粉矿对改善菱铁矿的成球制粒性能和土烧效果有积极的作用；选择合适的用料结构和确定适宜的工艺、操作参数，可生产出满足 $100m^3$ 以下高炉使用的土烧结矿；采用机烧是开发利用王家滩菱铁矿资源可供选择和见效较快的方法之一。在二烧用 10.00% 的王家滩菱铁矿等量替代低铁粉组织酸性烧结矿生产，对烧结的产量、质量和技术经济指标会产生不同程度的影响。高炉使用效果表明，配加王家滩菱铁矿生产出的二烧矿，在炉料结构合适的情况下，可以满足中小高炉的生产需要，对炉况顺行不会产生明显的危害作用；用 10.00% 菱铁矿等量替代低铁粉组织二烧酸性烧结矿生产，可产生一定的经济效益；对于品质较差的菱铁矿进行了焙烧磁选结果表明：菱铁矿经焙烧后有较大部分可变为强磁性矿物，采用弱磁选可以得到精矿品位 56.07%~

57.83%的铁精矿；采用回转窑磁化焙烧和弱磁选的方式，处理品位较低的王家滩菱铁矿在技术上可行。700℃焙烧磁选的分选指标较好，总精矿品位为57.83%，粗选精矿品位为58.86%，产率为58.88%，回收率为91.19%。焙烧矿中二氧化硅的含量较高，在31.00%以上，经过分选可降到5.08%以下；焙烧矿中硫的含量最低为0.190%，最高为0.659%，经过分选以后，在精矿中对应的含量最低降到0.068%，最高为0.312%。

凤凰山铜矿的原矿通过浮选、弱磁选后，其尾矿中含有大量的菱铁矿，多年来一直未得到回收。铜陵有色金属公司通过试验研究表明，采用Shp型湿式强磁选机进行处理，可获得全铁品位为44.20%（烧失后含铁58%）、回收率29.91%的低磷、低硫、全自溶的铁精矿，可供冶炼使用。重庆大学在实验室对威远菱铁矿进行了焙烧、选矿、烧结和冶金性能的试验研究，提出了威远菱铁矿各种可供选择的利用流程与方法。威远菱铁矿铁含量高，S、P含量较低，实际上是赤铁矿和菱铁矿的复合矿，而不是单一的菱铁矿。威远菱铁矿SiO_2含量高达26%左右，是该种矿石的最大缺陷。研究表明：该矿氧化焙烧后，用水洗选矿法可以获得铁含量高而SiO_2含量低的精矿；若全部破碎到6mm以下，经过水洗、干燥、筛去小于0.8mm部分，可获得铁含量50%左右、SiO_2含量小于20%的精矿，其精矿回收率可达70%；土法还原焙烧—磁选可获得铁含量为58%左右、SiO_2含量约10%的精矿，其精矿回收率可达35%～40%；采用现代的磁化焙烧磁选法，其选矿效果和经济效益将更佳；6～30mm氧化焙烧矿的还原性特别好，还原度可达100%；威远菱铁矿的氧化焙烧矿的烧结性能好，在8%燃料配比条件下，烧结矿的成品率高，机械强度高，冶金性能好。

目前菱铁矿的焙烧磁选的关键是大型磁化还原焙烧装备的开发，包括窑内中低温、弱还原气氛精确控制，燃料与还原剂互补，以及高效节能燃烧系统设计等，这是今后应进一步研究的主要方向。

6.6　褐铁矿石选矿

褐铁矿是以含水氧化铁为主要成分的褐色天然多矿物混合物，大部分是隐晶质的针铁矿，混有纤铁矿、赤铁矿、石英、黏土等，含吸附水及毛细水。褐铁矿矿石含铁35%～40%，高者可达50%，有害杂质S、P通常较高。我国探明褐铁矿储量12.3亿t，占全国探明储量的2.3%。主要分布于云南、广东、广西、山东、贵州和福建。

由于褐铁矿中富含结晶水，因此采用物理选矿方法，铁矿精矿品位很难达到60%，但与菱铁矿相同，焙烧后因烧失较大而大幅度提高铁精矿品位。褐铁矿在磨矿过程中极易泥化，难以获得较高的金属回收率。

江西铁坑褐铁矿床为酸性残余火成岩与石灰岩接触发生硫化作用，并经后期长期氧化作用成黄铁矿矽卡岩型铁帽状褐铁矿床。该矿褐铁矿的生产经历了4次大的演变。第一次为建厂初期，原矿品较高，采用破碎筛分（或手选），生产部分块矿，随着矿石开采量的增加，品位越来越低，低时块矿含铁品位40%左右，含硅高达30%以上；第二次采用单一正浮选工艺，大幅度提高了精矿品位，铁精矿品位达到50%；第三次为强磁—正浮选工艺，大幅度提高了回收率，由单一正浮选的55%～60%，提高到65%～70%；第四次为强磁—强磁正浮选工艺、强磁—正浮—强磁及强磁—反浮选等新工艺，提高了强磁选作业精矿品位，由原来的50%～51%，提高到52%～53%。近年来，该矿委托马鞍山矿山研究院进行了强磁—反浮选的褐铁矿选矿新工艺,即采用强磁选获得粗精矿,强磁精矿进入反浮选作业进一步除杂,从而获得高品质铁精矿。为避免强磁作业细粒褐铁矿的流失,采用新型的 SLon 湿式立环脉动高梯度磁选机,连续扩大试验获得了铁精矿品位 56.73%,铁回收率 58.52% 的良好指标,该工艺于 2005 年底投产。

新疆某铁矿主要金属矿物为褐铁矿,其次为赤铁矿,少量磁铁矿;脉石矿物以透闪石和角闪石为主,其次为透辉石、石榴子石,少量黑云母、方解石、绿泥石和绿帘石。各金属矿物和脉石矿物的含量和粒度见表 6.38,矿石多元素分析结果见表 6.39。

表 6.38 新疆某铁矿各金属矿物和脉石矿物的含量和粒度

所含矿物名称	含量(质量分数)/%	粒度/mm	空间分布特征
褐铁矿	40	0.015~0.035	他形粒状,有的包裹赤铁矿或脉石,与脉石毗邻,不规则
赤铁矿	15	0.02~0.05	呈他形粒状或长条状分布于褐铁矿中
磁铁矿	3~5	0.01~0.02	仅见于赤铁矿中有残余的他形磁铁矿
透闪石	25	0.05~0.2	粒状,少数内部包裹赤铁矿
角闪石	10	0.02~0.04	柱状和粒状,有的已绿泥石化,有的包裹于赤铁矿中
透辉石	2~5	0.02~0.05	他形粒状,有的包裹磁铁矿或被磁铁矿包裹

表 6.39 新疆某铁矿矿石的化学成分

元素	TFe	Mn	S	P	SiO$_2$	Al$_2$O$_3$	CaO	MgO
含量(质量分数)/%	46.50	0.10	0.44	0.044	22.57	4.21	0.43	0.75

河北理工大学对该矿矿石进行了正浮选、反浮选、摇床重选、弱磁—强磁、焙烧—磁选试验,各种选别方法试验结果的对比如表 6.40 所示。

表 6.40 各种选别方法试验结果对比 (%)

选别方法	精矿产率	精矿品位	回收率
正浮选(闭路)	50.65	56.74	62.08
反浮选(开路)	48.18	52.20	54.54
摇床重选	43.42	57.90	54.32
弱磁—强磁选	68.87	52.71	78.26
焙烧磁选	67.22	59.24	92.90

结果表明,焙烧磁选法的指标远高于其他方法,在原矿品位 46.5% 的情况下,焙烧磁选工艺可获得铁精矿品位 59.2%、回收率 92.9% 的技术指标。前四种方法比较,摇床的精矿品位最高,但回收率低;强磁的回收率最高,但精矿品位低;正浮选的两个指标皆位居第二,且都较高。因此,正浮选是仅次于焙烧磁选的选矿方法。从经济方面考虑,弱磁选—强磁选—正浮选工艺或分级—重选—细粒级浮选工艺联合流程是处理该矿石的较适宜的工艺。

云南化念铁矿矿石类型主要为褐铁矿,其次为赤铁矿,其余为硅酸盐、硫化物和碳酸盐含铁矿物,褐(赤)铁矿约占总铁量的 95% 以上,主要回收矿物以褐铁矿为主。矿体围岩主要为石灰岩,脉石以石灰岩、方解石、石英为主。矿石构造有块状、网状、树枝状、斑状和蜂窝状等。长沙矿冶研究院针对云南化念褐铁矿,采用粗细颗粒分级入选的生

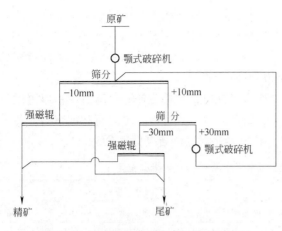

图 6.10　云南化念铁矿生产工艺原则流程

产流程，选用 CRIMM 型稀土永磁辊式强磁选机作为精选设备，设计采用两段破碎—分级磁选的简捷生产工艺，成功地解决了低投入、低成本、高效率的粗颗粒弱磁性褐铁矿有效分选的生产技术难题。该矿于 2000 年 8 月建厂，同年 10 月调试投产并取得了良好的技术经济指标。其生产工艺流程如图 6.10 所示。生产结果表明，当原矿品位为 46% 左右时，经过一次选别可得到总精矿品位大于 50%、精矿回收率大于 80% 的生产指标，如表 6.41 所示。其工艺中 CRIMM 型稀土永磁辊式强磁选机是关键设备，该设备是一种采用新型高性能稀土永磁材料，经过合理的磁系设计、加工而成的永磁高场强辊带式干选磁选设备，由永磁高场强磁辊、高强度超薄耐磨胶带、胶带自动调偏装置和薄层振动喂料器等部分组成。分选磁辊的材料选型、磁系结构设计和经精密加工后的组装方式保证了有效分选磁场达到同体积电磁磁系所不能实现的磁场强度和梯度，同时也由于大幅度提高了有效磁通的利用率，从而实现了粗颗粒弱磁性矿石分离所需的强分选磁场（1.4～1.6T）和高比磁力。CRIMM 系列稀土永磁辊式强磁选机主要特点是辊面分选磁场高，比磁力大；无气隙，物料不阻塞，分选效率高；分选过程中磁辊受胶带保护，无磨损；入选物料粒度范围宽，最大可达 50～70mm，最小达 0.08mm；与电磁感应辊相比节能 90% 以上；机重轻，单台设备可一次完成多段选别作业，占地面积节省 60% 以上，基建费用低。该设备在化念铁矿中的应用表明，10～30mm 磁选精矿品位提高 7% 以上，−10mm 磁选精矿品位提高 3% 以上，精矿总回收率大于 80%，磁选生产成本少于 10 元/t，经济效益明显。

表 6.41　云南化念褐铁矿生产指标　　　　　　　　　　（%）

项　目	指　标	粗粒级	细粒级	合　计
给　矿	产　率	38.77	61.23	100.00
	原矿品位	43.76	47.37	45.97
	分布率	36.91	63.09	100.00
精　矿	产　率	27.15	47.08	74.23
	精矿品位	51.05	50.74	50.85
	回收率	31.68	50.43	82.11
尾　矿	产　率	11.62	14.15	25.77
	尾矿品位	26.73	36.16	31.91
	回收率	5.23	12.66	17.89

　　昆明理工大学对化念铁矿的细粒级褐铁矿进行了细粒褐铁矿干式磁选抛尾技术的实验室研究，并应用于工业化生产。其细粒级为 −10mm 粒级物料，化学分析结果如表 6.42 所示。

表6.42 云南化念褐铁矿细粒级 （-10mm） 物料的化学分析结果

元 素	TFe	MnO$_2$	SiO$_2$	Al$_2$O$_3$	CaO	MgO	P	S
含量（质量分数）/%	39.24	1.52	8.53	1.23	19.43	0.47	0.032	0.04

实验室研究结果表明，细粒褐铁矿干式磁选抛尾技术可实现-10mm粒级褐铁矿矿石的有效干式磁选，使褐铁矿矿石品位超过50%，矿石的回收率达到86%以上。进一步进行了工业应用试验，对-25 +10mm粒级用CRIMMφ100-1000-1.1型稀土永磁强磁辊式磁选机干式磁选，对于-10mm粒级分别采用CRIMMφ150-1000-1.3型和CRIMMφ100-1000-1.1型稀土永磁强磁辊式磁选机进行一次粗选、一次精选干式磁选抛尾。其工艺生产流程如图6.11所示。

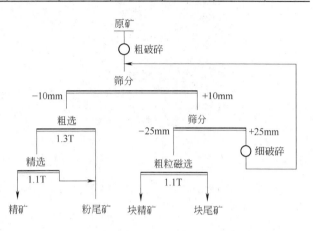

图6.11 化念铁矿干式磁选抛尾工艺生产流程

工业生产结果表明，对于-25 +10mm粒级经干式磁选抛尾，可获得品位为52.62%，作业回收率为83.61%的精矿；对于-10mm粒级可获得品位为50.32%，作业回收率为86.78%的精矿，对于-25mm粒级总回收率高达85.62%，使矿山的资源利用率提高了11%。选别后粉矿品位从原矿品位47%提高到50%，粉尾矿可作为烧结原料，实现了化念铁矿褐铁矿选矿洁净生产。

广东某褐铁矿主要由褐铁矿、石英、少量磁铁矿和赤铁矿等矿物组成。其中，褐铁矿的相对含量约为70%左右，石英矿物相对含量约为25%左右，其他矿物相对含量约为5%。原矿中脉石矿物石英与铁矿物之间的共生关系较为简单，嵌布粒度相对较粗。试验研究表明，当磨矿产物中-0.074mm粒级含量达到70%~80%时，铁矿物与石英等脉石矿物基本可达到单体解离。试样主要元素化学分析结果见表6.43。

表6.43 广东某褐铁矿原矿主要化学元素分析结果

元 素	TFe	Al$_2$O$_3$	SiO$_2$	P	S
含量(质量分数)/%	45.95	1.26	24.29	0.11	0.35

中南大学对该褐铁矿进行了正浮选、阴离子活化反浮选、阳离子反浮选试验，并对上述三种方案进行了比较，最后选择采用阳离子反浮选脱硅工艺，确定了一次粗选、一次扫选的工艺流程，并考察了磨矿细度、调整剂及其用量、浮选时间及捕收剂用量等对分离效果的影响，全流程闭路试验表明，采用碳酸钠用量为1250g/t和水玻璃用量为600g/t实现矿浆的强化分散，在磨矿细度为（-0.074mm）80%、十二胺用量为200g/t、浮选时间为18min的条件下，选别该褐铁矿石获得铁精矿品位为59.25%，铁回收率为83.42%的优良指标。其全流程闭路试验条件和数质量流程如图6.12所示。

另外，中南大学还对国内另外一褐铁矿石进行了阴阳离子捕收剂反浮选试验研究。该褐铁矿矿床属陆相沉积型矿床。矿石中主要矿物为褐铁矿，其次为少量磁铁矿和菱铁矿。脉石矿物则主要有石英、方解石、绿泥石等。原矿中褐铁矿和菱铁矿主要以鲕状产出，少

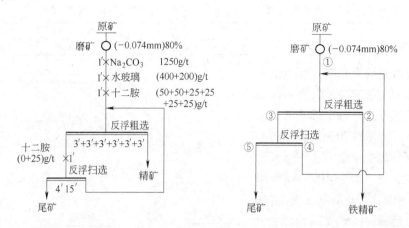

图例　$\gamma\dfrac{\beta_{TFe}}{\varepsilon}$/%：①$100.00\dfrac{46.02}{100.00}$；②$64.79\dfrac{59.25}{83.42}$；③$50.09\dfrac{32.53}{35.41}$；④$14.88\dfrac{58.23}{18.83}$；⑤$35.21\dfrac{21.68}{16.58}$

图 6.12　广东某褐铁矿阳离子反浮选闭路试验条件和数量质量流程

量为泥质状，磁铁矿则为块状产出。脉石矿物与铁矿物间共生关系相对简单，磨矿细度达到 −0.074mm 占 85% ~ 90% 时，脉石矿物与铁矿物基本可达到单体解离。矿石中全铁含量平均为 42% ~ 44%，磷硫含量均较低，属相对好选的褐铁矿石。原矿多元素分析结果见表 6.44。

表 6.44　国内某褐铁矿原矿多元素分析结果

元　素	TFe	SiO$_2$	Al$_2$O$_3$	Mn	S	P	CaO	MgO
含量（质量分数）/%	43.28	23.34	5.21	0.11	0.32	0.03	0.41	0.65

针对该褐铁矿性质相对较简单的特点，采用单一反浮选工艺选别褐铁矿。研究了脱泥、单一阳离子及阴阳离子捕收剂联合等技术方案对反浮选指标的影响。试验结果表明，采用新型阳离子表面活性剂 DTL 脱泥、石灰活化含硅矿物、淀粉抑制铁矿物、油酸及十二胺联合使用的新工艺方案，取得了良好的分选指标，经脱泥和反浮选后，得到含铁品位为 57.18%、铁回收率 74.9% 的褐铁矿精矿。试验流程如图 6.13 所示。

北京矿冶研究总院针对俄罗斯某褐铁矿进行了一系列的选矿试验研究，试验结果表明，采用磁化焙烧—磁选工艺流程所获实验指标最好，磁化焙烧—磁选工艺流程条件：磁化焙烧温度 900℃、煤配比 15%、焙烧时间 1h。焙烧后的产品细磨至 −0.074mm 占 90% 进行磁选，磁场磁感应强度 0.20T，可获得精矿品位 64.65%、铁回收率

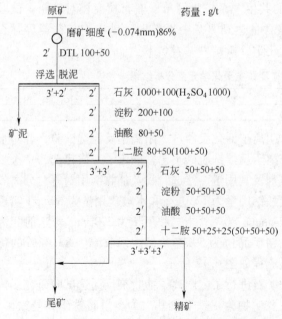

图 6.13　某褐铁矿阴阳离子捕收剂反浮选试验流程

86.05%的试验指标。

长沙矿冶研究院采用絮凝—强磁选回收某易泥化褐铁矿，在铁精矿品位保持不变的前提下，可大幅度提高金属回收率。研究结果表明，与直接强磁选相比，絮凝—强磁选工艺可将某矿含大量易泥化褐铁矿铁矿石的金属回收率提高 10~15 个百分点，认为提高絮凝—强磁作业分选效率的关键在于正确把握分散、絮凝过程。

河北理工大学对山东威海某低品位（原矿品位 TFe 25.34%）褐铁矿石进行了选矿研究，比较了 6 种不同选矿工艺的选矿指标，如表 6.45 所示。

表 6.45　山东威海某地铁矿选矿工艺与选矿指标对比　　　　　　　（%）

选 矿 方 法	精矿产率	选 别 指 标	
		品位 TFe	回收率 TFe
二段强磁	38.90	47.17	71.93
焙烧—弱磁	36.33	61.10	87.91
单一弱碱性浮选	53.04	36.92	76.17
单一弱酸性浮选	54.0	41.55	87.58
强磁—弱碱性浮选	42.04	46.36	79.79
强磁—弱酸性浮选	38.50	48.42	73.07

结果表明采用两段强磁选、强磁—弱碱性浮选、焙烧—弱磁选方案均可以用于该褐铁矿的选别。

6.7　细粒嵌布的高磷赤、褐铁矿石选矿

磷是钢铁冶炼过程中主要的有害元素之一，严重影响炼钢工艺和钢材产品质量。随着冶金工业的发展和新工艺的实施，对铁精矿的质量要求越来越高，对磷的含量也有严格的限定，因此铁精矿高效降磷迫在眉睫。

铁矿石中磷有的以磷灰石或碳氟磷灰石形态与其他矿物共生，铁以磁铁矿或磁铁矿-赤铁矿形式存在，含磷矿物浸染于氧化铁矿物的颗粒边缘，嵌布于石英或碳酸盐矿物中，少量赋存于铁矿物的晶格中。且磷灰石晶体主要呈柱状、针状或散粒状嵌布于铁矿物及脉石矿物中，粒度较细，有时甚至是在 $2\mu m$ 以下，不易分离，属于难选矿石。如梅山铁矿、马钢姑山铁矿等。还有的磷以胶磷矿或呈类质同象形式存在，铁则以赤褐铁矿为主，如鄂西地区的鲕状赤铁矿，云南会里、东川地区的高磷赤铁矿，内蒙温都尔庙赤铁矿等。该类矿石的选别难度较大，一直是选矿界的难题之一。

我国高磷铁矿石储量占总储量的 14.86%，达 74.5 亿 t。因此，如何选择有效的方法降磷，从而合理地利用这部分高磷铁矿资源，对我国钢铁工业发展非常重要。

云南东川包子铺高磷铁矿是一个多期、多因、多类型叠加的具有复合特征的大型铁矿床，地质储量达 5249 万 t，铁矿石分为赤铁矿型和褐铁矿型两大类。赤铁矿型矿石呈致密块状。铁矿物以赤铁矿、镜铁矿为主；脉石矿物主要为石英，其次为胶磷矿。赤铁矿粒度一般为 0.016~0.25mm，最小为 0.002mm，在石英、方解石块中也有呈细脉状的赤铁矿嵌布。石英嵌布粗细不均，产出粒度为 0.0065~0.6mm，与赤铁矿紧密共生，多沿赤铁矿颗粒间呈细粒嵌布，个别以极细粒嵌布在赤铁矿中。胶磷矿产出粒度为 0.005~0.65mm，呈不规则粒状嵌布在赤铁矿中，部分胶磷矿矿粒中有石英碎屑，此外尚有部分

极细的胶磷矿与赤铁矿紧密共生或充填在赤铁矿颗粒的间隙中。磷与铁不呈类质同象，在赤铁矿中主要为独立矿物，部分为离子吸附。褐铁矿型铁矿石常呈块状、蜂窝状。主要铁矿物为褐铁矿，其次为赤铁矿；脉石矿物主要为石英。由于风化作用，褐铁矿常呈不规则粒状、网状、胶状嵌布在石英中，有的与赤铁矿构成连晶。在砾岩中，褐铁矿呈粗细不等的不规则状被铁质黏土所胶结，一般为 0.2 ~ 0.08mm。大部分石英呈块状与褐铁矿、绢云母连生，粒度一般为 0.4 ~ 0.05mm。褐铁矿型矿石中含磷较高，但磷主要不是以独立矿物的形式存在，而是有 90% 以上呈类质同象形式存在于主要载体矿物褐铁矿中。其原矿多元素分析结果和铁物相分析结果分别如表 6.46 和表 6.47 所示。结果表明，原矿全铁含量为 39.00%，杂质硅和磷含量较高，而硫含量较低。

表 6.46　云南东川包子铺高磷铁矿原矿多元素分析结果

元　素	TFe	SFe	FeO	S	P	SiO$_2$	Al$_2$O$_3$	CaO	MgO	Mn	烧损
含量（质量分数）/%	39.00	38.03	0.39	0.012	0.775	32.76	1.88	1.76	0.41	0.94	3.85

表 6.47　云南东川包子铺高磷铁矿原矿铁物相分析结果

铁 物 相	磁铁矿	赤、褐铁矿	假象赤铁矿	黄铁矿	碳酸铁	硅酸铁	合　计
含铁量（质量分数）/%	0.15	38.32	0.05	0.02	0.20	0.38	39.12
分布率/%	0.38	97.96	0.13	0.05	0.51	0.97	100.00

中钢集团马鞍山矿山研究院针对该矿矿石的特点，拟订了 3 种试验方案 6 个流程进行试验，即阶段磨矿、高梯度强磁选、浮选联合选别；阶段磨矿、粗细分级、重选、高梯度强磁选、浮选联合选别；阶段磨矿，单一高梯度强磁选。在实验室小型试验研究基础之上，确定采用阶段磨矿—高梯度强磁选粗粒抛尾—正浮选除磷—反浮选流程，48h 扩大连续试验结果如图 6.14 所示。

由图 6.14 可见，扩大连续试验获得的精矿铁品位为 58.72%（烧后 62.13%），精矿含磷为 0.397%，铁回收率为 58.02%。上述结果表明，由于包子铺铁矿石中磷的赋存形式及铁矿物与杂质矿物之间复杂而密切的共生关系，决定了其用目前的一般机械选矿方法很难获得非常理想的除磷效果、精矿铁品位和铁回收率，尤其是铁回收率也受到很大影响。因此，对类似难选高磷赤、褐铁矿石除了在重、磁、浮常规选矿方法方面进行更深入的研究外，还应开展包括还原焙烧、熔融还原等技术的探索。

云南某地和四川某地难选细粒高磷赤褐铁矿石中主要矿物为赤褐铁矿，其次为磁铁矿、褐铁矿、硅酸铁及碳酸铁矿物，脉石矿物主要有角闪石、白云石、方解石、辉石，其次为普通辉石和透辉石，其他少量矿物有橄榄石、绢云母、绿泥石、电气石、石英等。

云南某地矿样风化严重，水分含量高而且易潮解，含铁 54.98%，含磷 0.537%，含砷 0.1075%，其矿样多元素分析和铁物相分析结果如表 6.48 和表 6.49 所示。

表 6.48　云南某高磷赤褐铁矿原矿多元素分析结果

元　素	Fe	SiO$_2$	S	P	As/10^{-6}
含量（质量分数）/%	54.98	3.77	0.076	0.537	107.50

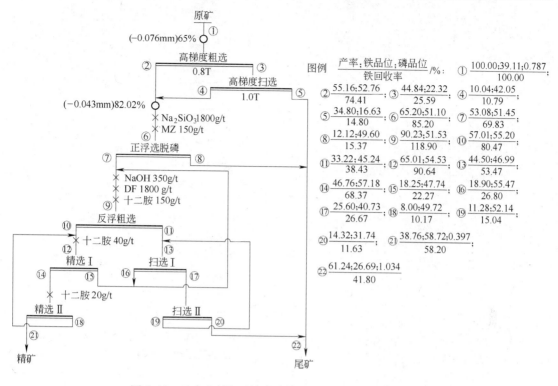

图 6.14 云南东川包子铺高磷铁矿扩大连选试验数质量流程

表 6.49 云南某高磷赤褐铁矿原矿铁物相分析结果

铁物相	TFe	磁性铁	碳酸铁	黄铁矿	硅酸铁	赤、褐铁矿
含量（质量分数）/%	54.24	0.672	0.088	0.020	0.174	52.89

四川某地矿样原矿铁品位 47.16%，主要有害杂质磷含量为 0.518%，矿样呈块状，解理性较好。其矿样多元素分析和铁物相分析结果如表 6.50 和表 6.51 所示。

表 6.50 四川某高磷赤褐铁矿原矿多元素分析结果

元素	Fe	SiO_2	S	P	As/10^{-6}
含量（质量分数）/%	47.16	3.89	0.076	0.518	103.20

表 6.51 四川某高磷赤褐铁矿原矿铁物相分析结果

铁物相	TFe	磁性铁	碳酸铁	黄铁矿	硅酸铁	赤、褐铁矿
含量（质量分数）/%	47.06	5.24	0.098	0.025	0.186	0.091

昆明理工大学分别对这两个矿样进行了磁选、浮选、焙烧—浸出和焙烧—弱磁选—浸出降磷试验，结果表明，采用磁选、浮选的工艺均不能得到理想的铁精矿产品指标，而采用选择性焙烧—浸出降磷工艺处理云南高磷赤、褐铁矿矿样，获得了铁品位为 66.43%、磷品位为 0.131%、铁回收率为 98.89% 的铁精矿产品，其工艺流程如图 6.15 所示；采用选择性焙烧—弱磁选—浸出降磷工艺处理四川高磷赤、褐铁矿矿样，获得了铁品位为 61.29%、磷品位为 0.108%、铁回收率为 74.61% 的铁精矿产品，其工艺流程图如图 6.16 所示。

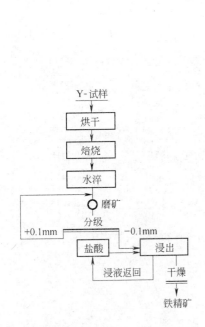

图6.15　云南高磷赤、褐铁矿矿样
焙烧—浸出降磷工艺流程

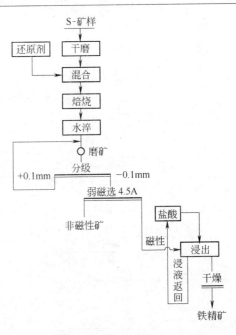

图6.16　四川高磷赤、褐铁矿矿样焙烧—
弱磁选—浸出降磷工艺流程

6.8　高磷鲕状赤铁矿石选矿

　　我国的高磷鲕状赤铁矿主要分布在湖北、湖南、云南、四川、贵州、广西、江西和甘肃等省、自治区。矿床中的主要矿物有赤铁矿、菱铁矿、磁铁矿、褐铁矿、鲕绿泥石、铁白云石、石英（玉髓）、胶磷矿（细晶磷灰石）、方解石、黄铁矿、云母和黏土类矿物等。主要矿石类型为赤铁矿矿石，其次为磁铁矿、赤铁矿石和鲕绿泥石、菱铁矿、赤铁矿混合矿石。该类铁矿储量高达30亿~50亿 t，占我国铁矿总储量的10%，矿石多呈鲕状、块状构造，少数具豆状、肾状构造。有些鲕粒中由硅质和铁质构成的同心圆圈可达数十层，且鲕状赤铁矿嵌布极细，经常与菱铁矿、褐铁矿、鲕绿泥石、黏土和胶磷矿共生，通常矿石选矿效果很差，而且含磷较高，是目前国内外公认的最难选的铁矿石类型。

　　"宁乡式"鲕状铁矿是高磷鲕状铁矿石较为典型的一类矿床，是我国分布最广、储量最多、最重要的沉积型铁矿床，广泛分布于铁矿资源较贫的鄂、湘、赣、川、滇、黔、桂等华中、西南地和甘肃南部地区。现已探明该类铁矿储量已达37.2亿 t（含表外储量），占全国沉积铁矿探明储量73.5%；矿石主要由鲕状赤铁矿组成，其次有菱铁矿、鲕绿泥石和褐铁矿，含铁品位为30%~45%，含磷常偏高，介于0.4%~1.1%之间，磷的含量通常与矿床所处的地理位置有关。鲕状赤铁矿一般呈钙质鲕状赤铁矿和砂质鲕状赤铁矿，在铁矿层中常和菱铁矿、鲕绿泥石共生或者互间；有的矿区层中矿相变化较大，例如云南寸田矿区主矿体东以氧化相鲕状赤铁矿为主，中部以氧化相-中性的菱铁矿-鲕状赤铁矿-鲕绿泥石为主，西部以还原相的菱铁矿、鲕绿泥石以及鲕绿泥-菱铁矿为主。

　　北京矿冶研究总院对"宁乡式"鲕状赤铁矿进行了分散—选择性聚团脱泥—反浮选脱磷工艺的试验研究。矿样原矿的主要化学成分分析、矿物含量分析与铁在各种矿物中的分布分别见表 6.52 ~ 表 6.54。

表 6.52 "宁乡式"鲕状赤铁矿原矿的主要化学成分分析

组 分	Fe	P	Cu	Pb	Zn	SiO₂	Al₂O₃	CaO
含量（质量分数）/%	52.25	0.57	0.001	0.001	0.014	10.08	5.50	1.78

组 分	MgO	S	Mn	K₂O	V₂O₃	C	烧失量	
含量（质量分数）/%	0.63	0.055	0.17	0.067	<0.005	1.33	6.0	

表 6.53 "宁乡式"鲕状赤铁矿原矿的矿物组成及含量

铁 物 相	赤铁矿	菱铁矿	鲕绿泥石	褐铁矿	菱锰铁矿	磷灰石	石英	黄铁矿	绿高岭石	合 计
含量（质量分数）/%	43.6	26.0	24.5	1.0	0.5	1.4	2.6	0.1	0.3	100.00

表 6.54 "宁乡式"鲕状赤铁矿铁在各种矿物中的分布平衡

铁 物 相	赤铁矿	菱铁矿	鲕绿泥石	褐铁矿	菱锰铁矿	磷灰石	石英	黄铁矿	绿高岭石	合 计
矿物量（质量分数）/%	43.6	26.0	24.5	1.0	0.5	1.4	2.6	0.1	0.3	100.00
含铁量（质量分数）/%	69.09	44.82	34.60	59.29	26.69	3.71	1.93	46.60	25.34	51.20
铁分布率/%	58.83	22.76	16.55	1.16	0.26	0.10	0.10	0.09	0.15	100.00

　　试验矿样中赤铁矿、菱铁矿、鲕绿泥石分别占整个矿物量的 43.6%、26.0% 和 24.5%，总计占矿物量的 94.1%，其他矿物含量均较低。经电子探针测试，赤铁矿、菱铁矿、鲕绿泥石中的铁分别为 69.09%、44.82% 和 34.60%，其铁的加权平均品位是 53.40%，赤铁矿呈针状、片状集合体嵌布在菱铁矿与鲕绿泥石中，常与它们互层构成鲕粒；在针状、片状赤铁矿中，存在着许多微细粒的鲕绿泥石的包体，铁矿物呈粗、中、细粒不均匀嵌布，粗、中粒较少，细粒较多，由于嵌布粒度微细，单体解离困难。磷矿物主要由磷灰石及胶磷矿组成，微细粒磷灰石一部分浸染在赤铁矿、菱铁矿、鲕绿泥石中，作为它们中的包体存在；另一部分磷矿物浸染在石英等脉石矿物中。

　　针对该鲕状赤铁矿，北京矿冶研究总院研究了浮选脱泥—选择性聚团—反浮选脱磷技术，其闭路试验流程如图 6.17 所示。

　　试验结果表明，采用图 6.17 的工艺流程，通过适当调整药剂制度和流程结构，铁的回收率达到 90.57%，精矿中铁品位达 54.11%；含磷量由原矿的 0.57%，下降为铁精矿中含磷 0.236%，取得了较好的降磷效果。

　　湖北省恩施巴东黑石板矿属含胶磷矿赤铁矿石，主要为鲕状赤铁矿，其次为砾状赤铁矿，磁性铁、碳酸铁和其他类型矿物含量均不高。原矿多元素分析、铁物相分析结果

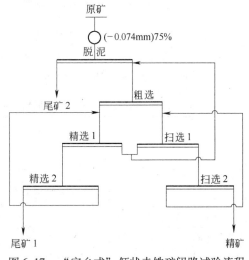

图 6.17 "宁乡式"鲕状赤铁矿闭路试验流程

如表 6.55 和表 6.56 所示。

表 6.55　巴东黑石板矿原矿多元素分析结果

元　素	Fe	P	S	CaO	MgO	Al₂O₃	SiO₂	烧失量
含量（质量分数）/%	46.05	0.84	0.025	2.66	0.68	5.64	16.00	7.68

表 6.56　巴东黑石板矿原矿铁物相分析结果

铁 物 相	赤、褐铁矿	磁性铁	碳酸铁	硫化铁	难溶硅酸铁	全 铁
含量（质量分数）/%	40.6	0.21	4.15	0.27	0.82	46.05
占有率/%	88.17	0.45	9.01	0.59	1.78	100.00

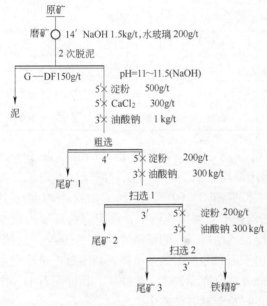

图 6.18　巴东黑石板矿浮选试验流程

武汉科技大学对该矿矿石进行了选矿试验，确定了选择性絮凝—脱泥—阴离子反浮选原则流程，结果表明，采用添加分散剂水玻璃、絮凝剂 G-DF 选择性絮凝脱泥、Ca²⁺ 活化含硅矿物、淀粉抑制赤铁矿物、油酸为捕收剂阴离子反浮选的工艺方案，选择性絮凝、二次脱泥、一次粗选三次扫选阴离子反浮选的选别流程，获得铁精矿含铁 56.23%、含磷 0.098%、铁回收率 75.28% 的良好指标。浮选试验流程和试验条件如图 6.18 所示。

湖北宜昌某高磷鲕状赤铁矿矿石中，主要矿物是赤铁矿，并有少量菱铁矿，脉石矿物以方解石、白云石、石英、绿泥石、胶磷矿为主。矿石呈鲕状构造（也有肾状和豆状构造），由鲕粒和胶结物组成。鲕粒是以赤铁矿为核心，呈椭圆形。矿石中的磷杂质呈非晶质胶磷矿形式存在。原矿碱比为 1.09，属自熔性铁矿石。磷是矿石中的主要有害元素。其原矿多元素分析结果和铁物相分析结果如表 6.57 和表 6.58 所示。

表 6.57　湖北宜昌某高磷鲕状赤铁矿原矿多元素分析结果

元　素	Fe	P	S	As	CaO	MgO	Al₂O₃	SiO₂	烧失量
含量（质量分数）/%	45.53	1.078	0.07	0.011	8.10	3.49	4.18	6.45	9.00

表 6.58　湖北宜昌某高磷鲕状赤铁矿原矿铁物相分析结果

铁 物 相	赤、褐铁矿	磁性铁	碳酸铁	硫化铁	难溶硅酸铁	全 铁
含量（质量分数）/%	0.10	40.19	2.15	0.40	2.69	45.53
分布率/%	0.22	88.27	4.72	0.88	5.91	100.00

　　湖北三鑫金铜股份有限公司对该高磷鲕状赤铁矿石进行了重选、强磁选和浮选试验研究，结果表明，采用螺旋溜槽重选法不能获得满意的选别指标，采用强磁选法有较明显的脱磷作用，但铁精矿的品位与回收率不高。在磨矿细度 - 0.076mm 占80%的条件下，采用一次粗选、一次精选反浮选，采用 TNT 调整剂、DF 抑制剂、YNA 捕收剂的药剂配方，可获得铁精矿品位57.06%、含磷0.163%、铁回收率71.76%的选别指标。烧失后精矿的铁品位可达到59.39%。研究中发现，由于矿石中的磷矿物是胶磷矿，浮选速度较慢，药剂制度及浮选条件控制是关键，必须分段加药、延长浮选时间才有利于磷矿物从泡沫产品中选出。

　　某鲕状赤铁矿含量一般为62%～75%（少量可达80%），鲕状赤铁矿多呈单鲕均匀或不均匀分布，形态有圆形、椭圆形，部分见压扁拉长和顺层定向排列现象。大部分鲕粒的鲕核较小，核圈边界不清晰，鲕粒主体为圈层状赤铁矿。部分鲕粒的鲕核较大，由隐晶质碳酸盐团块组成，形态多为长条形和等粒状。鲕粒的圈层构造清晰而密集，同心纹层一般在20～50层之间，由厚0.005～0.01mm 的赤铁矿纹层和厚小于0.005mm 的泥晶碳酸盐纹层组成。在鲕粒中心部分，碳酸盐同心纹层略多而厚，在鲕粒中外缘部分赤铁矿同心纹层多，碳酸盐同心纹层减少和减薄。以上结构导致该鲕状赤铁矿极为难选。其多元素分析结果和铁物相分析结果如表 6.59 和表 6.60 所示。

表 6.59　某难选鲕状赤铁矿的多元素分析结果

元　素	TFe	P	SiO$_2$	S	Mn	As
含量（质量分数）/%	42.53	0.076	0.28	0.020	0.22	135.2 g/t

表 6.60　某难选鲕状赤铁矿的铁物相分析结果

铁 物 相	赤、褐铁矿	磁性铁	碳酸铁	硫化铁	硅酸铁	全　铁
含量（质量分数）/%	41.92	0.05	0.35	0.18	0.12	42.53
分布率/%	98.57	0.118	0.823	0.423	0.282	100.00

　　昆明理工大学对该矿石进行了多种选矿方法的试验，获得的试验结果如表 6.61 所示。结果表明，常规的焙烧方法、磁选方法都不适用该矿石，只有采用一种选矿新工艺，才能使铁品位和回收率分别达到55.62%和41.51%，吨铁精矿成本仅为 20～32 元。

表 6.61　某难选鲕状赤铁矿选冶试验结果

选 别 方 法	精矿品位/%	精矿铁回收率/%
离析焙烧—弱磁选	48.82	90.11
离析焙烧—弱磁选	50.23	85.63
还原焙烧—弱磁选	54.27	64.51
还原焙烧—弱磁选	66.82	23.51
细磨—重选—强磁选	50.27	64.51
细磨—多种重选手段	50.33	60.44
细磨—强磁选	48.67	61.22
选矿新工艺	55.62	41.51

贵州工业大学对贵州某地鲕状赤铁矿进行了浮选试验研究，采用正交试验法考察了鲕状赤铁矿浮选的主要影响因素。结果表明，对鲕状赤铁矿精矿品位影响最大的是十二胺用量，其次为 GF、NaOH 的用量和磨矿时间；对回收率影响的次序为十二胺用量、GF 用量、磨矿时间、NaOH 用量。在适宜的条件下，铁精矿的品位最高可达到 57%，但是回收率较低；回收率最高可达到 81.3%，但铁精矿品位不高。综合考虑，当磨矿时间为 15min、NaOH 用量为 900g/t、GF 用量为 6000g/t、十二胺用量为 400g/t 时，铁精矿品位为 55.0%，回收率为 76.7%。

乌石山宁乡式鲕状高磷铁矿石中鲕粒部分呈核状，部分呈环带状，鲕环以赤铁矿为主，磷质赤铁矿环带占 30% ~ 40%，胶结物占 1/3。胶结物成分非常复杂，主要有硅质赤铁矿，磷质赤铁矿和较多的泥质。脉石主要为石英、方解石、鲕绿泥石，嵌布胶磷矿和少量高分散磷。鲕粒的粒度为 0.1 ~ 0.35mm，鲕核约 0.03 ~ 0.075mm。矿石多元素分析结果如表 6.62 所示。

表 6.62　乌石山胶磷鲕铁矿成分

元　素	TFe	S	P	FeO	Fe$_2$O$_3$	SiO$_2$	Al$_2$O$_3$	CaO	MgO
含量（质量分数）/%	52.71	0.039	0.475	4.67	70.10	13.50	4.46	0.59	0.345

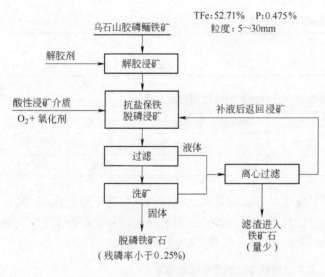

图 6.19　乌石山胶磷铁矿的降磷流程

江西理工大学对该矿矿石进行了解胶浸矿试验研究，采用图 6.19 的工艺流程，即采用解胶剂解胶浸矿，经解胶浸矿后的矿石仍在室温下加入酸性浸矿液进行浸矿脱磷，对浸矿脱磷介质用碟式分离机进行混合浸矿液的离心分离，液相返回浸矿，矿物和分离矿渣经洗矿并化验合格转入用户。上述工艺可将矿石铁品位提高 4 ~ 6 个百分点，脱磷率达 40% ~ 50%。

总之，尽管高磷鲕状赤铁矿石极为难选，但国内选矿工作者在该种矿石的脱磷和选矿方面做了大量的研究工作，取得了一定的成果，但至今还未解决该类矿石的选矿问题，应该进一步在选择性细磨、精密分级、新型反浮选药剂、新的脱磷和选别工艺等方面进行大量的研究工作，以使这部分铁矿资源得到充分的利用。

6.9　其他复杂难选铁矿石选矿

除上述几类难选铁矿石之外，多金属共生矿石、高磷磁铁矿、吉林临江羚羊石、含碳酸盐类铁矿石等都属于难选的铁矿物类型，下面对上述复杂铁矿石的选矿技术最新进展进行介绍。

包头白云鄂博式铁矿是我国独特类型的铁矿床，系沉积-热液交代变质矿床，是一个以铁、稀土、铌为主的多金属大型共生矿。含有 71 种元素，170 多种矿物，矿石分为磁铁矿石和氧化铁矿石两类。氧化铁矿石因矿物嵌布粒度细、共生关系复杂、有用矿物和脉石的物化性质相近而难以分选。矿区由主东、西矿体组成，主、东矿体平均含铁品位36.48%，稀土氧化物品位 5.18%，氟品位 5.95%，铌氧化物品位 0.129%。根据主、东矿的物质组成和矿石的可选性，矿石可划分为富铁矿、磁铁矿、萤石型中贫氧化矿和混合型（包括钠辉石、钠闪石、云母、白云石型）中贫氧化矿。矿石类型不同，主要元素含量变化甚大。富铁矿、磁铁矿属易选矿石；萤石型、混合型中贫氧化矿属难选矿石。混合型矿石中的脉石主要为钠辉石、钠闪石和黑（金）云母等含铁硅酸盐矿物，比萤石型中贫氧化矿更难选。铁矿物以原生赤铁矿最细，依次为褐铁矿、假象赤铁矿、磁铁矿，原生赤铁矿在 $-43\mu m$ 粒级中占有率为 80% 以上，稀土矿物在 $-43\mu m$ 粒级中占有率为 50%，铌矿物（易解石除外）在 $-20\mu m$ 粒级中占有率为 50% 以上。

从 20 世纪 60 年代开始，我国对白云鄂博铁矿的铁、稀土、铌的选矿组织过多次的科技攻关，曾详细研究过 20 多种选矿工艺流程。1990 年，长沙矿冶研究院与包钢合作，采用弱磁—强磁—浮选工艺流程改造包钢选矿厂的氧化铁矿石选矿系列，进行工业试验，获得重大突破。该工艺首先利用矿物的磁性差异，采用弱磁选—强磁选工艺将矿物分组，获得富含铁的磁选铁精矿、富含稀土和铌矿物的强磁中矿以及含一部分稀土和大量脉石的强磁选尾矿。然后以硅酸钠为抑制剂，烃基磺酸和羧酸组成的捕收剂反浮磁选铁精矿，除去氟、磷等碳酸盐、磷酸盐矿物，获得含铁 63% 以上的铁精矿，强磁中矿和强磁尾矿以羟肟酸类捕收剂可浮选出高质量的稀土精矿，其稀土浮选尾矿 Nb_2O_5 含量较原矿富集约 1 倍，可从中回收铌矿物。1993 年，按该流程改造全部氧化铁矿石选矿系列多年来，连续生产结果显示，选矿效果良好。铁精矿品位 60% ~61%，铁回收率 71% ~73%。其中有害杂质含量氟 0.78%，磷 0.12%；稀土精矿稀土品位为 50% ~ 60%，平均 55.31%，稀土回收率12.55%，稀土中矿稀土品位为 34.49%，稀土回收率为 6.01%，稀土总回收率18.56%。

但是弱磁—强磁—浮选工艺中，除了弱磁选可以脱出部分含铁硅酸盐矿物外，强磁选、浮选不仅无法去除含铁硅酸盐矿物，而且含铁硅酸盐矿物在强磁选、浮选精矿中得以相对富集，主要富集在强磁选精矿中。目前，强磁选精矿中含铁硅酸盐矿物量占矿物总量的 15.20%，这部分矿物的存在影响了强磁选精矿品位的提高，致使生产中强精浮选精矿品位徘徊在 55% 以下；同时，降低了选矿厂综合铁精矿品位，SiO_2、K_2O、Na_2O 等杂质含量升高，白云鄂博矿冶炼性能差，高炉利用系数低。鉴于此，为提高强精铁品位，降低钾、钠等有害杂质，包钢选矿厂于2003 年 8 月至 2005 年对强磁精矿进行新浮选工艺及新药剂的试验研究，确定了对强磁精矿采用反浮—正浮工艺（碱性反浮，酸性正浮处理），其试验工艺流程如图 6.20 所示。

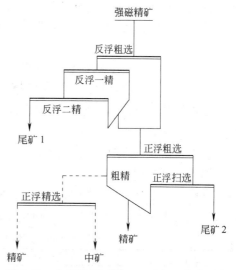

图 6.20 包钢选厂反浮—正浮新工艺流程图

经过系统的试验研究，取得了较好的指标。氧化矿采用新工艺即弱精单独反浮，强精反浮—正浮的工艺可使铁精矿品位（质量分数）达到 66%，铁精矿回收率为 68.78%，铁精矿中 F、（$K_2O + Na_2O$）及 SiO_2 的含量（质量分数）分别为 0.482%、0.243%、3.25%。与原弱磁—强磁—反浮选工艺相比，铁精矿品位提高 3.16 个百分点，铁精矿回收率降低 2.09 个百分点。铁精矿中 F、（$K_2O + Na_2O$）及 SiO_2 含量分别降低 0.087、0.371、1.60 个百分点，综合铁精矿品位提高 1 个百分点左右。新工艺首先通过反浮选将萤石、稀土、重晶石、碳酸盐等将易浮矿物与弱磁性铁矿物、硅酸盐矿物分离，然后在弱酸条件下，改变矿物表面电性正浮选铁，达到硅铁分离的目的。

攀枝花式钒钛磁铁矿是一种伴生钒、钛、钴等多种元素的磁铁矿，其矿石储量居我国铁矿储量第二位（占 15% 左右），矿石可选性良好，其矿物组成、嵌布特性与一般磁铁矿有明显的差别。矿石中主要金属矿物为含钒钛磁铁矿、钛铁矿，另外有极少量的磁铁矿、赤铁矿、褐铁矿、针铁矿等；硫化物以磁黄铁矿为主；脉石矿物以钛普通辉石、斜长石为主。铁不但赋存于钒钛磁铁矿中，而且在钛铁矿、硅酸盐矿物和硫化物矿物中，都含一定数量的铁。含钒钛磁铁矿一般呈自形、半自形或他形粒状产出，粒度粗大，易破碎解离。钒钛磁铁矿是一种复合矿物相，它是由磁铁矿、钛铁晶石、镁铝尖晶石和钛铁矿片晶及微细粒磁黄铁矿片晶等组成的一种固溶体，相互嵌布极为微细，一般为几微米宽，几十微米长，用机械选矿方法无法解离，只能作为一种复合体解离回收，纯钒钛磁铁矿中全铁含量一般为 55%~61%。钛元素主要赋存于钒钛磁铁矿和钛铁矿中，少量赋存于脉石矿物中，由于钛在钒钛磁铁矿中呈固溶体形式存在，用机械选矿方法无法分离，故铁精矿中含钛量很高，选矿目前很难回收利用钒钛磁铁矿中的钛，而只能回收矿石中的钛铁矿。钛铁矿一般为粒状产出，常与钒钛磁铁矿密切共生，分布于硅酸盐矿物颗粒之间，颗粒粗大，易破碎解离，是综合回收的主要矿物。

攀枝花钒钛磁铁矿占我国钒钛磁铁矿的 87% 左右。主要有用矿物为钒钛磁铁矿和钛铁矿。钒钛磁铁矿采用弱磁选易于回收，磁选厂已于 1978 年建成投产，年产 5 万 t 钛精矿的选钛厂也于 1979 年底建成投产，1990 年规模扩大至 10 万 t/a。其入选原料为选铁尾矿，首先按 0.045mm 分级为两部分，大于 0.045mm 级别的钛铁矿，采用重选—强磁—脱硫浮选—电选工艺流程回收粗粒级，含 TiO_2 大于 47% 的钛铁矿，对原矿回收率 10% 左右。1997 年细粒钛铁矿浮选捕收剂研究成功，并研究成功了强磁—脱硫浮选—钛铁矿浮选工艺流程，回收小于 0.045mm 的细粒级钛铁矿。该流程采用 MOS 浮选捕收剂，在弱酸性矿浆中处理细粒级钛铁矿，浮选钛精矿品位 47.3%~48%，细粒级钛回收率 10% 左右。粗、细粒钛精矿总回收率为 20%，为攀钢钛铁矿选矿翻开了新的一页。选钛厂实际处理能力也因技术进步扩大到 30 万 t/a。

梅山铁矿物组成复杂，金属矿物以磁铁矿、赤铁矿、菱铁矿为主，黄铁矿较少，其他金属矿物有黄铜矿、方铅矿、闪锌矿等。非金属矿有透辉石、石英、磷灰石、石榴子石、方柱石、蛋白石、石髓等。矿石中磷含量平均为 0.338%，少数达 1% 以上。矿石多元素化学分析如表 6.63 所示，铁物相分析如表 6.64 所示。

表 6.63　梅山铁矿矿石多元素分析结果

组　分	TFe	SFe	FeO	SiO_2	Al_2O_3	CaO	MgO	Mn
含量（质量分数）/%	41.47	39.56	18.13	12.54	1.83	7.13	2.48	0.20

续表6.63

组 分	S	P	V_2O_3	K_2O	Na_2O	烧 损	碱 度
含量（质量分数）/%	2.9	0.33	0.10	0.14	0.09	9.47	0.67

表6.64 梅山铁矿矿石铁物相分析结果

铁 物 相	磁铁矿	半假象赤铁矿	碳酸铁	黄铁矿	硅酸铁	赤褐铁矿	总 计
含量（质量分数）/%	13.65	4.35	9.65	2.58	1.48	9.66	41.37
占有率/%	32.99	10.52	23.33	6.24	3.57	23.35	100.00

梅山铁矿石中的磷赋存于磷灰石中，其嵌布类型主要有两种：一种是磷灰石和碳酸盐矿物共生。菱铁矿沿磷灰石颗粒裂隙充填交代，此部分磷灰石分布不均、粗细不一，80%的磷灰石颗粒粒度小于74μm，20%的磷灰石颗粒粒度为74～296μm；另一种是磷灰石与磁铁矿、假象赤铁矿共生。这部分磷灰石分布较为均匀、柱状晶体多见，说明在成矿阶段磷灰石成核生长早。磷灰石颗粒粗细不一，大部分磷灰石粒度为6～50μm，且为磁铁矿、假象赤铁矿所包裹。

梅山铁矿1996年采用中碎—磁重抛尾—细碎—磨矿浮选脱硫—弱磁—强磁降磷工艺，采用SLon-1500立环脉动高梯度磁选机处理含磷0.43%以上的铁精矿，获得了较好的试验指标；弱磁—强磁降磷工艺具有精矿品位高、黏性小、过滤性能好的优点，2000～2002年铁精矿磷品位0.25%以下、铁品位达58.5%以上，降磷作业铁回收率可达89%～92%。其降磷工艺流程如图6.21所示。

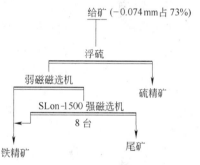

图6.21 梅山铁矿降磷工艺流程

梅山铁矿和马鞍山矿山研究院合作对高磷磁铁矿采用浮选脱硫—磁选—反浮选脱磷工艺处理，浮选采用H907作捕收剂、水玻璃作抑制剂，在磨矿细度为-0.074mm占70%的条件下，获得铁精矿品位54.00%、含磷0.18%、铁回收率96.77%的较好指标，工业试验可以将最终铁精矿磷含量降至0.25%以下。北京科技大学对梅山含磷0.33%、铁品位53.24%的铁精矿，采用S801作捕收剂、水玻璃作抑制剂进行反浮选脱磷试验，获得了铁精矿品位54.00%、含磷0.15%、铁回收率95%的试验指标。东北大学针对梅山铁矿石进行了细菌氧化黄铁矿生产浸出液及以此浸出液浸矿脱磷的研究，结果表明，$T.f$菌氧化黄铁矿生产浸出液，反应40天后溶液pH值可达0.8；培养基初始pH值为1.8，初始Fe^{2+}浓度为4.5g/L最有利于$T.f$菌的氧化产酸；以$T.f$菌氧化黄铁矿所生产的浸出液对高磷铁矿石浸出脱磷，脱磷率可达76.89%；浸矿过程中保持浸出液中各组分适当的浓度，将更有利于脱磷率的提高。

吉林羚羊石即为吉林大栗子临江式原生铁锰矿，主要分布在吉林省临江市大栗子镇地区，矿石被称为羚羊石或鲕绿泥石，也称为临江式铁锰矿石。矿石全铁品位在30%～40%之间，属中低品位酸性铁矿石。工艺矿物学研究表明，吉林临江羚羊铁矿石主要铁矿物为磁铁矿、褐铁矿、赤铁矿，另有一定量的黑锰矿、硅酸铁矿物，矿石构造呈浸染状、角砾状、网脉状、蜂窝状和胶状，铁矿物颗粒粗细不均。矿石中含有少量的硫化物，主要为黄铁矿、黄铜矿和磁黄铁矿；次生硫化物为斑铜矿、铜蓝。另外，矿石中还含有很少量的钴硫砷铁矿。脉石矿物主要为石英，硅酸铁矿物如绿泥石等次之；次要矿物还有磷灰石、独居石、高岭石和金红石等。吉林临江羚羊铁矿中的铁赋存于多种铁矿物之中，包括磁铁矿、褐铁矿、菱铁矿、赤铁矿、磁黄铁矿，原矿中的铁在各种铁矿物中的分布情况见表 6.65。

表 6.65　铁在铁矿物中的分布

铁矿物	褐铁矿、赤铁矿	磁铁矿	菱铁矿	磁黄铁矿	黄铁矿	含铁硅酸盐
铁金属分布率/%	16.10	9.99	5.50	4.12	0.011	0.22

磁铁矿物晶形相对较好，呈细粒或粗粒嵌布，粒度较适中，但磁铁矿细粒集合体中含有褐铁矿、赤铁矿，并与石英关系密切。褐铁矿嵌布粒度粗细不均，结构构造较复杂。有些褐铁矿中含有 Al、Mg、Ca、Si、Mn 等杂质，褐铁矿中所含的锰矿物为黑锰矿。脉石矿物以石英为主，石英与磁铁矿特别是与褐铁矿紧密共生。石英与磁铁矿及褐铁矿常常相互包裹，相互掺杂，并且浸染粒度粗细不均。

东北大学针对该矿石进行了正浮选、反浮选、磁选和磁化焙烧磁选研究，结果表明，直接采用正浮选、反浮选和磁选方法处理该矿石效果均不理想，其主要原因是铁矿物种类多，嵌布粒度细，脉石易泥化，且铁矿物与脉石矿物性质相近；焙烧—磁选是处理临江铁矿石最有效的分选工艺，焙烧磁选最高可使精矿品位达到 67%；磁化焙烧的最佳温度为750~800℃，最佳焙烧时间为 40~120min；焙烧温度高时所需焙烧时间短，温度低时焙烧时间长；以河北丰宁丰东煤矿次烟煤为还原剂时，煤的最佳添加量为 8%，焙烧磁选可以获得铁精矿品位 58% 以上，回收率 70% 以上的较理想指标；粗精矿再磨磁选工艺是焙烧矿较适宜的分选工艺。

东鞍山烧结厂所处理铁矿石来自东鞍山和西鞍山，经过多年的开采，目前矿石的矿物组成和特性发生了很大变化，矿石中的主要矿物有赤铁矿、磁铁矿、石英、褐铁矿、菱铁矿、铁白云石、角闪石及少量绿泥石等。不同矿区矿物组成的差异较大，因此生产中给矿的组成经常发生变化。近几年的生产结果统计表明，随着开采深度的增加，矿石中碳酸铁的含量逐年增加。矿石中的碳酸铁主要是菱铁矿，其次是铁白云石。生产实践表明，碳酸铁的出现对东鞍山铁矿石的浮选影响极大，随着碳酸铁含量的增加，浮选指标呈下降趋势，甚至出现精尾不分现象。结果导致这部分矿石无法得到有效处理，目前东鞍山每年约堆存该类铁矿石约 100 万 t。工艺矿物学研究结果表明，东鞍山含碳酸盐铁矿石主要铁矿物为假象赤铁矿（75.85%），其次为菱铁矿、还有赤铁矿、半假象赤铁矿及少量的磁铁矿，主要脉石矿物为石英，其他脉石矿物为微晶结构的方解石、白云石、少量铁白云石及含铁的硅酸盐矿物等。矿石中假象赤铁矿的嵌布粒度不仅细，而且不均匀。矿石的构造类型主要为条带状构造，其次为脉状构造、层状构造等。矿石结构主要为由风化淋滤后交代作用形成的残余结构、骸晶结构、镶边结构、溶蚀结构等，其次为由结晶和沉淀作用形成的晶粒结构、自形晶结构、半自形晶结构、他形晶结构等；矿石中假象赤铁矿的嵌布粒度不仅偏细，而且不均匀。在 +0.074mm 粒级中，假象赤铁矿的粒级占有率为 41.55%；在 -0.010mm 粒级中，假象赤铁矿的占有率为 5.34%，因此要获得较为理想的选别指标，细磨矿是必需的；同时选择性能良好的捕收剂加强对细粒级别假象赤铁矿与菱铁矿的回收也是必要的。其矿石多元素分析结果、铁物相分析结果和矿物的相对含量分别如表6.66~表6.68所示。

表6.66 东鞍山含碳酸盐铁矿石的化学分析结果

化学成分	TFe	S	SiO_2	Al	K	Na
含量（质量分数）/%	34.43	0.0046	49.41	0.08	0.04	0.03
化学成分	Ca	Mg	Mn	As		FeO
含量（质量分数）/%	0.28	0.22	0.28	<0.005		9.24

表6.67 东鞍山含碳酸盐铁矿石的铁物相分析结果

元素存在的相	磁性铁	碳酸铁	假象（半）赤、褐铁矿	硅酸铁	总量
含量（质量分数）/%	0.34	4.98	26.01	2.96	34.29
占有率/%	0.99	14.53	75.85	8.63	100.00

表6.68 东鞍山含碳酸盐铁矿石中矿物的相对含量

金属矿物	含量（质量分数）/%	脉石	含量（质量分数）/%
假象赤铁矿		石英	49.41
半假象赤铁矿	37.18		
赤铁矿		方解石（白云石）	1.46
菱铁矿	10.14		
磁铁矿	0.47	其他	1.34
黄铁矿	微		
黄铜矿	微	总计	100.00

东北大学针对该矿石，系统研究了在油酸钠浮选体系中以淀粉和氧化钙作调整剂时含碳酸盐铁矿石中的主要矿物赤铁矿、菱铁矿、磁铁矿、铁白云石、石英纯矿物的可浮性、人工混合矿和实际矿石的浮选分离特性，进而提出了处理该类矿石的新工艺，即"分步浮选"工艺，即第一步在中性条件下采用正浮选工艺选出菱铁矿，第二步采用反浮选工艺分选赤铁矿。试验结果表明，人工混合矿中菱铁矿、赤铁矿和石英的比例为1:4:5时，第一步：淀粉用量5mg/L，油酸钠用量50mg/L，pH值为7.5；第二步：淀粉用量5mg/L，CaO用量60mg/L，油酸钠用量160mg/L，pH值为11.25时，粗选结果与常规浮选流程相比铁精矿的品位可由42.34%上升至59.09%，全铁回收率由53.18%上升至79.84%，尾矿品位由24.03%下降至9.94%。实际含碳酸盐混合磁选精矿浮选分离的条件试验研究结果表明："分步浮选"最佳工艺条件为：第一步淀粉用量800g/t，RA-715用量为100g/t；第二步淀粉用量500g/t，石灰用量为800g/t，RA-715用量为100g/t。在上述条件下可获得铁精矿品位63.45%，回收率为74.4%的指标。"分步浮选"开路流程试验结果表明：与常规开路浮选试验结果相比，采用"分步浮选"工艺，铁精矿品位可由62.73%上升到65.11%，精矿回收率可由47.97%上升到68.90%。可见采用"分步浮选"工艺可消除菱铁矿对浮选的不利影响，有利于提高含碳酸盐铁矿石的精矿品位和回收率。"分步浮选"闭路流程试验结果表明："分步浮选"闭路试验可获得铁精矿品位为66.34%，回收率为

71.6%的指标，闭路试验工艺流程如图6.22所示。

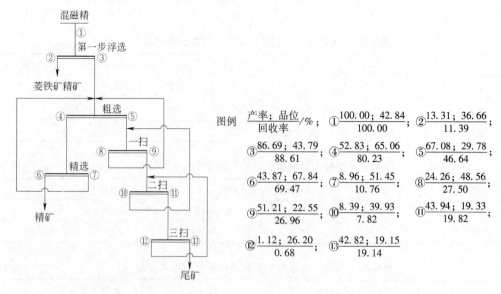

图 6.22　东鞍山含碳酸盐铁矿石"分步浮选"闭路试验数质量流程

可见，采用"分步浮选"工艺，可以消除菱铁矿对赤铁矿浮选的影响，是解决含碳酸盐铁矿石浮选分离难题的方法之一。另外，结合纯矿物浮选试验结果及扫描电镜、X射线衍射、红外光谱等分析手段，对造成含碳酸盐铁矿石分选困难的原因以及浮选药剂的作用机理进行了研究，结果表明菱铁矿的中等可浮性以及在赤铁矿表面的罩盖是引起该类矿石分选困难的主要原因之一。

参 考 文 献

[1]　方启学，卢寿慈. 世界弱磁性铁矿石资源及其特征[J]. 矿产保护与利用，1995，(4)：44~46.

[2]　陈占金，李维兵，孙胜义，等. 鞍山地区难选铁矿石选矿技术研究[J]. 金属矿山，2007，(1)：30~34.

[3]　甘建华. 铁坑选厂扩产流程改造实践[J]. 矿业快报，2004，(4)：37~38.

[4]　甘建华. 铁坑褐铁矿选矿工艺研究[J]. 金属矿山，2006，(5)：32~36.

[5]　刘保平. 铁古坑低品位难选磁铁矿高效节能选矿技术[J]. 金属矿山，2006，(10)：23~27.

[6]　许继斌，张金河，左爱祥，等. 姑山铁矿选矿厂技术改造实践[J]. 金属矿山，2004，(6)：76~77.

[7]　陈青波，刘安平. 梅山铁矿预选工艺技术改造[J]. 金属矿山，2003，(6)：25~28.

[8]　贾景山. 包钢选矿厂磁矿系列磨选流程分析及改进[J]. 包钢科技，2005，31(4)：28~29.

[9]　严映彬. 攀钢矿业公司选矿厂工艺流程改造[J]. 中国矿业，1999，8(专刊)：77~82.

[10]　沙洁. 难洗选铁矿工艺流程改造[J]. 云南冶金，2003，32(2)：30~32.

[11]　胡义明，张永. 袁家村铁矿石选矿技术研究进展[J]. 金属矿山，2007，(6)：25~29.

[12]　王陆新，周惠，张宏艺. 关宝山难选赤铁矿石可选性工业试验研究[J]. 矿业工程，2005，3(1)：31~34.

[13]　靳建平. 河南舞阳赤铁矿的浮选试验研究[D]. 沈阳：东北大学学士学位论文，2007.6.

[14] 张军,张宗华. 云南细粒红铁矿的选别工艺研究[J]. 金属矿山,2007,(7):33~35.

[15] 刘保平,李维兵. 舞阳矿业公司铁山庙贫赤铁矿石选矿试验研究[J]. 金属矿山,2003.8(增刊):131~134.

[16] 孙炳泉. 近年我国复杂难选铁矿石选矿技术进展[J]. 金属矿山,2006,(3):11~13.

[17] 罗立群,张泾生,高远扬,等. 菱铁矿干式冷却磁化焙烧技术研究[J]. 金属矿山,2004,(10):28~31.

[18] 宋海霞,徐德龙,酒少武,李辉. 悬浮态磁化焙烧菱铁矿及冷却条件对产品的影响[J]. 金属矿山,2007,(1):52~54.

[19] 罗良飞,陈雯,罗明发. 王家滩菱铁矿焙烧选矿试验研究[J]. 金属矿山,2007,(1):48~51.

[20] 刘宁斌,杨杰康,雷云,等. 王家滩菱铁矿开发利用[J]. 中国工程科学,2005,7(增刊):331~338.

[21] 盛忠义. 菱铁矿综合回收试验研究[J]. 金属矿山,1999,(1):42~44.

[22] 文光远,欧阳奇,周培土. 威远菱铁矿选矿和烧结性能的研究[J]. 重庆大学学报(自然科学版),1999,22(1):99~105.

[23] 谢富良. 铁坑褐铁矿选矿新工艺研究[J]. 冶金矿山设计与建设,1996,(5):19~25.

[24] 魏礼明,储荣春,王宗林,等. 铁坑褐铁矿选矿新工艺研究[J]. 金属矿山,2005.8(增刊):143~146.2005年全国选矿高效节能技术及设备学术研讨会与成果推广交流会.

[25] 徐柏辉,胡晓洪,黎燕华. 褐铁矿选矿试验研究[J]. 金属矿山,2006.8(增刊):200~202. 2006年全国金属矿节约资源及高效选矿加工利用学术研讨与技术成果交流会.

[26] 李永聪,孙福印. 新疆某褐铁矿的选矿工艺研究[J]. 金属矿山,2002,(6):29~30.

[27] 周岳远,李小静,余兆禄,等. CRIMM稀土永磁辊式强磁选机分选褐铁矿的生产实践[J]. 矿冶工程,2002,22(2):62~64.

[28] 宫磊,徐晓军,梁忠荣. 细粒褐铁矿干式磁选抛尾技术在化念铁矿的应用研究[J]. 金属矿山,2005.8(增刊):151~152. 2005年全国选矿高效节能技术及设备学术研讨会与成果推广交流会.

[29] 王毓华,陈兴华,黄传兵. 褐铁矿反浮选脱硅新工艺试验研究[J]. 金属矿山,2005,(7):37~39.

[30] 陈兴华,王毓华,黄传兵,等. 某褐铁矿浮选工艺流程试验研究[J]. 金属矿山,2005.8(增刊):147~150. 2005年全国选矿高效节能技术及设备学术研讨会与成果推广交流会.

[31] 王毓华,任建伟. 阴阳离子捕收剂反浮选褐铁矿试验研究[J]. 矿产保护与利用,2004,(8):33~35.

[32] 王中明,杨仕勇. 俄罗斯某铁矿的选矿工艺研究[J]. 国外金属矿选矿,2005,(9):30~33.

[33] 陈雯. 絮凝—强磁选回收易泥化褐铁矿的试验研究[J]. 金属矿山,2003,(6):32~34.

[34] 张桂兰. 难选低品位褐铁矿石的选矿试验[J]. 河北理工学院学报,1999,21:6~12.

[35] 袁启东,翁金红. 云南东川包子铺高磷赤褐铁矿石选矿工艺研究[J]. 金属矿山,2007,(4):30~33.

[36] 肖军辉,张宗华,张昱. 西南地区难选细粒高磷赤褐铁矿的选矿工艺研究[J]. 金属矿山,2006.8(增刊):192~196. 2006年全国金属矿节约资源及高效选矿加工利用学术研讨与技术成果交流会.

[37] 纪军. 高磷铁矿石脱磷技术研究[J]. 矿冶,2003,(2):33~37.

[38] 纪军. 高磷铁矿石脱磷技术研究的新进展[J]. 金属矿山,2004.10(增刊):179~183. 2004年全国选矿新技术及其发展方向学术研讨与技术交流会.

[39] 张芹,张一敏,胡定国,等. 湖北巴东鲕状赤铁矿选矿试验研究[J]. 金属矿山,2006.8(增刊):186~188. 2006年全国金属矿节约资源及高效选矿加工利用学术研讨与技术成果交流会.

[40]　朱江，萧敢，汪桂萍. 湖北宜昌某高磷赤铁矿的选矿工艺研究[J]. 金属矿山，2006. 8(增刊)：
　　　　189～191. 2006 年全国金属矿节约资源及高效选矿加工利用学术研讨与技术成果交流会.

[41]　童雄，黎应书，周庆华，等. 难选鲕状赤铁矿石的选矿新技术试验研究[J]. 中国工程科学，
　　　　2005. 9，7：323～326.

[42]　王竞，尚衍波，张覃. 鲕状赤铁矿浮选试验初步研究[J]. 矿冶工程，2004，24(3)：38～40.

[43]　卢尚文，张邦家，熊道仁，等. 宁乡式胶磷铁矿用解胶浸矿法降磷的研究[J]. 金属矿山，1994，
　　　　(8)：30～33.

[44]　张鉴. 白云鄂博共生矿选矿技术现状与展望[J]. 包钢科技，2005，31(4)：1～5.

[45]　樊丽琴，姚刚. 白云鄂博氧化矿采用反浮—正浮新工艺试验研究[J]. 包钢科技，2005，31(4)：
　　　　6～9.

[46]　郝先耀，戴惠新，赵志强. 高磷铁矿石降磷的现状与存在问题探讨[J]. 金属矿山，2007，(1)：
　　　　7～10.

[47]　何良菊，胡芳仁，魏德洲. 梅山高磷铁矿石微生物脱磷研究[J]. 矿冶，2000，9(1)：31～35.

7 产 品 处 理

7.1 浓缩技术与设备

7.1.1 浓缩技术

重力浓缩是借悬浮液中的固体颗粒在重力作用下发生沉降而提高悬浮液浓度。重力浓缩通常是固液分离的第一道工序，设备构造一般简单，易于操作。在浓缩过程中不仅较粗粒级容易沉降，而且微细物料通过凝聚或絮凝也能达到较好的沉降效果。因此，重力浓缩在固液分离过程中占有非常重要的地位，并得到了广泛应用。

7.1.2 浓缩设备

7.1.2.1 高效浓密机

20 世纪 60 年代高效浓密机在国外开始推广使用。这种设备是为了适应高处理量、高底流浓度要求而出现的。现在已经广泛使用的著名的高效浓密机有 Eimco 型和 Dorr 型等。结合我国铁尾矿高浓度输送的要求，长沙矿冶研究院 80 年代开始进行高效浓密机的研制，并于 1984 年研制成功 GX23.6 型高效浓缩机，这种浓缩机与 Eimco 高效浓密机的结构相似，现已在工业上应用。

高效浓密机在国外称之为 Hi-Capacity 或 Hi-Rate Thickener，都是指单位面积处理能力大的浓密机，表 7.1 为国外几种高效浓密机样机所提供的处理能力。现有高效浓密机单位面积处理能力的提高都是通过使用絮凝剂，通常是通过使用聚丙烯酰胺类有机高分子絮凝剂来实现的。高效浓密机与常规浓密机的区别，其最重要的一点是高效浓密机改进了浓密机的给料系统，使矿浆能够与絮凝剂更充分有效的混合。图 7.1、图 7.2 为 Eimco 高效浓密机和 Dorr 高效浓密机的给料井结构。

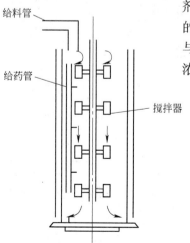

图 7.1 Eimco 高效浓密机的
给料井结构

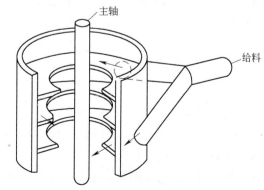

图 7.2 Dorr 高效浓密机的给料井结构

表 7.1　高效浓密机样机处理能力

应用对象	固体含量/%		处理能力 /m² · (t · h)⁻¹
	给　矿	底　流	
煤　泥	0.5 ~ 6	20 ~ 40	0.045 ~ 0.136
铜精矿	15 ~ 30	50 ~ 76	0.019 ~ 0.057
铜尾矿	10 ~ 30	45 ~ 65	0.037 ~ 0.091
铁尾矿	10 ~ 20	40 ~ 60	0.136 ~ 0.603

$$\text{处理能力}/\text{m}^2 \cdot (\text{t} \cdot \text{h})^{-1}$$

由图 7.1 和图 7.2 可见，Eimco 高效浓密机在给料井中使用一个搅拌器以增进矿浆与絮凝剂的混合，Dorr 高效浓密机通过改进矿浆的给入方式，借助于矿浆在给料井中本身的搅动，使得矿浆在给料井中能够与絮凝剂充分混合。Eimco 公司生产的高效浓密机的给料井的深度较常规浓密机的深，这样由絮团组成的浓相层起到了滤层的作用，这样未被絮凝剂捕获的细粒物料滞留在这个滤层中保证了溢流水的水质。

高效浓密机广泛采用了自动控制技术，主要控制浓密机的底流浓度或者浓密机的界面高度。高效浓密机可大幅度地提高浓密机的单位面积处理能力，而且浓密机的底流浓度较一般浓密机高。其代表产品有以下两种。

A　深锥浓密机

该机底流浓度可达 70% 以上，可用皮带输送，其底部锥角极陡，一般为 15°，其排矿方式与常规浓密机完全不同，它取消了浓密机的集矿耙，底流依靠重力自卸排矿；它与絮凝技术结合，具有处理能力大的特性，其处理能力能够达到 500kg/(m² · h)。深锥浓密机内增加了一搅拌器，其作用是在浓相层内形成一低压区，形成絮团中水的通道；它具有高的压缩高度，这样深锥浓密机可以获得很高的底流浓度。

表 7.2 为长沙矿冶研究院研制的深锥浓密机处理金选矿尾矿（其主要矿物为高岭石，粒度极细，小于 10μm 含量占 48%）和硫铁矿精矿的工业考核指标。

表 7.2　不同规格深锥浓密机工业考核指标

深锥浓密机规格/m	处理物料	浓密机面积/m²	台时处理量/t	底流浓度/%	溢流固体/mg · kg⁻¹
φ3	金尾矿	7.07	2.69	>44	<500
φ6	硫精矿	28.3	6.51	41 ~ 73.3	16 ~ 160

深锥浓密机自动控制系统比较独特，它通过压力传感器检测相界面的高度，通过控制相界面的高度控制底流浓度。深锥浓密机的控制原理见图 7.3。

B　倾斜板浓密机

SALA 公司生产的倾斜板浓密箱，见图 7.4。采用逆流式给矿，浓密机的最大直径达到 20m。其设备参数见表 7.3、处理能力参数见表 7.4。

表 7.3   SALA 公司加斜板浓密机的参数

直径/m	浓密机中倾斜箱数	总投影面积/m²	
		45°	55°
7.5	6	90	135
9.0	6	160	260
10.0	6	300	390
12.0	8	550	670
13.0	8	765	865
15.0	8	1160	1240
17.5	12	1740	1820
20.0	12	2430	2490

表 7.4   倾斜板浓密机处理能力

应用对象	固体含量/%		处理能力
	给 矿	底 流	/m²·(t·d)⁻¹
稀土尾矿	3.5 ~ 4.6	20 ~ 40	0.119 ~ 0.338

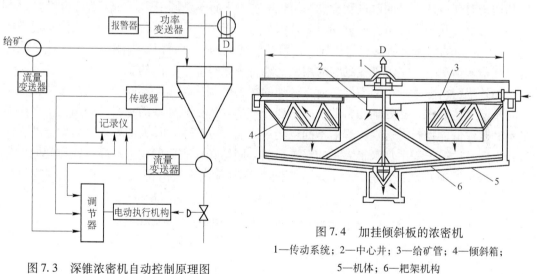

图 7.3   深锥浓密机自动控制原理图

图 7.4   加挂倾斜板的浓密机
1—传动系统；2—中心井；3—给矿管；4—倾斜箱；
5—机体；6—耙架机构

采用絮凝技术提高浓密机的处理能力是高效浓密机采用的一般方法。通过对浓密机的结构进行改进，改变固体物料的沉降路径，可以较大幅度地提高浓密机的处理能力，若结合絮凝技术的应用可使浓密机处理能力的提高更为显著。长沙矿冶研究院研制的 HHR 型高效浓密机在这方面进行了大量的工作，并在工业上得到应用。该院为西藏罗布萨铬铁矿设计了直径 6m 的 HHR 型高效浓密机，在该机的设计中充分考虑了对两相流运动状况的改进。

将高效浓密机处理量大、深锥浓密机底流浓度高的优点结合起来，研制出高效的浓密机，如英国 STOCKS 公司生产的高效浓密机见图 7.5。

高效浓密机由于其优异的工艺指标而逐渐在选矿厂推广。但就目前讲，我国高效浓密

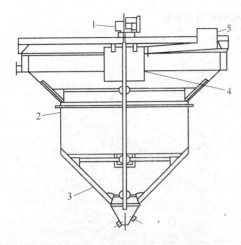

图 7.5　STOCKS 公司生产的高效浓密机
1—传动系统；2—机体；3—耙架结构；
4—中心井；5—给矿槽

机的使用面仍比较窄，尤其黑色金属矿山，尚未见到有关生产中的使用报道。主要原因有：

（1）黑色金属矿山的浓密机主要用于尾矿的浓缩作业，而该类选矿厂的处理能力一般比较大，尾矿浓度比较低，现生产的高效浓密机规格比较小难以满足黑色金属矿山处理量大的要求。

（2）现生产的高效浓密机均需要通过添加絮凝剂实现浓密机的高效化，药剂的使用增加了生产成本。以浓缩铁尾矿为例，当使用聚丙烯酰胺类絮凝剂，1t 干尾矿的药剂费用约为 0.1 元，使用无机凝聚剂，其药剂费用约为 0.15 元以上。再者，絮凝剂对尾矿坝稳定性的影响是矿山和设计部门考虑比较多的一个问题。

回水中絮凝剂对选别作业的影响也使矿山对使用高效浓密机产生了顾虑。

（3）我国黑色金属矿山多为老企业，均已建有浓缩系统，从经济角度考虑，矿山一般趋向于对现有浓密机的改进和提高浓密机的能力，而不赞同引进新的高效浓密机。

尽管由于我国实际情况，近期内高效浓密机难于在我国矿山普遍使用，取代常规浓密机，但由于高效浓密机所具有的优异工艺特征，如大的单位面积处理能力，高的底流浓度等，在很多情况下还是可以找到它的用武之地，市场是非常广阔的。

高效浓密机随其种类的不同，适于处理的物料区别比较大。不同种类的高效浓密机可满足不同工艺要求。从处理物料的性质来划分，高效浓密机处理的物料可分为：含泥高的物料和含泥低的物料。选别流程的不同也会对浓缩过程产生比较大的影响，采用浮选方法进行选别，选矿过程中加入了大量的浮选药剂，固体颗粒表面的动电位高，颗粒间的斥力较大，浓缩处理的效果更差。表 7.5 为不同类型的高效浓密机特点及其适宜处理物料的性质。

表 7.5　不同类型的高效浓密机的特性及其适宜处理物料的性质

浓密机类型	工艺特点	适宜处理物料	生产厂家
高效浓密机	采用絮凝浓缩，处理量大、溢流水质好	选矿厂尾矿含泥量不宜过高	Eimco, Dorr 马鞍山矿山研究院
深锥浓密机	采用絮凝浓缩、处理能力大、底流浓度高	适用于处理含泥高物料	STOCKS 公司 长沙矿冶研究院
HHR 高效浓密机	采用絮凝技术、采用应协办技术改善沉积途径、处理量大、底流浓度高	可根据用户要求及处理物料性质设计适用面宽	长沙矿冶研究院

我国矿石资源贫、杂、细的特点使选矿厂的磨矿粒度越来越细。细粒物料脱水困难，使生产管理者对脱水设备包括浓缩设备更加重视。高效浓密机在我国黑色金属矿山以下几个作业中使用是很合适的：

（1）赤铁矿精矿脱水，特别是当赤铁矿采用浮选方法进行选别时，采用高效浓密机可获得高的浓密机底流浓度，提高过滤机的处理量，降低滤饼水分；

（2）赤铁矿选矿过程中的中矿脱水，可采用 HHR 型高效浓密机，由于改进了固体物料沉降途径，并采用了倾斜板技术，在不加、少加絮凝剂的情况下可大幅度地提高浓密机的处理能力，提高浓密机底流浓度；

（3）铁尾矿的二次浓缩；

（4）复合铁矿中回收的其他矿物的脱水，如包钢稀土精矿，鲁东冶金矿山公司铜精矿浓缩等。

随着高效浓密机大型化的实现，高效浓密机将会在我国的矿山，尤其是新建矿山得到更广泛的应用。

另外，长期以来，尾矿输出浓度低不仅消耗大量的电力能源，制约选矿厂经济效益的提高，而且不利于环境的保护。尾矿高浓度输送已受到越来越多有识之士的重视，并形成共识。在我国，目前这项工作还刚刚开始，并已列入了“九五”攻关计划。然而，尾矿高浓度输送必须以尾矿高浓度浓缩为前提，没有尾矿高浓度浓缩，高浓度输送是不可能的。但是，由于我国目前大部分矿山使用的浓密机是早期设计的普通浓密机，其设计排矿浓度低，就铁尾矿而言，大部分矿山的排矿浓度在 20% 以下，远不能满足尾矿高浓度输送的要求，重新设计新的高效浓密机来替换原有浓密机以满足尾矿高浓度输送的要求，从各方面来说都是不可能的。所以，要实现尾矿高浓度输送，必须走普通浓密机高效化之路。

普通浓密机高效化的目的就是实现尾矿高浓度浓缩，以满足尾矿高浓度输送的要求。因此，其要解决的问题是在高浓度配方的前提下，如何使浓密机正常而有效的运行。

普通浓密机在高浓度排放时，由于底流排放浓度的提高，将导致浓密机底层矿泥沉积层变厚，浓度增大，从而导致浓密机耙架受力增大，传动电机输出功率增大。

另一方面，在其他条件相同的情况下，浓密机排矿浓度越高，处理量越小。所以，普通浓密机在高浓度浓缩时引发一系列潜在的问题，归纳起来可概括为以下几个方面：（1）耙架的机械强度和传动电机功率的大小；（2）浓密机的处理能力；（3）排矿管径的大小。多家铁矿对尾矿的浓缩进行了工业改造与实践，积累了大量的经验。

7.1.2.2　高效浓密机在铁矿的应用与改造实践

A　高效深锥浓密机在梅山铁矿尾矿的应用实践

梅山铁矿是宝钢梅山公司的重要原料基地，目前已经形成 400 万 t/a 的采选综合生产能力。梅山选矿厂原则工艺流程是磁重预抛尾产生粗精矿和部分尾矿，粗精矿经浮选脱硫和磁选降磷后，产生降磷尾矿和再经浓缩脱水后得最终铁精矿产品。选矿厂尾矿由洗矿分级、磁重抛尾工序的细粒尾矿和浮选脱硫、磁选降磷工序的降磷尾矿两部分混合组成。

尾矿脱水采用三段浓缩流程，即磁重抛尾的细粒尾矿先由 2 台 ϕ50m 浓密机进行一段浓缩脱水，浓缩后的磁重尾矿与磁选降磷尾矿合并，再由 2 台 ϕ50m 浓密机进行第二段和 1 台 ϕ50m 浓密机进行第三段浓缩脱水，经三段浓缩后的综合尾矿由 3 台 SGMB14027 隔膜泵输送至尾矿库，目前年综合处理尾矿量为 82 万 t。但随着选矿处理能力的提高，湿尾矿量也逐年增加，生产中尾矿浓缩输送能力不足的问题逐渐暴露出来。

梅山铁矿矿石矿物主要有磁铁矿、半假象赤铁矿、菱铁矿，其次为假象赤铁矿及少量的褐铁矿、黄铁矿等。脉石矿物有铁白云石、白云石、方解石等碳酸盐矿物，以及高岭石等组成的黏土矿物，此外还有磷灰石和少量的石榴石、透辉石、绿泥石、石英等。

梅山选矿厂由于处理的矿石中含有大量的黏土类矿物（高岭土、云母）及碳酸盐矿物，根据实验数据分析在磁重尾矿、降磷尾矿和综合尾矿中高岭石、绿泥石、云母等组成的黏土类矿物含量分别高达 32.6%、13.5% 和 21.6%，铁白云石、方解石等碳酸盐类矿物量也达到 11.3%、10.2% 和 10.6%。原尾矿处理系统的工艺流程见图 7.6。原生产指标见表 7.6。

表 7.6　梅山选矿厂原尾矿处理系统生产指标

给矿浓度/%	处理量/t·h⁻¹	底流浓度/%	底流体积流量/m³·h⁻¹	备　注
≤3		18		一段重选尾矿（1、2 号浓密机）
18	63×2	≥20	273.9×2	二段浓缩（6、7）浓密机同时工作
≥20		30		三段浓缩（4 号浓密机）

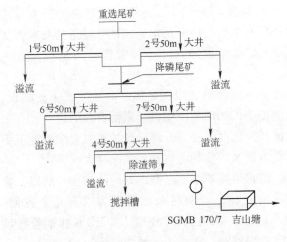

图 7.6　梅山选矿厂原生产尾矿浓缩系统流程

随着尾矿的逐年增多，使原有浓缩与输送系统的问题日趋恶化，主要表现在以下几点：

（1）浓密机的溢流水质差，浓密机的底流浓度低，造成了溢流水对环境的污染同时增加了尾矿的输送能耗。尤其当冬季生产时，特别是井下原矿石中粉矿量比例较大时，环水中悬浮物量超标，3 台隔膜泵必须同时开，没有备用设备，如若机器发生故障，则不能保证生产的连续性，对整个矿山的效益产生不利影响。

（2）为满足生产和环保的要求，对尾矿浆进一步的浓缩脱水。

（3）考虑到原矿品位逐年下降，尾矿量逐年上升的趋势，选矿厂的尾矿浓缩系统处理增产后的尾矿、浓缩问题已迫在眉睫。

（4）随着产量的增加，尾矿量的增大，浓密机沉降面积显得不够。

（5）为减少尾矿浆的输送体积，需要提高尾矿浆输送浓度，目前选矿厂为脱除尾矿水分，已投建了板框压滤系统，为提高压滤机的工作效率，同样需要提高压滤给矿机浓度。因此寻找浓缩效率高的浓缩设备势在必行。

为解决上述问题，梅山矿业公司委托科研单位进行了尾矿高浓度浓缩实验及高效化改造设计。经过多年的试验研究，提出了对原有尾矿浓密系统进行高效化改造方案，增加了一台 25mHRC 型高效深锥浓密机。

深锥浓密机作为一种高效浓缩设备，适用于处理细粒和微细粒物料，具有极大的生产能力，可获得极高的底流浓度。HRC225 型高效深锥浓密机是我国目前最大的高压浓密机，采用了给矿的流体动力学自动稀释、絮凝剂瞬间混合及加速沉降的流体动力学控制、低阻力的耙子、破坏絮凝体受力平衡的搅拌机构等新技术，具有较高的浓缩效果和稳定的工作状态。目前已在国内很多矿山生产应用，并取得了很好的效果。

　　HRC252HP 高效深锥浓密机结构为中心传动式。主传动为低转速大扭矩涡轮减速机；壳体为钢筋混凝土高架式弹性结构，采用深锥大坡度钢筋混凝土自防水结构。给矿量和加药量采用手动控制，底流排矿采用自动控制，采用双输入单输出模糊逻辑与 PID 结合的算法，给矿采用电磁流量计监测，底流浓度采用 γ 射线密度计检测，浓密机内储矿量用微差压计检测，控制系统为集散控制，系统具有三级过载保护，确保浓密机稳定工作。其主要工作原理是物料给入浓密机顶部桥架上的给料箱消能，通过料箱给入浓密机的给料井，并与絮凝剂混合发生絮凝，絮凝后的物料在重力作用下在浓密机内沉降。根据现有的浓密理论，浓缩过程分为三个阶段，现使用的浓密机，包括高效浓密机反映的浓缩过程主要是固体颗粒在沉降段和过渡段的工作过程，当浓密机处于这一工作阶段，采用絮凝浓缩，大大地增加了固体通量，设备可以获得较大的处理量。因此，高效深锥浓密机工作时，浓密机底部储存有大量的高浓度矿浆，高浓度矿浆中的水逐步挤出，从而达到要求的底流浓度，高效深锥浓密机内的浓度分布见图 7.7。

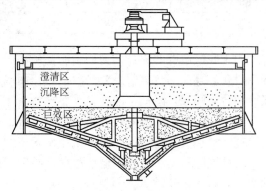

图 7.7　高效深锥浓密机内矿浆分层

　　改造后的流程浓缩系统保留第一段浓缩作业，对于二段浓缩作业进行改进，增加一台 HRC225 高效深锥浓密机，选择 6 号或 7 号浓密机中的一台进行高效化改造，另一台作为备用大井，取消三段浓缩作业。新增的第 1 台 HRC25 高压浓密机于 2004 年 10 月完成流程切换，并投入使用，替代了 7 号浓密机，并停用了 4 号浓密机。改造后的流程图见图 7.8。

　　现尾矿工艺流程为：重选和降磷尾矿在矿浆分配桶中混合后，30% 的矿浆给入现有的 6 号或 7 号浓密机进行浓缩，获得浓度为 30% 的底流，进入高位料浆槽，再经隔膜泵输送到尾矿库。而 70% 的矿浆加入絮凝剂后，通过新设计的给矿泵给入高效深锥浓密机，浓缩得到浓度为 48% 的底流，然后经泵输送到高位料浆槽，再经隔膜泵输送到尾矿

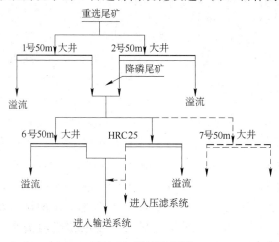

图 7.8　设计流程图

库。第 2 台 HRC25 高压浓密机，2006 年 4 季度可投入运行，取代 6 号浓密机，指标见表 7.7。2 台 HRC25 高压浓密机投入使用后，最终尾矿浓度可以达到 45% 以上，与高压浓密

机应用前相比，可以提高浓度 10 ~ 15 个百分点；与高效化改造前相比，可以提高浓度 15 ~ 19 个百分点。同时，还可以再增加 23t/h 的处理量，使尾矿浓缩系统设计处理能力达到 150t/h，提高 18% 以上。经过一段时间的试生产，该系统生产运行稳定，给矿浓度为 15%，处理量与底流浓度的平均值分别为 520m³/h 和 48%，达到了设计的标准：给矿浓度为 18%，处理量为 368.41m³/h，底流浓度 45 %（冬季为 40%）。25m 高效浓缩机的设计工艺指标底流体积量为 117m³/h，实际现在一般情况下输送量为 150m³/h 左右，甚至有时达到了 170m³/h、180m³/h，远远超过了设计指标，另外，溢流固体含量低。

表 7.7　第二段浓缩设计指标

浓密机类型	给矿浓度/%	处理能力/t·h⁻¹	底流浓度/%	溢流固体含量/mg·L⁻¹
6 号普通浓密机	18	52	>35	<300
HRC25 高压浓密机	18	75	>45	<300
综　合	18	127	>40	<300

由于底流浓度的提高，为后续的尾矿输送提供了有利的条件，大大地缩短了隔膜泵的开车时间。以前三台隔膜泵要同时运转，而现在白班通常只开一台隔膜泵，中班和夜班也只开两台隔膜泵，降低了能耗。

改造后的尾矿系统安装了自动控制系统，较老系统更容易操作与管理，同时节约大量的电耗、增加大量的回水，减少了尾矿管道的消耗量，环水的质量得到了改善，减少了溢流水对环境的污染。另外，尾矿浓度提高后，尾矿的压滤给矿时间缩短，为尾矿综合利用创造了有利的条件。

以年处理湿尾矿量 82 万 t 的 70 % 来计算，综合年经济效益 25.89 万元。

除此之外，系统处理能力提高了 80% 以上，尾矿浓缩系统改造后，高浓度的尾矿可以有效地缩短压滤时间，为扩大尾矿使用量创造了有利的条件。改造后的尾矿浓缩系统，改善了溢流水质，使其可以做回水使用，减少了排放，节约了用水。

B　齐大山铁矿选矿厂尾矿高效浓缩技术改造与实践

鞍钢集团矿业公司齐大山铁矿选矿厂是鞍钢重要的铁精矿生产基地之一。该厂采用的工艺流程为连续磨矿、弱磁—强磁—阴离子反浮选工艺流程。选矿分厂尾矿处理系统和水处理系统主要由 1 台 φ140m 浓密机、1 座尾砂泵站（3 组 6 台 250PN 泵，2 台串联为 1 组）、2 条管线和 3 台 φ29m 澄清池等设备设施组成。φ140m 浓密机原设计尾矿给矿量 741.48t/h，浓密机溢流水来水量 15547m³/h，给矿浓度 4.55%；底流泵设计 4 台，每台流量为 600m³/h（2 台工作 2 台备用），采用变频调速控制，底流泵输出浓度 45%；尾砂泵站原设计 3 组串级泵，每组泵处理量 1200m³/h（1 台工作 2 台备用），采用液力耦合器调速控制，后改为变频调速控制；2 条尾矿管线 1 条工作 1 条备用；φ29m 澄清池共 3 台，设有 1 座底流泵站，共有 3 台底流泵（1 台工作 2 台备用）。选矿分厂的尾矿由两部分组成，即强磁尾矿和浮选尾矿，尾矿量约为 800 t/h。尾矿和选矿分厂各浓密机溢流水经 φ140m 浓密机浓缩至 45% 左右浓度后，经尾砂泵站送到尾矿坝，溢流水给入 φ29m 澄清池加入絮凝剂处理后，作为环水重新用于生产。

齐大山铁矿选矿分厂投入生产以来，φ140m 浓密机就问题不断，突出表现在浓密机给矿后扭矩增大，设备不稳定，不能满足正常生产要求。由于 φ140m 浓密机是全厂处理尾矿系统的唯一设备，它存在问题必然对全厂生产威胁很大。为此，齐大山铁矿选矿分厂科技人员进行了广泛的技术攻关，形成了以下结论：ϕ140m 浓密机基本上不具备处理目前选矿分厂产生尾矿的能力。经过多方努力，将现在 ϕ140m 浓密机改为处理各浓密机溢流水，不再处理尾矿。这样，选矿分厂尾矿未经浓缩由尾矿输送系统直接输送，这导致目前尾矿输送系统两组两线运行，只有一组泵备用，没有备用管线，从而造成电耗增加、备件材料费用增加、水大量流失；尾砂设备检修过频，检修期间内无待开设备；由于无待开管线，一条管线出现问题时就要造成球磨机系统停车，使生产处于被动地位。为了改善这一局面，齐大山铁矿选矿分厂通过对国内外类似生产实践进行研究与分析，并结合生产实际，决定采用高效浓密机替代 ϕ140m 浓密机处理尾矿。故对 3 号 ϕ29m 浓密机进行高效浓缩改造，然后进行高效浓缩试验。

研究人员和现场技术人员考察一台 ϕ29m 高效浓密机处理一个系统尾矿的实际情况，并研究了药剂性能、处理后的底流浓度和溢流水质能否满足生产要求。最终实现尾矿经过浓缩后进入尾砂泵站，尾砂泵站由目前两组两线运行恢复到以前的一组一线运行方式。达到两组泵和一条管线待开，节水、节电、节省备件及检修费用，同时避免由于管线故障而影响球磨机系统运转的目的。

通过研究与分析，结合该厂生产实际和 ϕ29m 浓密机结构特点，对给矿方式、浓密机本体结构、浓密机底流输出系统和配药系统进行了改造。

（1）给矿方式。利用原有的 ϕ140m 浓密机回流管道实现对 3 个系统浮选尾矿自由切换，改造 2 号强磁尾矿管道使其也进入此回流管系。把回流管的出口从进 ϕ140m 溜槽改向进 3 号 ϕ29m 浓密机北侧的下矿方箱中，从下矿方箱中接出 3 根 ϕ325mm 的管道，其中 1 根进 ϕ29m 浓密机中心盘，另外 2 根进 ϕ29m 浓密机中心拢矿圈且实现切向给矿。

（2）浓密机。原耙子转速 14r/min，通过改造把链轮放大 1 倍，耙子转速为 7r/min，并且对每个耙齿进行了加固。传动电机接到原搅拌的变频上，使得耙子的速度变成可调。

（3）浓密机中心部位原来是与外部连通的，先对其进行了封堵，形成了一个密闭的拢矿圈；原浓密机下裙板距离池底 300mm，考虑其过长，拆下一圈 1.5m 左右。考虑到浓缩后溢流量并不大，把原有的溢流槽封堵了一半，同时把走桥下部的圆形溢流口全部堵死，并在溢流槽两侧加了挡药沫的挡板，防止泡沫进入溢流水中影响水质。

（4）浓密机排矿机构。下矿口由原来的两个 ϕ159mm 改扩为两个 ϕ273mm，由一根 ϕ325mm 管道通过下矿方箱连到两台并联 75 kW 底流泵上，由两台底流泵同时向外输送。

（5）加药方式。利用原有的 10m^3 搅拌桶，把药剂加入到一个小漏斗中。在漏斗的下部用风机把药剂均匀地通过管道吹进搅拌桶里，同时进行喷水。搅拌桶下部用一台螺杆泵将药送到搅拌桶上部进行循环搅拌，使药剂能够充分溶解。药剂配完后通过底流泵送到浮选 1 系统药剂桶中，再通过药剂泵送到 3 号 ϕ29m 浓密机的中心盘处，并分为 3 点给药。

ϕ29m 高效浓密机浓缩试验期间主要是通过调整给矿量、加药量和耙子转速等，来考查耙子的承载能力和电流的变化情况，底流浓度和底流泵电流的变化情况以及水质的变化情况。同时在实验室对溢流水质进行了选矿可选性评价试验，考查溢流水是否对生产指标造成影响。

按预先指定的试验程序，在刚开始药剂量偏高、以后基本稳定的前提下，先将一个系统强磁尾矿给入浓密机，待运行 2 h 后给入一个系统浮选尾矿。至此，ϕ29m 浓密机给矿量为一个系统强磁尾矿加上一个系统浮尾。通过试验期间的运行来看浓密机可以稳定运行，浓密机底流浓度平均在45%左右。

试验系统浓密机底流浓度变化趋势见图7.9，试验系统浓密机耙子运转状况变化趋势见图7.10。

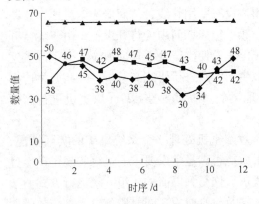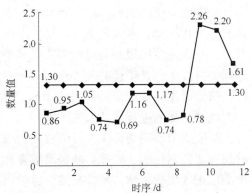

图 7.9　试验系统浓密机底流浓度变化趋势
◆—加药量（L/min）；■—底流浓度（%）；
▲—泵电流（A）

图 7.10　试验系统浓密机耙子运转
状况变化趋势
◆—传动电流（A）；■—耙子承载能力（t）

所加药剂为国外生产的高效絮凝剂，配制浓度为2‰。试验期间加药量主要是在15~50L/min之间进行调整。当给矿量不变，给药量由35L/min到25L/min，再到15L/min进行调整时，浓密机的承载能力10min内从1.1t快速提高到4.3t；当给药量从40L/min到45L/min再到50L/min调整时，浓密机的承载能力基本没有变化，水质也没有大的变化。φ29m浓密机耙子承载能力和加药量的关系、溢流水质和加药量的关系分别见图7.11、图7.12。

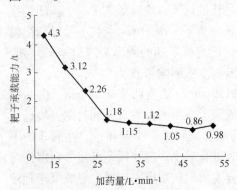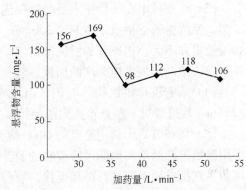

图 7.11　φ29m浓密机耙子承载能力和
加药量的关系

图 7.12　φ29m浓密机溢流水质和
加药量的关系

试验期间将速度调到10r/min时，承载能力提高较快，短时间内由1.2t上升到3.5t。后又把速度又调回7r/min，承载能力比较稳定。因此，在后来的试验中，φ29m浓密机转速均选定为7r/min，在此转速下浓密机运行比较稳定。

根据给矿量调整试验、加药量调整试验、耙子转速调整试验的试验结果，进行φ29m

浓密机系统试验，并按给矿量、加药量、底流浓度、泵电流、传动电流、耙子承载能力、底流泵台数、水质的不同进行数据汇总（数据每2h采集1次，每天一汇总，统计数据为每天平均数，加药量、泵电流、传动电流和耙子承载能力为在线实时显示，底流浓度由生产岗位定时进行检测，水质由质技室定时进行检测），具体指标见表7.8。

表7.8 ϕ29m 高效浓密机浓缩试验结果

时序	给矿+强尾+浮尾	加药量/L·min^{-1}	底流浓度/%	泵电流/A	传动电流/A	耙子承载能力/t	底流泵/台	溢流水悬浮物/mg·L^{-1}
1	1+1	50.42	38.33	65	1.3	0.86	2	202.13
2	1+1	45.77	46.31	65	1.3	0.95 ·	2	125.55
3	1+1	45.42	47.42	65	1.3	1.05	2	85.00
4	1+1	37.67	42.17	65	1.3	0.74	2	48.86
5	1+1	40.33	47.92	65	1.3	0.69	2	86.30
6	1+1	37.92	46.67	65	1.3	1.16	2	86.54
7	1+1	40	44.67	65	1.3	1.17	2	114.25
8	1+1	37.92	46.75	65	1.3	0.74	2	146.22
9	1+1	30	43.17	65	1.3	0.78	2	127.67
10	1+1	33.67	40	65	1.3	2.26	2	169.00
11	1+1	42.5	42	65	1.3	2.2	2	305.35
12	1+1	47.5	42	65	1.3	1.61	2	575.30
平均	1+1	37.98	43.95	65	1.3	1.18	2	172.69

从表7.8可以看出，加药量在40L/min左右比较合适，这时的底流浓度为45%左右，底流泵电流为65A左右，耙子承载能力为1.2t左右、耙子承载电流为1.3A左右，溢流水悬浮物为115.00mg/L左右，底流泵输出量约为320m^3/h。从各数据统计结果表明，试验结果达到预期目标。后期水质指标有所上升，主要是由于向下调整药剂量，寻找比较经济的药剂添加量所致，但总体没有超出预期目标。说明一台高效浓密机能够处理一个系统的尾矿量。

ϕ9m 高效浓密机溢流水选矿可选性评价试验为了考察 ϕ29m 高效浓密机处理尾矿溢流水对浮选作业是否有影响，在实验室进行了模拟现场的选矿可选性评价试验。

对两种水样进行浮选对比试验，即选矿分厂原 ϕ29m 浓密机溢流水和加药后的 ϕ29m 浓密机溢流水。浮选试验矿样为齐大山铁矿选矿分厂流程中的混磁精矿，其品位为46.70%，粒度为 -0.074mm 占90.0%。浮选试验流程为齐大山铁矿选矿分厂现生产浮选流程，即一次粗选、一次精选、三次扫选阴离子反浮选工艺流程。

阴离子反浮选所使用的药剂为 NaOH 调整剂，浓度5%；淀粉抑制剂，浓度3%；CaO 活化剂，浓度2%；RA-715 捕收剂，浓度6%。阴离子反浮选工艺条件为浮选温度37℃左右，浮选浓度33%左右，矿浆 pH 值为11.5。试验所用设备为实验室试验用单槽浮选机，浮选机容积为0.5 L。

按照试验要求及条件中提出的工艺及药剂制度，进行了原溢流水、加药溢流水、加药溢流水存放 6 天后浮选开路试验，结果见表 7.9 ~ 表 7.11。

表 7.9　溢流水开路试验结果

产品名称	品位/%	产率/%	回收率/%	药剂用量/g·t⁻¹			
				NaOH	淀粉	CaO	RA-715
浮　精	68.54	51.03	74.81				
精　尾	39.97	2.95	2.31				
一扫精	51.57	8.86	10.01				
二扫精	34.1	6.29	4.85	1125	600	400	670
三扫精	21.9	5.59	2.48				
浮　尾	10.26	24.96	5.54				
合　计	46.75	100	100				

表 7.10　加药溢流水开路试验结果

产品名称	品位/%	产率/%	回收率/%	药剂用量/g·t⁻¹			
				NaOH	淀粉	CaO	RA-715
浮　精	68.33	51.35	75.47				
精　尾	40.06	2.95	2.53				
一扫精	50.67	8.86	9.66				
二扫精	31.69	6.29	4.29	1125	700	400	700
三扫精	20.52	5.59	2.47				
浮　尾	10.4	24.96	5.58				
合　计	46.49	100	100				

表 7.11　加药溢流水存放 6 天后开路试验结果

产品名称	品位/%	产率/%	回收率/%	药剂用量/g·t⁻¹			
				NaOH	淀粉	CaO	RA-715
浮　精	67.29	52.66	75.91				
精　尾	38.76	3.01	2.5				
一扫精	50.03	9.21	9.87				
二扫精	34.87	4.1	3.06	1125	700	400	700
三扫精	21.22	6.71	3.06				
浮　尾	10.76	24.31	5.6				
合　计	46.68	100	100				

　　从表 7.10、表 7.11 开路试验结果可见，加药和不加药溢流水的选分指标基本相近，在浮精产率 50% 左右和浮选尾矿产率 25% 左右时，浮精品位和浮选尾矿品位变化范围分别为 68.33% ~ 68.54% 和 10.26% ~ 10.40%。且药剂用量差别不大，仅捕收剂 RA-715 用量有所变化，为 670 ~ 700g/t。从表 7.10、表 7.11 开路试验结果可见，加药溢流水在存放 6 天后用于试验时，指标下降，在浮选尾矿品位和产率指标基本相当时，浮精品位低 1

个百分点左右。

在开路试验的基础上，对加药和不加药的溢流水分别进行了闭路浮选试验，两种水样试验结果见表7.12。

表 7.12　两种水样的闭路对比试验结果

水　质	浮给品位/%	浮精品位/%	浮尾品位/%	浮精收率/%	药剂用量/g·t⁻¹			
					NaOH	淀粉	CaO	RA-715
原溢流	46.7	67.53	15.5	86.72	1125	700	600	550 260
加药溢流	46.7	67.47	15.77	86.44	1125	700	600	580 270

闭路试验表明，加药和不加药的溢流水在浮选给矿品位为46.70%时，加药溢流水取得了浮选精矿品位67.47%、浮选尾矿品位15.77%、回收率86.44%的选分指标；原溢流水取得了浮选精矿品位67.53%、浮选尾矿品位15.50%、回收率86.72%的选分指标。两者的试验指标差别不大。

开路试验结果表明，加药溢流水在存放6天后用于试验时，选分指标下降，在浮选尾矿品位和产率指标基本相当时，浮选精矿品位低1个百分点左右。显然，加药溢流水长期保存后不能再用于选矿浮选工艺。

改造后可停一条管线待开，有两组泵备用，可以节省大量的水、电和检修费用，同时避免由于管线故障而影响精矿产量。

综合效益计算表明，应用加药溢流水和应用不加药的溢流水进行对比，应用加药溢流水年总效益为330.8万元。

C　NE-20m 浓密机的高效化改造

NE-20m 浓密机在尾矿浓缩使用过程中，由于自身的特点，处理能力低，浓缩效率低，而目前大多数矿山为了提高经济效益，降低回收水成本，不断提高处理能力，因此大多数浓密机已不能满足这种要求。更换更大规格的普通浓密机，不仅占地面积更大，而且投资更多，见效周期更长。将原浓密机进行高效化改造，可以满足生产要求。这种改造投资小，周期短，见效快，是一项值得推广的技术。

普通 NE-20m 浓密机见图 7.13，其给矿，是从中心给矿筒给入，其给矿筒较短，这种方式存在以下缺点：

（1）由于给矿不匀，矿浆从给矿管排出后，处于紊流状态，颗粒不断翻滚着落入给矿套筒，从套筒底部排出后距液面较近。因此，给矿筒附近出现浑浊区，易引起溢流跑混。

（2）浓密机给入的物料为尾矿，颗粒细，浓度低，沉降速度慢。

（3）给矿管排矿点的位置位于受矿套筒内的液面以上，矿浆在排放时，由于涡流的作用，会吸入大量的空气，不仅产生

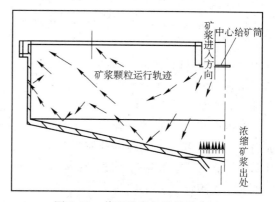

图 7.13　普通浓密机结构示意图

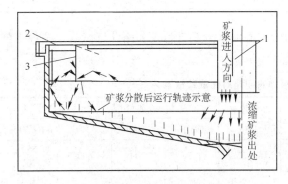

图 7.14　高效化改造后的浓密机结构示意图
1—中心给矿筒；2—溢流堰；3—挡圈板

了紊流，使固体颗粒的相对密度降低，而且在排除空气时，影响矿粒的排放。

针对上述问题，对普通浓密机进行了如下高效化改造（见图 7.14）：

（1）将给矿管置于液面以下，降低给矿高度，可以避免给矿时带入空气。因为矿浆在液面上进入浓密池时，很容易将空气带入其中，而空气在池体里也会聚集上浮，与矿浆下沉方向相反，易使矿浆沉降紊乱，降低处理能力。

（2）将给矿套筒向下延伸，使矿浆向四周扩散时受到阻挡。减少矿粒的沉降时间，缩短矿粒沉降距离，大大提高了浓密机的处理能力。

（3）将溢流堰上移，并将其制成锯齿形，使溢流水从四周均匀地流出，提高浓缩效果，再次降低了溢流跑混的可能性。

（4）槽内增加一圈钢板，使槽内液体形成相对独立的三部分，减小了固体颗粒水平方向的相对运行，减小了悬浮时间，有利于沉降。

经过试验，NE-20m 浓密机改造后，处理能力提高 50%。改造后的浓密机增加投资少，提高了回收水的质量。

D　NT-30 浓密机的高效化改造与实践

NT-30 浓密机存在的主要问题如下：

（1）该设备机架和耙子均由钢结构连接成为一个整体，不能对设备的耙子进行调节，当给矿量、浓度等生产因素产生波动时，或者在生产过程中某个环节不正常时，矿浆沉积的浓度过高，矿浆产生阻力使得浓密机开动不起来，而这时浓密池的矿浆继续沉降，在池底产生更厚的、高浓度的矿浆层，将耙子埋没，使得设备不能开车，而浓密池的清理极其困难，影响矿山生产的进行。

（2）该设备机架与耙架连接为一个整体，整个设备的重量都直接压在中央的轴承和周边转动的托辊上。当托辊长期运转磨损变形时，或者因浓密机走道施工时产生的高低不平，使得浓密机在运转过程中发生跳动，导致设备中心的轴承因荷载，发生过大变化。轴承还要受径向力的作用，这冲击荷载使得轴承的寿命减少，从而增加了设备的维修次数。

（3）浓密机在排放矿浆时，有时因沉淀矿物浓度过高，矿浆排放时易发生排放矿浆管道堵塞现象，而传统的处理方法是在浓密机底部的排矿浆管中，加高压水进行冲洗，来疏通排料管道。其结果是降低了矿浆排矿浓度，效果有时也不令人满意。

其结构示意图如图 7.15 所示。

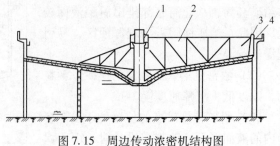

图 7.15　周边传动浓密机结构图
1—轴承；2—机架；3—传动装置；4—托辊

针对该设备出现的上述问题，对周边浓密机进行了如下改造（见图 7.16）：

（1）浓密机的中间增加一对铰链，使得浓密机一端的重量通过铰链再传到浓缩池中心的轴承上，设备的另一端与传动小车相连接，并由小车上的托辊支承在沿浓缩池边上。该托辊由固定在传动小车上的电动机经减速机驱动，使之在池面上滚动，带动耙架回转以刮集沉淀物。改进后结构示意图如图 7.16 所示。与传统的浓密机相比较，设备在中心轴承处增加一

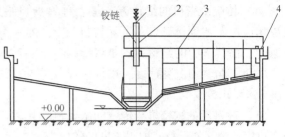

图 7.16 改进后结构图
1—中心搅拌装置；2—提耙装置；3—给料装置；
4—周边传动装置

对铰链，将耙架重量对中心的荷载由以前直接对轴承的荷载改为通过铰链再加在轴承上，在浓密机工作时，因托辊走道不平而发生跳动时，浓密机可以通过中心的铰链转动消除对轴承的冲击，使得轴承的荷载更加均匀，减少轴承的径向荷载，延长了轴承的使用寿命，从而增加浓密机工作时间，减少了故障率。

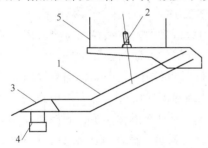

图 7.17 提耙结构原理图
1—活动耙架；2—提耙装置；3—刮泥板
调整装置；4—刮泥板；5—浓密机机架

（2）对浓密机的耙架部分进行改造，如图 7.17 所示，将刮泥板由以前焊接在主梁上不能进行调整的一体结构形式，改变为一种可活动的四连杆的结构。这样刮泥板改为活动的，可调节的，在浓密池中可以上下移动，当浓密池的矿浆浓度非常高时，此时池内矿浆对刮泥板的阻力增加，使得做周边传动的电机电流增加，取得电流信号给刮泥板的提升机构的电机，使得电机开始工作，将刮泥板提起，避免了刮泥板埋在池底，减小浓密机的周边传动的力矩，使得浓密机能够正常工作，但当浓密机传动力矩过小时，浓密机的提耙机构将刮泥板缓缓地放下，直到合适的位置，这个位置可以通过浓密机上提耙行程开关进行调整。

（3）在解决浓密机底流管道堵塞问题时，分析原因主要是因为浓密机的转速非常慢，耙子的速度常常是 15～25min/圈，而沉淀下来的矿浆的流动性又很差，而底流管道阀门为了控制管道的矿浆浓度，时常处于关闭状态，当阀门开启时矿浆浓度很高，故此经常发生管道堵塞。为了防止这一问题的出现，传统的方法是在浓密机底部的管道中加高压水进行冲洗，来疏通管道，但是这样又出现了浓密机矿浆浓度变稀的问题，使得浓密机的底流浓度不好控制。

为了解决浓密机这个问题，经过长期的实践摸索总结出，通过在浓密池中心底部加搅拌装置是行之有效的方法，而搅拌装置与周边浓密机的传动装置可独立运行，这样既可以保证在底部区的矿浆浓度稳定，又保持一定的流动性。为了很好控制浓密池的底流浓度，在底部管道中加上浓度计与电动阀门，在矿浆浓度调定为某一合理值时，可以由自控系统，很好地对电动阀门进行控制从而使得管道的矿浆浓度保持稳定，而池底中心部分的搅拌装置所起的功能主要是维持底部区的矿浆有较好的流动性，浓密池底流矿浆能够很好地

在管道中流动，减少了矿浆在管道中堵塞的机会。

（4）传统浓密机的给料方式是上部给料口给料，沉淀物料需经澄清区、浑浊区，再到浓相区层，才到排矿口，沉降物料与上升水流有一相互交错的过程，影响沉降物料的沉降速度；而改进后的给料方式是将给料口直接插入浓密机的浓相区，均匀缓慢地进入浓相区，加快了物料的沉降速度，增加了设备的处理能力，与传统设备相比较，处理能力大约提高8%～10%。

（5）改进后的浓密机与传统的浓密机相比较，解决了以前存在的问题，通过在河南洛阳栾川钼业公司的运行，取得了良好的效果，主要表现在以下几方面：1）一般的矿山浓密机发生一次压耙事故大约花费2万～5万元的处理成本，而改进后设备彻底解决了压耙问题，节约了生产成本；2）延长设备轴承的寿命1～2倍；3）提高矿浆浓度4%～6%；4）增加了设备的处理能力8%～10%。改进后的设备具有寿命长，易维修，操作更简单等优点。

E　昆钢大红山铁矿选厂精矿浓缩改造与实践

昆钢大红山铁矿选厂的精矿因含赤铁矿泥，澄清不快，昆明冶研新材料股份有限公司受昆明钢铁公司大红山指挥部委托设计了一台 KMLZ-500/50 型斜板浓密机用于铁精矿浓缩，溢流作为回水。KMLZ500/50 型倾斜板浓密机由壳体、倾斜板组、溢流槽、下部锥斗、分矿筒组成，其结构见图 7.18，倾斜板组结构见图 7.19。

倾斜板沉降技术，即在池体内加入倾斜板组，可缩短料浆中固体颗粒的沉降距离，同时缩短沉降时间，从而使沉降面积成倍增大，可提高设备单位占地面积的处理量。

KMLZ500/50 型倾斜板浓密机在工作时，矿浆由分矿筒均匀给入壳体，细粒级料浆从倾斜板组下部两侧的进料口进入各倾斜板之间，在流体拖力 F 和自身重力 G 的作用下，固体颗粒移向板面，澄清水向上流动，经强制出水槽有压排出。细粒物料沉降到倾斜板上形成浓浆层，并沿倾斜板向下流，和粗粒级一起进入下部锥斗排出。

各倾斜板组相互独立，其机构见图 7.19，斜板间隙都是相同的、形成相互独立的封闭的流体力学系统，斜板拆、装两便，无脱落之虑。斜板组

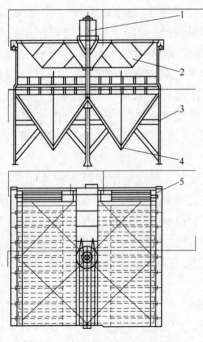

图 7.18　KMLZ500/50 型倾斜板
浓密机结构图

1—分矿筒；2—倾斜板组；3—壳体；

4—下部锥斗；5—溢流槽

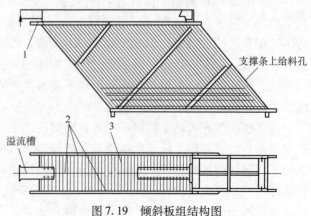

图 7.19　倾斜板组结构图

1—斜板框架；2—支撑条；3—斜板

下部两侧有足够大的给料孔群,是相互对称的,属静态横向给料,进入斜板间的料浆是稳定的悬浮液。面对性质、数量相同的料浆,获得了均匀的给料。在斜板组上端装有带节流孔的溢流槽,它保证了竖直向上的溢流方向,限制横越各斜板顶端的液体造成的紊流,使各斜板间的澄清过程稳定、均一。合理的节流孔造成的压差,控制了进入斜板间料浆的进料速度。特制的高质量斜板板材表面光滑、不锈蚀、不腐蚀,表面电性极低,防止了板间堵塞斜板组向设备中心排料孔倾斜,这使已沉降的固体颗粒尽早排出,提高了底流浓度,并使池顶面积得到最大限度的利用,进一步提高了单位占地面积的处理量。

KMLZ500/50 型倾斜板浓密机在昆钢大红山铁矿选厂运行一年多,该设备技术参数见表 7.13,生产测试结果见表 7.14。

表 7.13　KMLZ500/50 型倾斜板浓密机技术参数

型　号	规格/mm × mm × mm	澄清面积/m²	有效容积/m³
KMLZ 500/50	12790 × 10090 × 9120	500	380

表 7.14　生产测试结果

给料/m³·h⁻¹	给料浓度/%	溢　流		底流浓度/%
		含固量/mg·L⁻¹	回水率/%	
130	15	105	63	45
120	18	160	61	47
190	20	169	74	45
201	18	180	76	48

生产测试结果表明,KMLZ500/50 型倾斜板浓密机在给料不稳定的情况下,指标稳定,溢流含固量低,底流排放稳定,取得了令人满意的效果。

F　尖山铁矿尾矿浓缩工艺改造

尖山铁矿尾矿浓缩系统原设计为一次磁选尾矿直接给入两台 φ53m 深型浓密机,二次至五次磁选尾矿给入两台 φ53m 浅型浓密机,经浓缩后浅型浓密机底流(浓度为 35% 左右)给入深型浓密机,深型浓密机底流(浓度为 40%)由总砂泵站的油隔离泵加压送至尾矿坝,反浮选尾矿也一并给入浅型浓密机,浅型浓密机及深型浓密机溢流水由环水泵站分别加压后供选矿厂循环使用。原浓缩工艺流程见图 7.20。

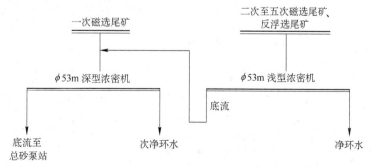

图 7.20　原浓缩工艺流程

近几年，由于反浮选系统投入运行，浅型浓密机的给矿量不断增加，同时由于采场低品位含泥矿石的回收利用，原矿中的含土量增大，尾矿粒度进一步变细，致使浓密机的溢流水质越来越差，净环水的浓度由原来的 0.10%（质量分数，以下同）变为 0.90% 以上；次净环水由原来的 1.00% 上升到 8.00% 以上，直接影响了磁选精矿品位。对磁选精矿进行的洗矿试验结果表明，循环水中的大量含泥粒子被带入磁选精矿中，见表 7.15。

表 7.15　磁选精矿洗矿试验结果　　　　　　　　（%）

磁选精矿	L 系列	M 系列	N 系列	Y 系列	平　均
水洗前精矿品位	64.35	63.65	63.25	63.45	64.68
水洗后精矿品位	65.70	64.25	64.25	64.05	64.56
比较值	-1.35	+0.60	+1.00	+0.60	+0.88

从表 7.15 可见，磁选精矿经过水洗后，磁选精矿品位升高 0.6% ~ 1.35%。

高含泥的磁选精矿给浮选作业带来很大麻烦。由于浮选脱泥困难，要保证浮选精矿质量合格，其代价就是将部分细粒单体磁铁矿和富连生体连同含铁细泥（TFe 含量 12% ~ 13%）一并抛尾，造成浮选尾矿品位偏高，最高超过 21%。因此，解决尾矿环水水质问题迫在眉睫。

根据浓缩试验，浓密机的给矿浓度须控制在一个合理的浓度范围内（低于 15%），原设计两段浓缩的工艺流程是不经济的，也难以达到理想的浓缩效果。因此，改造将原浅型浓密机底流直接给入总砂泵站，不再给入深型浓密机，降低深型浓密机的给矿浓度，并对絮凝剂添加系统进行改造。改造后的溢流水浓度为 0.012%，满足了生产用水的需求。

采选扩能后新增的尾矿处理量为 157 万 t/a，根据试验，高效浓密机的单位面积处理能力为 0.20t/（m² · h），则选用 1 台直径为 40m 奥托昆普高效浓密机即可满足扩能要求，但是考虑到现有尾矿浓缩系统溢流水质差的问题，将现有 4 个系列的一次磁选尾矿的一部分给入新建浓密机进行处理，缓解现有浓密机的压力，因此选择了一台直径为 53m 高效浓密机。新浓密机设计底流浓度为 50%，溢流水浓度为 0.012%。

改造后尾矿浓缩工艺流程见图 7.21。尾矿系统运行 3 台浓密机即可处理所有的尾矿，其中新建 φ53m 高效浓密机处理旧系统的全部一次磁选尾矿以及新系统所有尾矿，两台浅

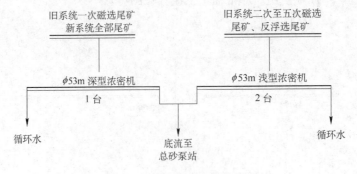

图 7.21　改造后浓缩工艺流程

型浓密机处理旧系统的二次磁选至五次磁选的尾矿，其他两台深型浓密机作为备用。ϕ53m 高效浓密机 2007 年 4 月份处理尾矿量为 308120t，其中旧系统一次磁选尾矿量为 197692t，扩建系统尾矿量为 110428t，浓密机的生产能力为 460.36t/h，单位面积生产能力为 0.21t/（$m^2 \cdot h$），底流浓度为 53%，溢流水浓度为 0.01%，絮凝剂用量为 9.5t，絮凝剂单耗为 30.83g/t。浅型浓密机的底流浓度为 37%，溢流水浓度为 0.012%。改造后溢流水满足了选矿循环用水的水质要求。改造后尾矿总的输送浓度提高到 47%，较改造前输送浓度 38% 提高了 9 个百分点，输送矿浆量减少 329m^3/h，减少了尾矿输送泵开动台数，每年仅电费一项节约 150 万元，降低了尾矿的输送成本。

7.1.3 大型浓密机的自动控制

7.1.3.1 ϕ50m 大型浓密机的自动控制实践

选矿厂应用的大型浓密机由于工作环境差，影响因素多，难以给出准确的数学模型，其自动控制一直是一个困难的问题。从选矿厂工艺流程需要出发，大型浓密机的过程控制多采用底流浓度自动控制。一般采用 γ 射线浓度计在线检测浓密机底流矿浆浓度作为系统输入，以泵的电动机转速或电动阀位作为系统输出构成环节。此外，可以采用驱动电机功率报警的方法进行维护。

长沙矿冶研究院通过对选矿厂中大型浓密机工艺参数的考察表明，大型浓密机底流浓度的瞬时值具有不确定性，底流浓度控制的目的应该是控制平均排矿浓度，而不是任一时候的准确的瞬时浓度，因而提出了根据浓密机给矿干矿量，控制浓密机的底流流量，从而控制浓密机的底流浓度的控制方法，并选择南芬选矿厂浓密机进行了工程实践。该系统中溜槽中干矿检测是一个关键问题，采用专门针对矿浆溜槽研发的 γ 射线干矿量计，并设计了独特的安装方式；控制系统中央处理单元则采用 Foxbro 公司的增强型 761 单回路调节器。

试验设备为南芬选矿厂所用浓密机，该设备建造时间早，设备参数见表 7.16。原来底流浓度低，后进行过改造，改造后工艺指标见表 7.17。正常工作时，浓密机驱动电机功率为 11 ~ 13A，但易于压耙，一旦运行电流超过 14A 便出现压耙。压耙过程中电流变化幅度小，运行电流大后从正常运行到压耙的过渡时间短。浓密机耙子运行一周时间为 21min，耙子运行一周过程中底流浓度变化见图 7.22。

表 7.16 南芬选矿厂 ϕ50m 浓密机概况

给矿方式	传动方式	电机功率 /kW	耙子转速 /r・min^{-1}	池深/m	排矿方式	排矿控制
溜槽给矿	周边传动	11	21	5.6	自流	闸板阀

表 7.17 浓密机工艺指标

给矿浓度 /%	给矿干矿量 /t・h^{-1}	物料细度 （ -0.074mm）/%	底流浓度 /%	电机工作电流 /A	压耙电流 /A
5 ~ 8	80	70	27	11 ~ 13	14

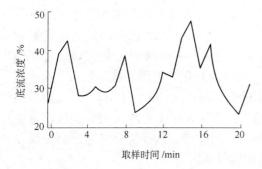

图 7.22　耙子运转一周浓密机底流浓度

浓密机自动控制通常是浓密机底流浓度自动控制。以往大型浓密机控制系统一般以 γ 射线浓度计检测浓密机底流浓度，通过控制底流泵流量或底流管道阀门开启度来控制底流流量　通过流量变化改变底流浓度。国外高效浓密机控制系统中，除采用 γ 射线浓度计检测浓密机底流浓度外，用压力传感器检测浓密机内压缩层高度，在比较复杂的控制系统中，还可有药剂比例环节，其药剂用量与干矿量成比例关系。从图 7.22 可知：浓密机瞬时浓度随耙子运行位置不同而波动，波动范围大，是振荡的，具有不确定性，因此直接检测底流浓度的系统振荡。

从选矿厂生产实际可知，浓密机底流浓度控制系统并不要求浓密机底流瞬时浓度十分精确，而是要控制其平均浓度，同时确保浓密机不压耙，可以稳定工作。因此浓密机底流浓度控制系统中，可以不直接检测其底流浓度，而检测其给矿干矿量，根据浓密机给矿和排矿矿量动态平衡关系控制其底流排矿体积流量，从而控制浓密机的底流浓度。

浓密机的底流浓度是其给矿量与其底流流量的函数，设浓密机的底流浓度为 C，底流流量为 Q，给矿干矿量为 $W_给$，排矿干矿量为 $W_排$，则控制策略可表示为 $C = f(W_给, Q)$；$W_给 = W_排$。控制原理如图 7.23 所示。

（1）溜槽中干矿流量的检测。浓密机的给矿量为其给矿流量与给矿浓度的乘积。设给矿矿浆浓度为 $C_给$，则给矿矿浆浓度为 $\delta = 100/(100 - C_给 + C_给/\rho)$，$\rho$ 为干矿密度，浓密机给矿流量为 $Q_给$，则 $W_给 = Q_给 \times C_给 \times \delta$。

大型浓密机的给矿为溜槽给矿，溜槽中矿浆流量在线检测是一个困难问题，在工程中可认为流槽中的矿浆流速基本不变，为常量 V，溜槽中的矿浆液位为 H，溜槽宽为 B，则溜槽中的矿浆流量为 $Q_给 = H \times B \times V$。矿浆液位为变量，本系统中采用 γ 射线仪在线检测矿浆液位，其原理如图 7.24 所示。

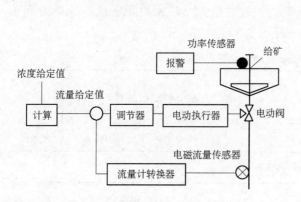

图 7.23　南芬选矿厂浓密机控制系统

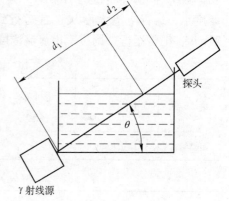

图 7.24　γ 射线仪测量液位原理

设空气的吸收系数为 μ_2，密度为 ρ_2，矿浆的吸收系数为 μ_1，密度为 ρ_1，N_0 为穿过被测介质的计数率，N 为穿过被测介质后的计数率，则 $N = N_0 e^{-\mu_1 \rho_1 d_1} \times e^{-\mu_2 \rho_2 d_2}$，与矿浆相比，

空气的质量吸收系数 $\mu_2 = 0$，故 $N = N_0 e^{-\mu_1 \rho_1 d_1} = N_0 e^{-\mu_1 \rho_1} H \sin\theta_1$。由于大型浓密机的给矿溜槽较宽，如在溜槽断面上安装 γ 射线仪，则 γ 射线仪放射源当量较大。为减小 γ 射线仪放射源当量，对溜槽局部进行了改造。为保证 γ 射线仪放射源安装处液面平稳，上下不发生矿石按粒度分层，而且仪表安装处局部液位和溜槽其他部位液位一致，对仪表安装处局部槽底进行了导流处理，利用流体动力保证测试结果具有代表性。

此系统中溜槽干矿量的检测采用专门研发的 γ 射线仪，它由一个 γ 射线仪放射源、两个探头和一个转换器组成，一个探头检测浓度，另一个探头检测液位，转换器同时输出两个信号，一个浓度信号，一个液位信号，均为具有恒流特性的 4～20mA 直流信号。γ 射线仪放射源与探头的安装见图 7.25 和图 7.26。

图 7.25　γ 射线仪放射源与探头安装断面　　　　图 7.26　γ 射线仪放射源与探头安装俯视面

（2）其他参数的检测。本系统检测参数中还有底流流量和浓密机耙子阻力。底流流量采用上海光华仪表厂的电磁流量计检测，流量传感器为 LDG-5，转换器为 LDZ-4A。铁尾矿中由于强磁性铁矿已基本选出，残留的铁矿对电磁流量计的测量精度没有影响。采用三相功率计检测电动机的输出功率，从而间接检测浓密机的耙子阻力，反映出浓密机中储矿量。

（3）执行机构。采用夹管阀作为流量控制单元，直行程电动执行机构为操作执行器。

控制器采用 Foxbro 公司的增强型 761 单回路控制器作为控制系统中央处理单元。761 单回路控制器是以微处理器为核心的智能仪表，具有如下特点：

（1）简单的组态和操作。由于控制器的灵活性，可以方便组态以满足最苛刻的过程控制要求。所有操作功能可以通过小键盘检验和更改。

（2）可与计算机进行数据通信。控制器备有 RS-485 串行口，可直接或通过 RS-232/RS-485 转接器式相应附属设备与上位机通信，利用 Foxbro 公司的 F6501A 型转接器，一个上位机可以和多达 90 个控制器相连接。

（3）整体安全性。可以输入密码，密码在控制器组态时，由认定人员来确定，操作员仅可通过小键盘读取输入量，报警和限幅设定值及组态，不能调整其他参数。

（4）拷贝功能。拷贝功能使一个控制器的组态复制并应用到另一个控制器中，而且组态信息存储在非易失性的随机存储器中，信息不易破坏，从根本上保证了控制系统工作的可靠性。

南芬选矿厂四选车间的 3 台 φ50m 大型浓密机都进行了自动化改造。改造后浓密机运行稳定、不压耙。为考察底流浓度的稳定性，采用人工取样测定底流浓度，取样 2h/次，每次取 3 个样，每天 24h 连续不间断，每天每项指标作算术平均，连续取样 10d，每天平均指标如表 7.18 所示。

表 7.18　安装自动化系统后浓密机工艺指标

日期（年·月）	给矿浓度/%	底流浓度/%	给矿量/t·h^{-1}	底流量/t·h^{-1}
2008.03	4.4	29.9	100.0	105.1
2008.04	6.0	30.5	115.3	108.9
2008.05	5.6	30.1	118.2	108.0
2008.06	5.0	30.0	96.4	96.1
2008.07	5.4	30.4	95.5	95.0
2008.08	6.0	30.0	94.0	89.0
2008.09	6.0	31.0	98.0	97.2
2008.10	6.0	30.2	99.1	95.4
2008.11	5.0	31.5	95.0	94.0
2008.12	5.5	31.0	98.7	98.1

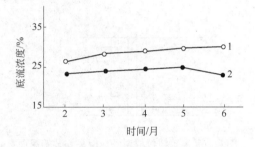

图 7.27　实现自动控制前后底流浓度对比
1—2000 年；2—1999 年

根据选矿厂的生产观测结果，2000 年 1~6 月与 1999 年同期相比，浓密机平均底流浓度提高了 4.2 个百分点，如图 7.27 所示。

7.1.3.2　$\phi24m$ 浓密机的自动控制实践

大、中型矿山选矿作业中，24m 浓密机因其结构简单、维修方便、生产效率高而被广泛应用。由于该机的使用环境十分恶劣，其工作部分长期浸泡在矿浆中，极易被腐蚀，每到大修时，其部分机架和工作刮板都必须重新制作更换，而由于设计结构的不对称，要恢复其设计的动力学平衡却绝非易事。常见现象是整个机架翻转，其中心支撑弹子盘一边受力，导致弹子盘中的滚珠脱落，无法运转，同时滚珠脱落后随着矿砂进入砂泵又造成砂泵损坏，产生连锁反应。恢复调整需要大量的时间、人力和物力，且调整又未必一次能够成功，严重影响生产，造成巨大损失。要解决这个问题，首先必须掌握其动力学平衡原理。

$\phi24m$ 浓密机结构如图 7.28 所示。浓密池通常是混凝土建成的锅状，边缘深度约 1.5m，中心深度 3m 左右。池中心是直径约 1m 的钢筋混凝土空心基柱。底部有矿砂导孔，与下面的矿砂泵房相通。池缘设有环状支承轨道和齿条环。

浓密机机架是桁架结构，在浓密池中整个浓密机机架靠浓密池中心的钢筋混凝土基柱和池缘的环形轨道支承。基柱顶端是一弹子转盘，上盘与机架相连，下盘固定在基柱上，滚子直径为 50mm。当电机驱动齿轮在齿条环上旋转时，整个机架围绕混凝土基柱旋转。机架底部

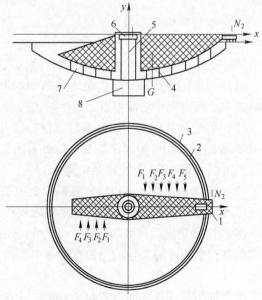

图 7.28　浓密机受力分析示意图
1—电机；2—齿条环；3—轨道环；4—刮板；
5—混凝土基柱；6—支承弹子盘；
7—浓密池；8—池下砂泵房

是一排弧形刮板,机架旋转时刮板将沉淀下来的矿砂推向池中心,并由安装在池底的砂泵送出。矿浆不断向池中补充,不断沉淀,清水则通过池边溢出。

经受力分析可以看出,造成中心弹子盘滚子脱落的根源是工作元件刮板所受到来自矿浆的阻力 F_i 和 F_i' 相对 x 轴产生的力矩的差值,$\sum F_i \cdot r_i + \sum F_i' \cdot r_i'$。$r_i$ 和 r_i' 在机架设计制作安装到位后就已确定,不能更改。而 F_i 和 F_i' 则受到四个方面的影响:(1)矿浆的浓度和沉淀速度以及处理量或产生能力的大小。在实际生产中,这些因素是不确定的;(2)刮板的面积,显然,面积越大所受到的阻力也越大,反之越小;(3)刮板安装时相对 x 轴的偏角的大小。可以看出,偏角越大刮板所受阻力越小,反之越大;(4)刮板的弧度或弯曲度,其曲率半径越大则刮板所受阻力越小,反之则越大。

刮板的面积、偏角和弯曲度,这三个参数的确定,在浓密机的设计中,计算十分复杂,且还有诸如矿浆性质、生产能力等不确定因素的影响,在此只能作定性分析。在浓密机大修时,由于现场加工制作、焊接等条件限制,要准确确定这些参数更是困难,甚至不太现实。因此,更多的是凭经验,再参照设计图纸来进行掌控,这就必然导致上述现象的产生。24m 浓密机的机架采用了非对称形式,如果不采取调整措施,相对 x 轴的力矩显然无法达到平衡。调整措施有两个方面,其一,对分布在 y 轴两边的刮板面积、偏角和弯曲度采用不同的参数。由于分布于 y 轴两边的两组力对 x 轴所形成的力矩方向相反,因而可以通过改变 $\sum F_i$ 和 $\sum F_i'$ 的大小来使这两组力矩趋于平衡,但这种方法控制难度较大,设计计算过于复杂,也不够精确。第二,就是对浓密机机架在浓密池边缘环形支承轨道上的支承点 N_2 对 x 轴的位置进行偏移,这样 N_2 就相对 x 轴产生一个反向力矩,从而平衡掉 y 轴两边刮板对 x 轴产生的力矩差。但这种方法的局限是,支承点 N_2 相对 x 轴偏移的距离不可能太大,调整幅度受到限制。因此其平衡力矩的能力也是有限的。

由于 $\phi 24m$ 浓密机机架较长,其总长度达 18m 以上,宽度也达 2m,最大高度近 3m,而其受力点又都分布在其尺寸的边缘。受力点离中心转盘的距离较大,那么机架受力变形是在所难免的。这就要求机架有较强的抗弯、抗扭曲刚度,尤其是机架尾部,基本上是悬臂式的。尾部产生的力矩直接对中心转盘产生损害,尽管力矩最终可以达到平衡,但由于机架的扭曲变形,仍然会对中心弹子转盘造成一定的影响,其结果是造成中心弹子转盘的磨损不均,缩短中心弹子盘的使用寿命,缩短大修周期。

根据以上对 $\phi 24m$ 浓密机运转中的受力分析,通过局部改进是可以改善受力状况,并延长其使用寿命和大修周期的,改进方案如下:

(1)结构改进。造成机架翻转,导致滚珠脱落的根源是力矩不平衡,而力矩不平衡的原因主要是机架的不对称。如果采用对称结构的机架,其动力学平衡就能得到改善。第一,在垂直面上,机架的自重,由两点支承变成三点支承,中心转盘受力必是趋于平衡。第二,改悬臂结构为对称桥式结构,刮板均衡对称布置,就可消除其相对 x 轴产生的力矩差,同时不再受矿浆浓度、沉淀速度等的影响,刮板面积、安装偏角及弯曲度,只要保持基本一致,就不存在机架翻转的情况,刮板的制作也趋于简化。这将大大有利于浓密机的检修工作,并减少返修率。第三,对称结构增加刮板数量,这对提高工作效率和生产能力有很大帮助。如果相应增大浓密池的容积,增大矿浆输送能力,加快矿浆沉淀速度,将会使该机生产能力提高 10% ~ 20%,甚至更高。

(2)动力改进。$\phi 24m$ 浓密机的动力配置实际上非常简单,一台小型电动机,一台减速机，加一个驱动齿轮就组成了该机的驱动系统，投资很少。动力改进主要是满足两方面的需要：1）配合结构改造。基架做对称改进以后，刮板数量相应增加，基架所受的阻力也相应增大，水平层面上的阻力矩相应增大，采用原动力系统做单边驱动，动力可能不足。对称性地增加一套驱动系统是有必要的，也有利于动力的平衡。2）使用中的需要。由于矿山浓密机工作环境十分恶劣，在任何气候条件下都必须 24h 不间断工作，一旦动力出现故障不能运转，只要几十分钟的时间，沉淀的矿砂就会将整个机架压死，无法转动，必须排出池中全部矿浆，并用高压水冲散沉积的矿砂。这可能要耗费几天的时间，才能恢复生产，尤其在冬季，员工的劳动强度很大，更重要的是影响整个选矿流程的生产。对称地增加一套驱动系统就能避免以上情况的发生，确保生产不间断进行，其效益是巨大的。

7.1.4　尾矿高浓度制备及尾矿处理技术的开发与应用

尾矿处理是矿山生产的重要环节，尾矿的处理也是选矿厂建设和运营的重要组成部分。近年来，迫于环境和安全的压力，改革传统的尾矿地表堆存处理方法存在的环境、安全和占用土地等诸多问题，国内外不断开发安全、高效的尾矿处理新技术，并逐步得到了工业化应用。

我国现有尾矿处理流程基本上为选厂浓密机浓密—矿浆泵管道输送—尾矿库堆存。其技术特点为尾矿浓度低（20%～40%）、输送矿浆量大。但存在的问题也很明显：基本建设投资大（尾矿坝、输送设备、管线）、占地面积大、污染环境、存在安全隐患、回水利用率低、资源浪费。常规尾矿库见图 7.29。因此，近年来尾矿高浓度制备及尾矿处理技术越来越得到人们的重视。

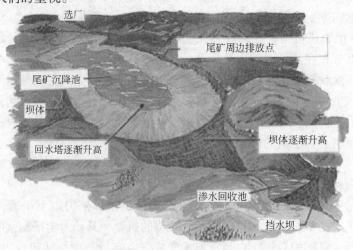

图 7.29　常规尾矿库（凹形堆积）示意图

7.1.4.1　尾矿高浓度制备技术

A　HRC 系列高效高压浓密机

深锥浓密机，是以获得高底流浓度为目的的高效浓密机。这种大锥角的浓密机采用高的压缩高度以及特殊设计的搅拌装置，但由于锥角大，设备大型化困难较大，固体颗粒在沉降段和过渡段的工作过程中，采用絮凝浓缩，大大地增加了固体通量，设备可以获得大的处理量。但进入浓缩过程的压缩段，固体颗粒的沉降变成了一个水从浓相层中挤压出来的过程。长沙矿冶研究院在深锥浓密机的研究中发现，浓缩进入到压缩阶段时，普通浓密机中浓相层是一个均匀体系，仅依靠压力将水从浓相层挤压出来是一个极为困难和漫长的过程，研究中还发现，通过在浓相层中设置一特殊设计的搅拌装置，破坏浓相层中的平衡状态，可以造成浓相层中低压区，这些低压区成为浓相层中水的通道，由于这一通道的存在，浓密机中压缩过程大大加快，据此，长沙矿冶研究院成功地研制出了新型的HRC型高效高压浓密机，见图7.30。这种浓密机结合了高效浓密机的大处理量，以及深锥浓密机高底流浓度的优点。具体如下：

图7.30　HRC系列高效高压浓密机

特殊设计的搅拌装置，大锥角，高压缩设计，有利于破坏浓相层间平衡，使浓相层中产生低压区，而形成浓相层中水通道，使浓密机中压缩过程大大加快；采用了独特的给料井和给料方式，利用两相流在给料井中分离的特性，设计了具有浓度自动稀释和自稳定的给料井，使与药剂作用的矿浆浓度合适且不随给矿浓度的变化而变化，这种浓度自稳定效应确保了矿浆快速形成絮凝体且絮凝体不被破坏；利用流体动力实现药剂与矿浆的混合，通过调整加药点，恰当地控制了药剂和矿浆的作用时间，获得了最佳的絮凝效果。该浓缩效率为一般浓密机的4~10倍，底流浓度最高可达到70%以上，平均粒径小于$3\mu m$的高岭土浓缩底流浓度也可以达到40%。设备运行稳定，操作简单，已交付生产的设备从未发生故障，设备运行时间最长已经6年。采用模块化设计，可根据用户要求采用不同的浓缩工艺（自然浓缩、絮凝浓缩、倾斜板浓缩等）该设备节能减排效果明显，现使用的25m高压浓密机驱动电机仅为7.5kW，实际运行电流仅3~5A（额定电流为5.8A），水质可以满足国家外排水要求。

该高压浓密机在玉石洼铁矿尾矿处理中得到了应用，实现了塌陷区充填尾矿膏体制备系统。

玉石洼铁矿尾矿量为70~80t/h，采用两台HRCφ25m高效高压浓密机处理全部尾矿。玉石洼铁矿尾矿膏体制备系统距矿浆排放点250m，采用大型软管泵输送。该泵为体积泵，最大输送压力可达1.3MPa。采用变频器控制泵的流量，很好解决了极高浓度矿浆的输送问题。

工业系统于2001年年底建成投产，台时处理量为40~65t，给矿浓度为15%~27%，底流浓度可达57%以上，最高达61%~63%。输送系统工作良好，系统运转可靠。

B　高效旋流器—浓密机混凝沉降脱水技术

高效旋流器—浓密机混凝沉降脱水，能有效解决尾矿高浓度制备和溢流水质问题，而且具有投资少、见效快的优点。就是将尾矿浆经旋流器浓密，获得高浓度沉砂，低浓度溢流再进入浓密机沉降浓密，从而降低浓密机给矿浓度和负荷，获得合格溢流水。

其基本设想是：尾矿矿浆先经旋流器浓密获得高浓度高产率的沉砂，旋流器溢流再进入浓密机，加药进行浓密沉降，获得合格溢流水质，旋流器沉砂和浓密机底流合并，达到尾矿高浓度输送的目的。也可将浓密机底流作为回流返回原矿浆，最终得到高浓度的旋流

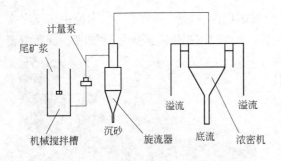

图7.31 旋流器—浓密机混凝沉降脱水工艺流程

底流和澄清的浓密机溢流。为解决尾矿溢流水质和尾矿的高浓度制备提供了一条有效途径，流程如图7.31所示。

a 武汉大冶铁矿应用实践

武钢大冶铁矿是一个大型的接触交代矽卡岩含铜磁铁矿床，选厂采用先浮后磁工艺，其最终尾矿全部送两台φ50m的浓密机经一段浓缩后，底流经总砂泵站送到尾矿库，溢流全部循环使用。近几年来，由于入选原矿品位下降，尾矿产率大增，据统计，尾矿产率由1981年的29%提高到1994年46.2%，当4个系列同时工作时，尾矿量达217t/h，有时高达239t/h。由于尾矿量的增加，两台浓密机沉降面积不足使得浓缩溢流混浊。据测定浓缩溢流悬浮物浓度有时高达7%，严重影响选矿生产。为此该企业与中南大学合作开展了选矿旋流器—浓密机混凝沉降工艺的研究，用以替代现矿的一段浓缩工艺。其基本设想是尾矿矿浆先经旋流器浓密获得高浓度高产率的沉砂，经旋流器溢流再进入浓密机，加药进行浓密沉降，获得合格溢流水质，旋流器沉砂和浓密机底流合并，最终尾矿浓度达到63.39%，达到尾矿高浓度输送的目的，其工业分流试验工艺流程如图7.32所示，旋流器浓密机混凝—沉降工艺数质量流程如图7.33所示。

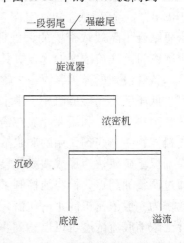

图7.32 工业分流试验工艺流程

b 旋流分级—浓密工艺对北洛河铁矿尾水处理的研究

对北洛河铁矿尾矿全尾筛析试验结果表明，试验期间尾矿细度为 -0.074mm占64.30%，-0.045mm占46.20%。表明尾矿的整体粒度偏细，且微细粒含量较高。采用比重瓶法测定全尾矿的密度为2.96g/cm³。

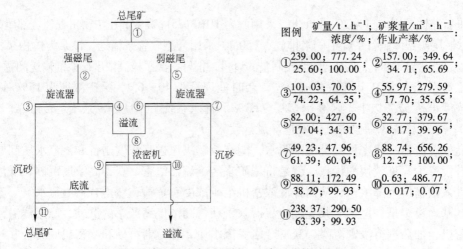

图7.33 旋流器浓密机混凝—沉降工艺数质量流程

采用 $\phi150mm$ 和 $\phi125mm$ 两种不同直径水力旋流器进行的浓缩试验，$\phi125mm$ 水力旋流器能够明显提高底流产率。在给矿浓度29%左右的条件下，采用 $\phi125mm$ 旋流器，底流浓度达到73.31%，底流产率达到61.78%；采用 $\phi150mm$ 旋流器，底流浓度达到70.57%，但底流产率达到54.31%。

旋流器—浓密机二段分级浓缩全流程试验表明，旋流器一段离心浓缩底流浓度可达到73%左右，浓密机和浓密斗二段沉降浓缩浓度可达到50%左右，浓缩尾矿的综合浓度可达到62%左右。证实了旋流器—浓密机二段分级浓缩技术的可行性。全尾分级浓缩矿浆流程计算表明，采用 $\phi125mm$ 旋流器、3.6m高效浓密机和 $\phi2000mm$ 浓密斗组成的分级浓缩系统，处理原尾矿的能力达到3.07t/h，折算日处理能力为73.68t/d；选厂尾矿经分级浓缩后，浓度由28.86%增加至62.45%，矿浆体积由 $8.59m^3/h$ 减少为 $2.87m^3/h$，回水流量达到 $5.72m^3/h$。采用旋流器—浓密机二段分级浓缩流程，能够获得60%以上的高浓度尾矿，并可有效回收清水。全尾分级浓缩矿浆流程见图7.34。

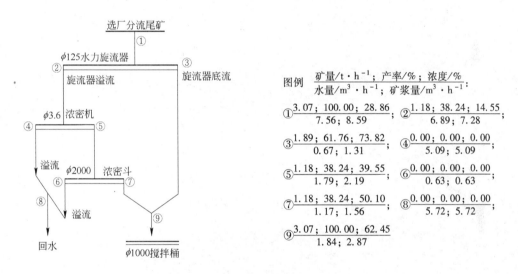

图7.34 全尾分级浓缩矿浆流程图

7.1.4.2 高浓度尾矿堆存技术

膏体是具有一定的屈服强度，在静止状态下基本不析水的固液两相混合体。采用膏体回填时，通常需要添加一定的胶结材料，调节膏体的强度和输送性能，通常塌落值为 $150\sim200mm$。而膏体尾矿地表堆存时，通常不添加胶结材料，采用渣浆泵输送，塌落值为 $200\sim275mm$。

根据膏体的特点，国内外开发了高浓度（膏体）尾矿的制备—输送—尾矿库堆存的新工艺，见图7.35，该工艺有以下优点：（1）尾矿浓度高（65%~75%）、矿浆体积小、回水利用率高；（2）不需要建常规尾矿坝、库址的选择灵活（塌陷坑、低洼地、缓坡地等）；（3）能够实现运营和复垦同步进行；（4）占地面积小、建设和维护费用低。

以尾矿排放量100万t/年，尾矿密度 $2.9t/m^3$，服务年限10年计算，采用常规矿浆堆存法需要库容700万 m^3，坝高55m，坝体体积190万 m^3。而采用干式堆存则仅需要库容56万 m^3，坝高20m，坝体体积15万 m^3。常规矿浆尾矿坝和干式（膏体）堆存的尾矿坝的断面图分别如图 7.36 和图 7.37 所示。

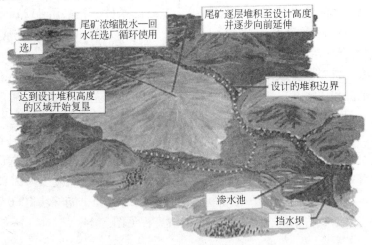

图7.35　高浓度（膏体）尾矿干式堆存示意图（在缓坡上的凸形堆积）

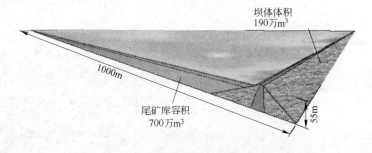

图 7.36　常规矿浆尾矿坝断面图

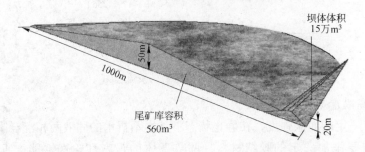

图 7.37　干式（膏体）堆存尾矿坝断面图

7.1.4.3　全尾充填采空区与全尾充填采矿法——地下尾矿库

水砂充填是利用分级尾砂作为矿山充填料的胶结充填技术。这种技术已经被国内外有色金属、黄金等矿山开采企业广泛应用。全尾充填是选厂尾矿全部用作充填料，弥补充填材料的不足，并将采空区处理和尾矿处理结合起来，实现无废矿山。全尾充填法分为全尾砂胶结充填和高水固结全尾砂充填两种方法。

A　全尾砂胶结充填法

某铁矿采用全尾胶结充填采空区，避免了在地表建尾矿库。采用全尾砂胶结充填自流输送工艺，以全尾砂作为充填骨料，利用水泥和细磨高炉水渣为胶结材料，采用强力活化搅拌制备充填料浆，充填料质量浓度大于 60%，充填体的强度达到 1 ~ 2MPa，充填料灰砂比为 1:4 ~ 1:6。通过全尾砂胶结充填，矿石回采率将由 60% 提高到 80% 以上，并实现了矿山采矿、选矿、充填三者互为依托、综合平衡的良性闭路循环，不建地表尾矿库。其工艺流程见图 7.38。

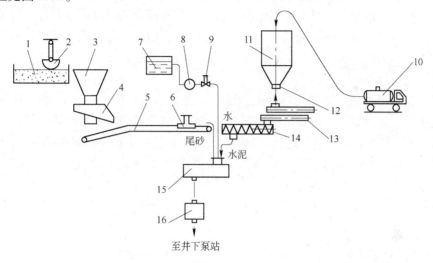

图 7.38 全尾砂胶结充填料制备站工艺流程图

1—尾砂池；2—抓斗；3—储料仓；4—振动给料机；5—胶带输送机；6—电子皮带秤；7—高位水箱；
8—流量计；9—调节阀；10—水泥罐车；11—水泥仓；12—振动给料斗；13—电子螺旋秤；
14—螺旋输送机；15—双轴搅拌机；16—高速搅拌机

B 高水固结全尾砂充填法

高水固结全尾砂充填其实质是在尾砂胶结充填工艺中不用水泥而使用高水材料作为胶凝材料，使用全尾砂作为充填骨料，见图 7.39。

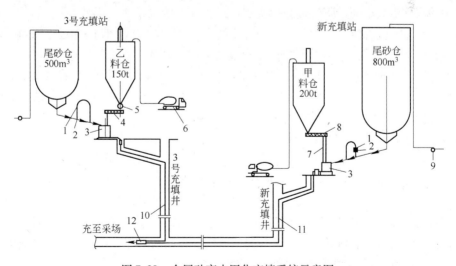

图 7.39 全尾砂高水固化充填系统示意图

1—浓度计；2—流量计；3—搅拌桶；4—螺旋秤；5—弹性叶轮给料机；6—水泥罐车；
7—流量计；8—螺旋给料机；9—砂泵；10—甲料尾砂浆输送管；
11—乙料尾砂浆输送管；12—混合器

高水速凝材料是一种速凝、早强，并可在大水灰比条件下硬化的水硬性胶结材料。该材料能将 9 倍于自身体积的水凝结成固体，0.5~1.0h 凝结，1 天强度达到 0.5~2.5MPa，3 天强度 4.0~5.0MPa。根据工艺设备条件和现场技术要求，充填料浆的浓度可在 30%~70% 之间。高水固结充填浆料充入采场后，不用脱水便可以凝结为固态充填体。高水固结充填与常规胶结充填相比，具有浆料浓度范围大、凝固速度快、不脱水、接顶效果好等特点，解决了井下的环境污染，降低了工人的劳动强度，因此，在应用上有明显的优越性。

7.2　过滤技术与设备

过滤作业利用过滤介质将物料中固液分开，充分回收目的矿物。过滤设备与物料性质、工艺条件、输送路线及装备水平密切相关。精矿水分过高，在输送途中既污染环境又增加动力消耗，同时造成下道工艺（冶炼、化工）备料成本高。因此有效降低精矿水分和选矿成本，成为矿物加工工程重要课题之一。为使滤后精矿水分达到下道工艺要求，大部分冶炼（化工）厂增加干燥作业，干燥法能耗大、成本高，一般尽可能不用。相对而言，过滤是较经济的脱水方法，可降低运输费用，减少环境污染和节约能耗，具有较大经济潜力。

7.2.1　陶瓷过滤机

陶瓷盘式过滤机的研制始于 1995 年，是高科技产品，它利用了"相似则相容"和"毛细"两大原理。"相似则相容"是化学的一条基本原理，其原理认为：具有相近分子结构的物质能彼此很好相亲；反之亦然。水和气体间分子结构存在较大的差异，水分子是极性分子，而空气中大多数为非极性分子，这为陶瓷盘式过滤机利用该原理实现铁精矿过滤提供了基本前提。陶瓷盘式过滤机通过选择与水分子具有较好的包容性而与空气具有较差的包容性的材料作为其过滤介质实现过滤。同时要实现精矿过滤，必须利用"毛细"原理，既可使铁精矿中的水分更好地通过陶瓷过滤板实现过滤，又可因为亲水的陶瓷与水间的表面张力，使得微孔中水分不被抽空，避免了大气与陶瓷过滤板内部的串通，使陶瓷过滤板内部始终保持较高的真空度。该类机应用微孔陶瓷板作过滤介质，过滤机理有新突破，根据不同矿性，陶瓷盘微孔可在 0.3~8μm（孔径泡点压力 35~933kPa）间调整，不但有毛细管作用（一是把水吸入管内；二是保持管内的水，阻止空气通过微孔），而且不让空气透过，使用周期 2~4 年。滤盘把空气吸入滤饼置换其中水分，真空泵抽出水而没有空气，整机能耗是传统过滤机 10%。主要构件有矿浆槽、搅拌器、滚筒、陶瓷片、超声波发生器、酸洗装置、刮刀、真空泵和 PLC 组件等。工作周期依次为滤饼形成、干燥、刮卸和陶瓷片冲洗四个阶段，干燥的滤饼到达卸饼刮刀位置（0.5~1.0mm）被自行卸落。

陶瓷片在开始下一循环前，被高位水池的滤液水反冲洗（3~5s）。反冲洗水（0.5~0.8Pa）经过滤、减压和恒压系统达到恒压，再经分配阀进入陶瓷板内，经毛细管向外流动，以清除残留的滤饼和疏通微孔。运行一段时间，陶瓷板面和内部会积聚一定反冲洗水难以清洗的固体物，必须启动清洗系统（酸洗和超声波清洗，通常两者同步进行）。放空槽内矿浆，注满水同时加入草酸或硝酸，酸液通过微孔到达陶瓷板面，清除微孔内不溶性氟化物和其他矿物；为高效、快捷清洗并节约化学药剂，弥补化学清洗不足，超声波清洗系统可进一步清除陶瓷板面顽固附着物。陶瓷过滤机的外形图和工作原理图见图 7.40 和图 7.41。

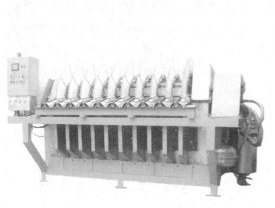

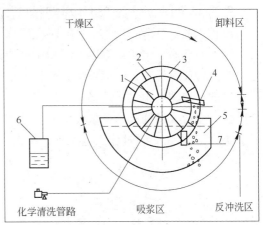

图 7.40 陶瓷过滤机　　　　　　图 7.41 陶瓷过滤机工作原理

1—转子；2—滤室；3—滤板；4—滤饼；5—矿浆槽；

6—真空筒；7—超声装置

通常，该类机滤饼水分在 12% 以下，产能在 450kg/(m² · h) 以上。陶瓷板随给矿浓度增大，产能增大，水分升高，浓度不低于 57%，产能增幅明显。滤饼水分显著低于传统真空过滤机，滤液含固量在 5×10^{-4}% 以下，减少了超细颗粒在脱水流程中的循环量，有利于提高回水利用率和优化粒级组成。其具有分离速率高（过滤速度快、产能高）、分离精度高（滤液含固低、滤饼水分低）、运行效率高（易于实现自动化、连续性、节能）的特点。

7.2.1.1 陶瓷过滤机在鲁南矿业公司的应用

鲁南矿业公司自建矿以来，一直使用 TCW-12 型过滤机，该机型号的缺点是处理能力小、耗电量大、滤布空隙大。由于矿石系鞍山式沉积变质贫磁铁矿，原矿品位低，单体分离较难，决定工艺流程为阶段磨矿阶段选别。经三段磨矿后，铁精矿粉 – 0.074mm 占 93%，粒度很细。过滤中细粒矿粉被过滤介质的丝织物束缚，附着于滤布上，导致滤布的透气性差；久则堵塞滤布，使过滤效果变差，处理能力下降。特别是 2003 年应用反浮选以来，使用多种药剂，矿浆显碱性、黏滞，滤布束缚矿粉的能力也随之增强，过滤效果更差。过滤机处理能力跟不上，过滤水分超标，是困扰生产的重要因素。为达标必须频繁更换滤布，造成停机，成本急剧上升。

进过研究，鲁南矿业公司采用 P30/10-C 型陶瓷过滤机代替原有 TCW-12 型过滤机。两种过滤机的性能对比见表 7.19。

表 7.19　TCW-12 型过滤机和 P30/10-C 型陶瓷过滤机的性能对比

项 目 名 称	TCW-12 型过滤机	P30/10-C 型陶瓷过滤机
操作方式	变频调速	PLC 控制
过滤介质	织物介质	多孔陶瓷介质
真空度/MPa	0.6 ~ 0.7	0.8 ~ 1.0
卸料方式	吹落卸料	刮刀卸料
过滤面积/m²	12	30
工作过程	过滤、干燥、吹落	过滤、干燥、卸料、反冲洗、定时清洗

图 7.42 和图 7.43 为 P30/10-C 型陶瓷过滤机和 TCW-12 型过滤机的过滤工艺流程。

改扩建前，TCW-12 型过滤机在主厂房内，浮选精矿经磁选机脱水，直接给入过滤机。因矿石性质、给矿量等因素不稳定，导致给入 TCW-12 型过滤机的矿量不稳。矿量大时，因处理能力受限，溢流量大，不仅增加了劳动强度，而且造成金属流失。改扩建后，脱水后的浮选精矿由泵异地输送到球团厂。分矿箱、事故池都能缓解矿量大给过滤机带来的压力，使给入过滤机的矿量稳定，不会跑矿。同时大大降低了劳动强度。从图 7.42 和图 7.43 可以看出，新过滤工艺完善、优化、适应能力强；旧过滤工艺简单、适应能力差。

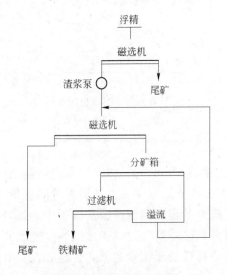

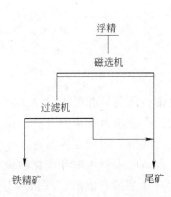

图 7.42　P30/10-C 型陶瓷
过滤机过滤工艺流程图

图 7.43　TCW-12 型过滤机的
过滤工艺流程图

由于表 7.20 中 TCW-12 型过滤机指标为 2003 年年平均值，故 P30/10-C 型陶瓷过滤机也采用 2003 年上半年平均值。从表 7.20 可见，P30/10-C 型陶瓷过滤机各项作业指标均明显好于 TCW-12 型过滤机，实现了滤饼水分小于 7%，利用系数达到 0.8 以上的突破。经过技术经济分析每年节省电费 88.45 万元，节省运费 60 万元。

表 7.20　两种过滤机的技术指标对比

型　　号	给矿浓度 /%	滤饼水分 /%	滤饼厚度 /mm	滤液浓度 /%	利用系数 /t·(m²·h)⁻¹	台时处理能力 /t·h⁻¹
P30/10-C 型陶瓷过滤机	65	6.3	7~9	0.002	0.8	23~30
TCW-12 型过滤机	55	11.0	5~7	12.75	0.65	7~8

7.2.1.2　陶瓷过滤机在鞍钢东鞍山烧结厂的应用

东鞍山铁矿石属细粒浸染铁矿石，难磨难选。需经细磨后才能单体解离，原采用脂肪酸类捕收剂正浮选选别工艺，选别后的铁精矿具有"细、泥、黏"的特性，难沉降难过滤，虽经三段浓缩两段过滤处理，滤后精矿水分仍为 13%~15%，烧结前需添加干瓦斯灰处理，既造成了周边环境污染，又影响了烧结矿品质，同时浓密机溢流超标排放，污染河流，每年铁精矿流失达 3 万 t。东鞍山烧结厂铁精矿过滤成为选矿界的难题，直接影响东鞍山烧结厂的生存和发展，国内外多家科研机构先后采用多种设备及工艺，试图有所突破，但均未在生产中被采用。

2001年1至5月，东鞍山烧结厂采用P30/10-C型陶瓷过滤机进行铁精矿过滤工业试验。试验分两个阶段进行。第一阶段是条件试验。通过对给矿浓度、滤盘转速、搅拌频率、酸洗制度、分配盘角度等条件的考查，确定设备运转最佳条件组合；第二阶段是工业考察阶段。设备带矿连续运转，采用陶瓷过滤机与内滤筒式过滤机平行对比方式进行。试验期间，两种过滤机生产指标见表7.21。

表7.21 东鞍山烧结厂陶瓷过滤机与内滤筒式过滤机生产指标对比

设备类型	给矿浓度/%	滤饼水分/%	利用系数/t·(m²·h)⁻¹	滤液浓度/%
陶瓷过滤机	65.73	9.41	0.757	21×10^{-6}
内滤筒式过滤机	65.73	13.48	0.227	15.46
差 值	0	-4.07	0.53	-15.46

从表7.21可以看出，在相同给矿条件下，陶瓷过滤机与内滤筒式过滤机相比，滤饼水分降低4.07%，利用系数提高0.53t/(m²·h)，滤液清澈透明，过滤生产指标实现历史性突破。

陶瓷过滤机在鞍钢东鞍山烧结厂安装调试，条件试验期间，针对铁精矿物料特性，我们对设备进行了前面述及的改进和优化，工业试验考查结果表明，P30/10-C型陶瓷过滤机自动化程度高、结构合理紧凑、事故率低、运转平稳可靠。

根据试验结果计算，采用P30/10-C型陶瓷过滤机替代筒式过滤机后，东鞍山烧结厂过滤工段每年可节约电费310.57万元，节省滤布费用178.55万元，减少排污费40万元，回收细粒铁精矿效益330万元，取消三段浓缩机效益358.75万元，水回收效益30.84万元，除去陶瓷过滤机滤板费用和耗酸费用，年新增经济效益872.8万元。

2002年，鞍钢东鞍山烧结厂选别流程全面技术改造，选别工艺由单一浮选改为磁选—重选—反浮选联合选别工艺。过滤设备选用P30/10-C型陶瓷过滤机。投产之初，由于选别流程不稳定，加之反浮选采用多种药剂，特别是苛化淀粉的影响，东鞍山烧结厂铁精矿过滤难度更大，陶瓷过滤机生产指标波动较大，后经采取加酸水解淀粉、规范操作规程及清洗工艺等措施，生产指标不断提高，2005年5月份东鞍山烧结厂生产考查结果：陶瓷过滤机利用系数达到0.99/(m²·h)，滤饼水分小于10%。

此外，陶瓷过滤机还在安钢舞阳矿业公司、北京首钢铁矿等工业中应用，具体内容见表7.22。

表7.22 陶瓷过滤机在铁矿中的工业应用

铁 矿	选别工艺	给矿浓度/%	给矿细度/%	利用系数	滤饼水分/%	滤机型号	台数
舞阳铁矿	磁选	40~50	(-0.074mm) 80	1.2	<8	P30/10	6
伟源铁矿	磁选	40	(-0.074mm) 60~70	1.0~1.2	<7	P30/10	7
首钢铁矿	磁选	50~60	(-0.074mm) 80	1.3	<9	P30/10	4
庙沟铁矿	磁选	50	(-0.051mm) 80	1.5	<8.5	P30/10	2
安利铁矿	磁选	50	(-0.051mm) 80	1.5	<8.5	P30/10	1

7.2.2　ZPG 系列盘式真空过滤机

7.2.2.1　ZPG 盘式真空过滤机的特点

马鞍山矿山研究院在"九五"攻关期间研制的 ZPG 系列盘式真空过滤机吸取国内外同类机型的优点，针对金属矿物密度大、沉降速度快、腐蚀性强的特点，进行了系统研究与优化设计，取得了重大的突破。

ZPG 盘式真空过滤机有滤盘、主轴及配气装置、主轴传动、搅拌装置、导料及卸料装置、滤布清洗装置、槽体、给矿装置、集中自动润滑系统等主要部件组成。

ZPG 系列盘式真空过滤机吸收国内外过滤机的先进技术和技术改进经验而开发的新型过滤设备。其主要特点如下：

（1）滤扇由高强度塑料制成，强度高、坚固耐用、寿命长；重量轻，降低了主轴负荷，节省动力消耗，便于维修，减轻了工人劳动强度；表面平整，滤液沟槽呈人字形，通道光滑，液气畅通无阻，滤液通过能力大。

（2）滤盘由 20 个滤扇组成，扇面夹角为 18°，减小扇面夹角能有效地使扇面上各点都处于相近的工作条件，改善了脱水效果；滤盘采用环形夹具滑道及防摆滑橇，使盘面平整，运转时偏摆量小，能有效提高脱饼率。

（3）主轴采用钢管焊接结构，20 根滤液管呈环状分布，活压在主轴圆周上便于维修；滤液管道及分配头通过能力大，阻力小，两端分配静盘的干燥区稍有不同，能加速滤液管中残留滤液排出；主轴采用调速电机驱动，实现无级调速，适应物料范围广。

（4）在槽体下部设有桨叶式搅拌装置，搅拌轴与主轴平行，搅拌轴上的桨叶在各滤盘之间不断搅拌矿浆。搅拌轴的驱动由调速电机，摆线针轮减速器，链传动组成，搅拌速度范围为 0~110r/min 实现自动变速搅拌，以适应不同物料过滤要求。搅拌轴的两端装有水封式组合密封装置，工作时注入一定压力清水，保证良好的密封效果。

（5）采用自动集中润滑，由一台多点干油泵对设备各润滑点定时自动润滑，保证各工作部位进行正常运转，减少磨损。

（6）整机由可编程控制器控制，控制台有模拟显示屏，采用一台 32 点可编程序控制器统一控制，包括润滑、主轴、搅拌等电机启动与停止；自动润滑、搅拌自动变速；液位手动、自动控制；电机过载及液位极限报警；显示屏能随时显示各部件运转情况。

ZPG 型盘式真空过滤机的过滤圆盘由调速电机通过减速器及开式齿轮副的传动来驱动，使之在装有一定液位的矿浆槽体中以一定的转速转动，当过滤圆盘的某个滤扇进入过滤吸附区时，借助于真空泵的作用，在滤布两侧形成压力差，使固体物料吸附在滤布上并进入脱水区后，滤饼在真空的抽吸力作用下，水不断与滤饼分离，进一步从滤液管及分配头排出。进入卸料区后，滤饼在反吹风和刮刀的作用下，从滤扇上卸下落入排料槽，由集矿皮带运输机运走，整个作业过程连续不断地进行。ZPG 系列盘式真空过滤机的众多优点，使其迅速在黑色矿山应用推广。

7.2.2.2　ZPG 系列盘式真空过滤机在包钢选矿厂的应用

包钢选矿厂以白云鄂博矿为原料，由苏联选矿设计院负责原设计。经多年改进，现已形成三种工艺流程并存的方式，即氧化矿：弱磁—强磁—反浮选；磁铁矿：弱磁—反浮选；再磨矿—弱磁—细筛。由于白云鄂博矿石种类繁多，化学成分复杂，属多金属共生矿床，嵌布粒度细，故铁精矿粒度较细（ -0.074mm 占 92% 以上），反浮选过程捕收剂用 GE-28，调整剂用水玻璃，矿浆黏性大、温度低，脱水有一定困难。自 1965 年包钢选矿厂建厂投产以来，近 40 年，选矿厂铁精矿过滤一直使用的是 40m² 筒型内滤式真空过滤机。随着高炉对精矿的要求越来越高，磨矿粒度越来越细，40m² 筒型内滤式真空过滤机暴露出来的缺陷日益明显，已经不能很好地适应生产的需要，如维修量太大，故障率高，精矿水分波动，过滤效率降低等，因此需要进行改进。为此，采用 ZPG-72m² 盘式真空过滤机代替内滤式真空过滤机。设备安装后，工业试验前期技术指标并不理想，精矿水分虽有所降低，过滤效率却低于 40m² 筒型内滤式真空过滤机的效率，针对暴露出的问题，在调试过程中进行了如下改进。

（1）真空量、吹风量重新配制。ZPG-72m² 盘式真空过滤机原设计是单独供给真空、单独供给压缩空气的，而包钢选矿厂过滤工序，不论是真空，还是压缩空气都是集中供给的。ZPG-72m² 盘式真空过滤机所需的真空量为：5100m³/h，2 台即为 10200m³/h，远远大于 3 台 40m² 筒型内滤式真空过滤机所需的真空量 6000m³/h。为保证 ZPG-72m² 盘式真空过滤机所需的真空度，必须增加真空泵设备的运转台数，造成能耗的大幅度增加。同时，该厂矿浆性质有别于其他选矿厂，矿浆粒度细、药剂量多、黏度大，原厂家配置吹风风量、风压无法使滤饼正常卸落，多半落入矿槽重复过滤，过滤效率较低。为此，车间进行管网改造，为 ZPG-72m² 盘式真空过滤机配置了单独的真空管线和压缩空气管线，安装风包，并配置专用的真空泵和鼓风机，单独供给真空和吹风。同时针对滤扇上吹风风量较小、滤布鼓不起来的问题，对分配盘进行改进，将吹风区扩大并稍有提前。导料及卸料装置改进。该机采用塑料刮板和反吹风联合卸料方式。因刮板作用易造成滤布严重磨损，故仅利用反吹风卸料，刮板只起导料作用。针对刮料板调节难度大、卸料刮布的问题，先后进行了多次改进。先由固定式刮料板改为可调式刮料板，且将上部安装软胶皮，由岗位对刮料板与滤盘间距进行调整。试验中发现矿卸落时易将刮料板砸松，调节比较繁琐，若发现不及时，刮料板翻个，会造成滤布严重刮坏。经反复试验，最终确定将刮料板位置下移，放于滤扇吹风区下方，吹风时滤饼沿抛物线下落，刮料板只起到接料作用即可。为防止快速磨损，将刮料板改为白钢材质。

（2）滤盘改进。由于过滤盘直径较大、过滤扇数量较多，安装后造成盘面不平，运转时盘面晃动，且与刮料板间距不均匀，刮料板太近刮坏滤布，太远滤饼则落入矿槽中，造成重复过滤。在更换滤布的时候，对滤盘盘面进行找平，并将固定滤扇的压板加长，使多数滤扇在同一平面内。用普通螺杆固定滤扇，运转一段时间后发现生锈无法拆卸，故全部改为不锈钢螺杆，并将螺帽改为尼龙螺帽，改善了滤盘晃动现象，同时也改善了过滤效果。

（3）水网改造。由于水中渣子较多，冲布水管上细孔极易堵塞，将原冲布水管上扁长孔改为圆孔并将冲布水管堵头安放阀门，定期除渣。造成搅拌槽轴头密封不严、跑冒滴漏的主要原因是回水杂质多，对搅拌轴的密封装置磨损严重以及水压不足，不能形成水密封。对搅拌轴的水封水管需单改一路清水管，保证一定的水压。

（4）过滤布试验。由于矿浆黏细，滤饼在滤布上的吸附能力较强，滤饼不易卸落，过滤效率较低。厂家提供的两种过滤布均不适宜，为此车间选用多种滤布进行试验，现使用过滤布效果好，基本满足生产要求。

ZPG-72m² 型盘式真空过滤机工业试验 9 个月，通过技术改造，各项指标与 40m² 内滤式真空过滤机对比有了明显好转，滤饼水分、过滤效率、台时能力指标对比见表 7.23。

表 7.23　ZPG-72m² 型盘式真空过滤机与 40m² 内滤式真空过滤机的指标对比

设 备 名 称	过滤效率/t·(m²·h)⁻¹	滤饼水分/%	台时能力/t·h⁻¹
40m² 内滤式真空过滤机	1.50	15.30	60.0
ZPG-72m² 型盘式真空过滤机	1.80	11.00	129.6

工业试验发现，ZPG-72m² 型盘式真空过滤机具有以下优点：

（1）除滤扇更换比较频繁，很少进行任何设备检修，节约了机械，铆焊件，皮带的维护费用。

（2）实测台时能力 129.6t/h；同期 40m² 筒型内滤式真空过滤机的台时能力为 60t/h，前者是后者的 2.16 倍。2 台 ZPG-72m² 型盘式真空过滤机代替 3 台 40m² 筒型内滤式真空过滤机可增产 79.8t/h。

（3）平均滤饼水分 11%，同期 40m² 筒型内滤式真空过滤机平均滤饼水分 15.30%，降低了 4.3%，为下道工序生产创造了有利条件。同时由于 ZPG-72m² 盘式真空过滤机停车时不往精矿皮带下水，减少了烧结二次停车的概率。就目前生产状况看，水分指标还有潜力可挖。

（4）由于 ZPG-72m² 盘式真空过滤机单独供风，配套设备电机总功率为 302kW，而 40m² 筒型内滤式真空过滤机配套设备总电机功率为 294.5kW，电量消耗增大，产生一定的负效益，但与整体效益相比负效益非常小。

7.2.2.3　ZPG 系列盘式真空过滤机在鲁中冶金矿业集团选矿厂精矿过滤中的应用

鲁中冶金矿业集团公司选矿厂一期工程原设计年处理原矿 210 万 t，截至 2005 年底，年处理原矿已达到 220 万 t。二期工程设计年处理原矿为 480 万 t，其中平炉矿达 50 万 ~ 80 万 t，混合矿为 350 万 t。过滤设备原采用 GN240 型内滤式真空过滤机，其台时生产能力为 30 ~ 40t/h，滤饼水分为 10.5% ~ 12%，设备的真空度为 0.05MPa。设备存在的主要问题是：铁精矿水分含量较高；原滤布为丙纶针刺无纺滤布，较厚，透气性差；使用寿命较短；调速范围小；泄漏点多，维修量大；备件寿命短，费用高。

为较好地解决铁精矿过滤问题，为二期过滤设备的选型提供依据，该公司于 2004 年选用了由中钢集团马鞍山矿山设计研究院生产的 ZPG-40 型盘式真空过滤机投入使用。经过一年多的应用，过滤效果显著。

该矿石为高温热液接触交代型（矽卡岩型）含铜钴的磁铁矿床，有用矿物以磁铁矿为主，镁磁铁矿、赤褐铁矿次之，自然铜、黄铜矿、黄铁矿少见。矿石中伴生的铜为自然铜，含量在 0.03% ~ 0.08%，原设计按铜精矿含铜 20%，回收率为 40%。脉石矿物主要为蛇纹石、透辉石、方解石和蛭石等。混合矿入选的原矿开采品位 35.13% 左右，其生产工艺流程为：磁滑轮干选抛尾、湿式自磨二球磨两段磨矿、磁选—重选—浮选联合选别流程。选别后的精矿品位在 63.5% ~ 64%。

磁选铁精矿粒度组成见表 7.24。

表7.24 磁选铁精矿的粒度组成

粒度/mm	+0.074	-0.074+0.037	-0.037
产率/%	51.18	15.76	21.80

可见铁精矿的粒度较粗，但由于原矿含泥量较大，有时高达4%～8%，严重影响了过滤设备的正常生产。ZPG-40型盘式真空过滤机在投入生产使用之初，由于种种原因，在较长一段时间内运转不正常，现象有：

（1）搅拌能力小。由于该选矿厂铁精矿粒度粗，+0.074mm占50%以上，铁矿沉降速度快，槽体中矿浆出现分层现象，上部浓度低，而底部浓度高。又由于给矿量波动较大，在给矿量大时，会在较短时间内造成搅拌电机过热，不得不停车冲洗槽体。

（2）滤饼不均匀。由于搅拌能力小，造成吸附在滤盘的滤饼厚薄不均匀，使台时处理量偏低。

（3）搅拌密封处泄漏量较大。按过滤机技术要求，搅拌轴两端的封水压力为0.2～0.3MPa的清水。但鲁中选矿厂由于采用含泥量很高的环水作为搅拌密封处的封水，使得搅拌密封处泄漏量较大，跑水跑矿较重。

（4）滤布袋吸附矿粉效果不佳，按设计要求带矿量明显不足。

为此对ZPG-40型盘式真空过滤机进行了以下改进：

（1）加大了搅拌电机减速机的功率，由原型号BWT14-11-7.5改为BWT15-11-11，功率由7.5kW变为11kW，速比不变。

（2）对搅拌装置中的搅拌叶片进行了改进。不仅在长度上增加了60mm（回转半径），且对叶片形状进行了改进，使其更趋合理性。

（3）随着叶片的改进，槽体也进行了较大程度的改进，避免了积矿。

（4）采用压力为0.2～0.3MPa的清水供给搅拌轴两端封水，并更换了搅拌装置的搅拌轴承，其中包括搅拌轴、头轴和尾轴，水密封装置及轴承座轴承改进等措施。

（5）在传动系统中，更换了主、从传动件，如：链轮、链条等件，且配备了几套大小不等的传动件，以便根据矿量大小而实现合适的控制转速。

（6）针对填料密封件使用寿命较短问题，采取了封水分路供给、压力加大等措施。

（7）在改进搅拌装置的同时，又增加了高压风与机械搅拌相结合的方案，确保搅拌的有效性。

（8）对滤布袋的材料先后更换了多种，按照该选矿厂矿粉性质及上矿量等综合指标考察后，最后固定一种材料长期使用。

通过以上改进，搅拌浓度在槽体中上下基本一致；搅拌轴两端的水封密封装置稳定可靠，搅拌密封处的矿浆泄漏现象不再发生，滤盘吸附量已基本均匀，处理量明显提高，不再出现跑矿、压盘等现象。滤布袋使用寿命显著延长。

经投入生产应用，ZPG-40型盘式真空过滤机与GZ-40型内滤机相比有如下优点：

（1）ZPG-40盘滤机产出的精矿实际水分达到8.5%～9.0%，比内滤机降低了2.2～2.5个百分点，台时处理量40～50t，比内滤机提高20%以上。满足了精矿外销及运输要求，解决了长期以来精矿水分偏高的技术难题，仅此一项年节约资金100多万元。

（2）盘滤机具有更大范围的适应性。不仅适合于粒度较小的物料，而且也适应于粒度和密度都较大且含泥质较多的物料。如该选矿厂的原矿含红板岩、铁精矿粒度 +200 目含 50% 以上者均能适应。

（3）盘滤机结构直观，易巡检，维修量小，各部件使用寿命长。

（4）盘滤机具有更大范围的调速系统，且有刻度显示，非常直观；而内滤机仅有高、中、低 3 个挡位，且无数值显示，是模糊速度。

（5）与内滤机相比，由于该机型增添了导料卸料板装置，卸矿效率较高。

（6）盘滤机在润滑系统中采取了集中润滑代替各干油润滑点的油杯润滑，不仅提高了润滑效率，而且确保了各润滑点的润滑质量和效率。

7.2.2.4　ZPG 系列盘式真空过滤机在舞阳矿业公司红山选厂精矿过滤中的应用

舞阳矿业公司红山选厂为浮选红铁矿，采用阶段磨矿、粗细分选、强磁—重选—阴离子反浮选工艺，精矿品位 64.5%，粒度粗细分布不均匀，粒度范围为 0 ~ 0.3mm，并且含泥量较大，粒度为 -0.074mm 含量 80% ~ 85%，-10μm 以下含量在 10% 以上，普通的真空过滤机用于红山选厂铁精矿的脱水相当困难。原精矿过滤采用 GN220 筒型内滤式真空过滤机，其过滤能力仅为 0.5t/(m² · h)，选择该过滤机应用在红山选厂的过滤改造，则一是需要设备的台数过多，投资较大；二是该机在生产中最好的水分指标为 12%，平均为 13%，含水量大，导致运输过程中自然损耗大，且增加了运输成本；三是该机总装机容量为 84.5kW，单位精矿过滤耗电量为 8.45kW · h，能耗高；四是该机由于构造，维护、检修比较困难，备件更换频率高，导致其维检费用较高，设备作业率低下。

经过比较和工业试验，选用 ZPG 系列盘式真空过滤机及其过滤系统用于该矿的过滤改造。

应用 ZPG 真空盘式过滤机后获得较好的过滤指标，精矿品位 64.5%，粒度为 -0.074mm 含量 80% ~ 85%，真空盘式过滤机处理能力达到 0.6 ~ 0.8t/(m² · h)，精矿水分不高于 8%，减少了生产成本及运输成本。其优势如下：

（1）工作效率高。经过生产检测及分析，在过滤机转数控制在 0.8 ~ 1r/min，搅拌转数为 70 ~ 80r/min 时，给矿浓度约 45% ~ 55%，盘式过滤机的处理能力为 0.6 ~ 0.8t/(m² · h)，大大高于筒型内滤式真空过滤机。

（2）精矿含水量低。经过现场一年多的使用，铁精矿的水分一直保持在 6% ~ 8%。产生的直接效益是运输成本降低了 5%，费用降低 50 万元，其经济效益是相当可观的。

（3）工作负荷较小。盘式过滤机其总装机容量为 200.5kW（未考虑真空泵电机），同比之下，单位过滤精矿电消耗为 2.98kW · h，降低了精矿生产成本。

（4）维修方便。由于盘式过滤机设计结构合理，其维护、检修较筒型内滤式真空过滤机方便，整个维检费用降低，设备作业率高。

（5）效益分析。根据设备运行的统计数据分析，与 GN220 筒型内滤式真空过滤机相比，电耗按每年处理 30 万 t 精矿计算，年节约电费 106.67 万元；滤饼水分降低的直接效益使运输成本降低了 5%，费用降低 50 万元，年直接经济效益为 156.67 万元。

7.2.2.5　ZPG 系列盘式真空过滤机在承钢双大矿业公司的应用

双大矿业公司年产铁精矿 35 万 t，精矿粒度 -200 目占 65%，原用筒式真空过滤机，滤饼水分高，于 1997 年改用 ZPG-72 型盘式真空过滤机，滤饼水分较原过滤机降低 2%，满足了滤饼水分不大于 8.9% 的工艺指标要求。与筒式真空过滤机相比每年节省滤布消耗费用 2118 万元；能耗少，年节省电 3218 万 kW·h，按 0.35 元/kW·h 计全年节电费用 1115 万元；精矿水分下降 2%，35 万 t 精矿少运 7000t 水，每吨公里按 0.42 元计，运距 7km，降低运费 2105 万元。

7.2.2.6 ZPG 系列盘式真空过滤机在承钢黑山铁矿的应用

黑山铁矿的精矿过滤原用两台内滤式筒式真空过滤机，一直存在滤饼水分高、过滤系数低的问题，满足不了选矿工艺要求。于 1998 年 5 月开始使用 ZPG-72 型盘式真空过滤机，以 1998 年 9 月份生产统计表明：平均滤饼水分 8.1%，过滤系数 0.897t/(m²·h)。在相同工艺条件下比原用筒式滤机滤饼水分降低 21.2%，过滤系数提高 0.367t/(m²·h)，而占地面积小，只相当于一台 40m² 筒式内滤过滤机，满足了生产工艺要求。

总之，ZPG 盘式真空过滤机与筒型内滤真空过滤机比较，有着过滤效率高、滤饼水分低、生产能力大、设备结构紧凑、占地面积小、操作简单、维护方便、设备运行稳定、机械故障少、滤布更换方便、生产成本低等优点。采用国内先进的 ZPG 系列型盘式真空过滤机主体设备，用于铁精矿脱水工艺流程已是一种发展趋势。

参 考 文 献

[1] 陈述文，仝克闻，马振声等. 高效浓密机的应用现状及前景. 冶金矿山设计与建设，1997，29 (1)：48~52.

[2] 勾金玲，赵福刚. 高效深锥浓密机在梅山选厂的应用. 矿业快报，2007，(3)：70~72.

[3] 苏兴国，胡振涛，齐永新. 齐大山铁矿选矿分厂尾矿高效浓缩技术研究. 金属矿山，2007，(3)：68~72.

[4] 杨慧. 高压浓密机膏体制备系统的研究与设计. 矿冶工程，2003，23(2)：36~39.

[5] 跃钢. 传统 NT-30 浓密机改造. 湖南有色金属，2003，19(6)：52~55.

[6] 张志明，许锦康，李平. KMLZ500/50 斜板浓密机的设计和应用，矿山机械，2006，34 (1)：70~71.

[7] 秦同文，王英姿. 尖山铁矿尾矿浓缩工艺研究及生产实践. 金属矿山，2007，(7)：67~69.

[8] 武钢大冶铁矿尾矿旋流器—浓密机混凝沉降工艺试验. 武钢矿业文集.

[9] 崔学奇，吕宪俊，葛会超等. 旋流分级浓缩工艺在北洛河铁矿的应用. 中国矿业，2007，16(2)：73~76.

[10] 杨慧，陈述文. φ50m 大型浓密机的自动控制. 金属矿山，2002，(12)：38~40.

[11] 彭业贵. φ24m 浓密机的受力分析与改进. 矿山机械，2005，33(11)：102~103.

[12] Svarovsky L. Solid-Liquid separation Butterworths. 1981. 139.

[13] Burger R, Concha F. Mathematical model and numerical simulation of the settling of flocculated suspensions. International Journal of Multiphase Flow, 1998, 24(6): 1005~1023.

[14] 长沙矿冶研究院. 中原冶炼厂黄金湿法冶炼浓缩洗涤研究报告. 1998.

[15] 杨慧. 高压浓密机膏体制备系统的研究与设计. 矿冶工程，2003，23(2)：36~39.

[16] 李桂鑫. 高效节能的过滤设备——陶瓷过滤机. 国外金属矿选矿，1998，(7)：35~38.

[17] 李书会，陈维辉，杜进军. ZPG-72 型盘式真空过滤机的研制. 金属矿山，1998，(3)：28~31.

[18] 田素霞. ZPG-72m² 盘式真空过滤机的应用及改进. 包钢科技，2005，31(4)：44~47.

[19] 张存涛. ZPG-40 型盘式真空过滤机的应用及改进. 矿业快报，2007，(1)：62~63.

[20] 魏永明，郝顺利，武小涛. ZPG-96 盘式真空过滤机的应用. 矿业快报，2006，(8)：49~50.

8 选矿厂的节能减排与综合利用

8.1 选矿厂的节能技术

8.1.1 选矿厂能耗概况

目前选矿厂能耗中电耗占90%左右，选矿电能消耗占选矿厂总单位成本的50%以上。有关资料显示全世界每年消耗于碎磨作业的能耗占全世界发电总量的3%～4%。某选矿厂电耗使用情况表明，电耗最大的是磨矿工序，占全厂电耗的50%以上，其次尾矿泵送工序占全厂电耗的20%以上，破碎工序占全厂电耗的10%以上。另外在选矿厂磨矿机衬板、磨矿介质、泵过流件、浮选机叶轮、盖板、搅拌槽叶轮、旋流器沉砂口等易损耗件的耗费中，衬板占易损件耗费的60%以上，磨矿介质占易损件耗费约30%，故选矿厂节能降耗应注重这些方面。只有寻求廉价生产要素，积极采用、推广节能技术和设备，才能促进企业的可持续发展。

8.1.2 选矿厂节能降耗的技术

8.1.2.1 多碎少磨工艺

每个选厂均有合适的矿石入磨粒度，J. C. Farrant 认为当破碎的粒度为9～12mm时，破碎的总能耗最低；而国内公认的经验粒度范围为10～15mm，上述粒度的矿石入磨可以大幅度提高磨矿产量，降低能耗和改善入选条件。遵循"以碎代磨"这一原则，发展超细碎及多碎少磨工艺，优化和缩短选矿工艺流程。根据不同矿石的性质，对碎矿流程和磨矿流程的矿石排放粒度进行科学规定，可使碎矿设备的作业率提高近20%，球磨机的利用系数提高近10%，可以降低碎磨总能耗15%～30%。

提高破碎效率，降低细碎粒度，实现"多碎少磨"，一直是铁矿选矿节能降耗努力的方向，同时，预选技术、磁化焙烧技术等分选技术效率的提高都期待细碎粒度的进一步降低。传统圆锥破碎机存在着单机产量低、能耗高、细粒级含量低等不足之处，近年发展起来的新型圆锥破碎机（如 Nordberg HP 系列圆锥破碎机、Sandvik 公司的圆锥破碎机）以及德国洪堡公司的高压辊磨技术将对铁矿山实现"多碎少磨"起关键性的作用。

8.1.2.2 矿石预选技术

对贫化率较高的矿石，铁矿山普遍采用干式磁选的方式对矿石进行预先富集预选抛废。在矿石破碎或入磨前经过预先富集，可以丢弃1/5～1/2的原矿量，不仅可以提高原矿品位，而且可以减少矿石的入碎量或入磨量。通过预选后入磨矿石硬度降低，钢球衬板耗量及电耗分别下降，从而节省大量的能源。

在磁铁矿山，广泛采用大块干式辊式磁选机（磁滑轮）实现预选抛尾，但由于受矿石含水量、磁性率、给矿粒度的影响，磁滑轮抛废品位波动较大。旧式的湿式磁选机给矿粒度一般在 60 ~ 0mm，实际生产在 2 ~ 0mm，不能满足入选前抛尾的生产需要。近年来，BKY 型湿式预选机研制出现，上述问题得以很好的解决，新型磁选机分选粒度达到 20 ~ 0mm，分区磁感应强度达到 300mT，既满足入磨前抛尾，又能保证尾矿品位的要求。湿式预选机采用较小的给矿粒度，入选粒度为 20 ~ 0mm，为保证设备的正常运转不沉槽，不堵塞，入选粒度需控制在 10 ~ 0mm。

在赤铁矿山，干式预选技术也越来越受到人们的重视，如马鞍山矿山研究院研制的 YCG-350 × 1000 粗粒辊带式永磁强磁机在梅山铁矿预选中得到应用，用于 20 ~ 2mm 铁矿石预选抛废；长沙矿冶研究院研制的 PHMS 系列筒式永磁强磁机既可用于粗粒抛废，又可用于获得合格粗粒铁精矿；美国 Eries 公司的辊带式稀土永磁强磁选机在酒钢矿石预选中进行试验；东北大学与沈阳矿山机器厂合作开发研制了赤铁矿强磁预选设备，目前正在鞍钢集团齐大山选矿进行半工业试验。

8.1.2.3 选矿回水的循环利用

选矿厂是用水大户，其用于泵送水的能耗在选矿厂总单位成本中也占较大比例，节约用水和回水再用对选矿厂节能降耗有明显的效果。在重选、磁选选矿厂回水对选矿指标影响不大，摇床上的洗涤水、泵的高压密封水等一些用量不大的可用全新水，其余的几乎都可用回水。而浮选矿厂则有一定的要求，回水残留的药剂对一些作业会产生不良影响，只可用于部分作业。

8.1.2.4 选矿厂的自动化技术

选矿厂靠人工操作很难使生产维持在最优状态，未来矿业发展的趋势是将"专家系统"与最优适时控制结合，达到根据矿石性质变化适时调节生产参数，使选矿生产始终保持在最优状态。选矿自动化，不但投资回收快，见效大，而且可提高处理能力，降低药耗和电耗。能耗可降低 10% 左右。

如通过改造磨矿控制，采用自动化监测仪表，检测磨机音频、磨机功率及分级机电流，分析磨机工作状态，采用模糊算法和模糊推理，优化磨矿分级控制模型，实现球磨机给矿自动控制、磨矿浓度自动控制、分级溢流粒度自动控制，充分发挥磨矿分级效率，实现磨机处理能力最大化。实践证明，自动化控制系统能够优化磨矿分级生产过程，充分发挥设备效率，减少或杜绝球磨机胀肚和空转时间，降低钢球和衬板损耗，降低生产成本，经济效益显著。如鞍钢弓长岭选矿厂采用磨矿分级自动化控制技术，实现球磨机生产能力提高 8%，能耗降低 8% ~ 15%，劳动生产率提高 5% ~ 10%，金属回收率提高 2%。

8.1.2.5 提高磨矿分级效率

通过在磨机中采用新型衬板、磨矿介质和加入助磨剂来提高磨矿效率。采用磁性衬板代替原磨机中锰钢衬板，能在表面形成保护层，寿命达 2 ~ 6 年，实践证明在不同型号磨机应用磁性衬板后，可降耗 8% ~ 10%。我国处理赤铁矿最大的 $\phi5.5m \times 8.8m$ 球磨机应用金属磁性衬板的成功和本钢歪头山铁矿 $\phi3.2m \times 4.5m$ 球磨机的生产实践证明，金属磁性衬板具有无可比拟的优越性。同金属型、非金属型衬板相比较，金属磁性衬板具有使用寿命长、质量轻、噪声小、节球、节电、作业率高、安装方便和经济效益极其显著等优点；以歪头山铁矿 $\phi3.2m \times 4.5m$ 球磨机为例进行分析，与使用高锰钢衬板相比，使用金属磁性衬板可以节电 7.14%，降低钢球消耗量 10.37%，提高磨矿细度 1.69%，提高磨机处理能力 5.6%，提高磨机作业率 1.08%。使用磁性衬板每台球磨机每年可以节约成本 25

万元；HM 型大型磨机磁性衬板在包钢选厂 $\phi 3.6m \times 6.0m$ 二段溢流型球磨机的应用情况表明，该磁性衬板包括筒体衬板和端衬板，使用寿命可达高锰钢衬板的 5～6 倍，减少了衬板消耗，提高了磨机作业率。对磨矿产品粒度、磁选精矿品位和回收率等选矿指标没有不良影响。

球磨机选用贝氏体钢材质是一种趋势，用户直接以吨矿石耗钢球（棒等）量最少来选择磨矿介质，只需制造厂家在产品质量上保证贝氏体材质的优异耐磨损、冲击韧性强的特点。

在磨矿过程中加入助磨剂以改变组成矿物各自的表面性质，降低微粒间的黏附作用，降低矿物的硬度，从而在一定程度上可以降低磨矿能耗，取得较好的磨矿效果。

如果磨机的返砂中，合适的粒级未被分离出来而又返回磨机中，不但使磨机的磨矿处理量下降，而且还会造成矿物的过粉碎，影响产品质量。采用高效的分级设备，提高分级效率，将合格产品及时排除，减少过磨现象，可以降低磨矿单位能耗。在磨矿分级闭路环节中，螺旋分级机因其处理能力大，维护量小而被广泛采用，但其分级效率低，循环负荷大，越来越多地被水力旋流器所替代。采用水力旋流器作为磨矿的分级设备，其分级效率比螺旋分级机高出 15%～30%，同时细筛与磨机组成磨矿分级组的分级能力和分级效率更高，可大大降低单位磨矿成本。因此，对提高处理效率和降低能耗有重要作用。

8.1.2.6　尾矿输送技术

选矿厂尾矿输送是另一能耗大项，由于尾砂必须及时输送到尾矿坝，所以矿浆泵必须一天 24h 不停运转。由于排放浓度低（15%～16%），造成了尾矿输送能耗大，经营费用高。在泵站、管道、扬程均固定的情况下，较宜采用变频调速器改变机组的转速、改变泵叶轮的参数等技术改造旧泵，通过变频调速尾矿矿浆输送泵，实现 45% 以上高浓度输送或恒浓度输送，可节省能耗 30%～50%。

8.1.2.7　高效选矿药剂的应用

对于浮选厂，选矿药剂在选矿中具有极其重要的作用。高效选矿药剂可节省药剂用量 1/3～1/2，显著地降低药剂费用，大大降低选矿成本，同时改善精矿的品位，提高金属回收率 3%～5%。目前铁矿浮选普遍采用 MZ、RA 系列捕收剂、LKY 等阴离子捕收剂和十二胺、GE-601 等阳离子捕收剂，大大提高铁选矿厂铁精矿品位和回收率。

8.1.3　选矿厂节能降耗装备

8.1.3.1　新型超细破碎设备

Sandvik、Metso 等国外公司生产的新型圆锥破碎机，可使最终破碎产品粒度平均降低 5～8mm，入磨粒度由原来的 0～12mm 含量 50%～70%，降低到 0～12mm 含量 90% 以上，为提高磨机的磨矿效率创造了条件。对于大型企业尤其是其矿石为坚硬矿石的矿山企业，高压辊磨机磨矿具有优势。高压辊磨机能大幅度降低能耗是由于在破碎过程中，能量可得到有效的转换，"实现颗粒间破碎"。压应力料层粉碎与其他破碎方法相比而言，能量损失小且利用率高，并可大大改善物料的可磨性，提高后续磨矿机产量和细度。Metso 公司生产的 NordbergHP 系列圆锥破碎机采用现代液压和高能破碎技术，破碎能力强，破碎比大。HP 型圆锥破碎机通过采用大破碎力、大偏心距、高破碎频率以及延长破碎腔平行带等技术措施，改进了传统机型的不足。鞍钢齐大山铁矿选矿分厂、齐大山选矿厂、太钢尖山选矿厂、包钢选矿厂、武钢程潮选矿厂、马钢凹山选矿厂等引进使用了该设备，最终入磨矿石粒度达到 −12mm 粒级占 95%，−9mm 粒级占 80%；包钢碎矿系统用 1 台 HP800 圆锥破碎机代替 3 台破碎机（1 台西蒙斯，2 台 PYD 小于 2200mm），将三段一闭路破碎流程改造为二段一闭路流程，在不降低产品粒度和处理量的情况下，节电效果十分显著。

使用德国洪堡公司研制的高压辊磨机是进一步降低入磨粒度的有效措施，智利洛斯科罗拉多斯铁矿安装了德国洪堡公司的 1700/1800 型高压辊磨机，结果表明，辊压机排料平均粒度为 −2.5mm 粒级占 80%，辊压机可替代两段破碎，如果不用辊压机，台时处理量为 120t、破碎粒度 −6.5mm 时，需安装第三段（用短头型圆锥破碎机）和第四段破碎（用 Cyradisk 型圆锥破碎机）。同时，用辊压机将矿石磨碎到所需细度的功指数比用圆锥破碎机时要低，其原因一方面是前者破碎产品中细粒级产率高，另一方面是其中粗颗粒产生了更多的裂隙；东北大学在高压辊在中国铁矿选矿行业的应用做了一些有益的研究开发工作，研制的工业机型（1000 × 200）在马钢姑山应用表明，可使球磨给矿由原来的 12 ~ 0mm 下降为 −5mm 粒级占 80% 的粉饼，从而大幅度提高生产中球磨的台时能力。但是，辊面材料损坏后只能采用表面焊接法修补，表面材质难以满足要求。所需工作压力大，矿石中混杂的铁质杂质（钢钎、铁钉等）都将对辊面材质产生致命的损伤，因而阻碍了该设备在铁矿选矿领域的推广应用。

目前马钢南山矿引进了德国的 Koppern 公司的高压辊磨机，取得了较好的应用效果；梅山钢铁公司选矿厂也准备引进高压辊磨机。

随着低品位、难处理矿产资源的开发利用，高压辊磨机在我国金属矿山的应用将逐渐增加。

8.1.3.2 高效新型磨机

目前大规格的高效磨机、搅拌磨机对各种类型矿石磨矿试验证明，搅拌磨机与球磨机相比，可以降耗 30% ~ 50%。

目前自磨和半自磨工艺重新受到重视。国内外大型液压机械和自磨、半自磨技术正在逐渐推广应用，这使粉碎流程简化，效率提高。如美国皮马和加拿大洛奈克斯选矿厂采用自磨后，将粗碎产品 200mm 左右的矿石直接给到 $\phi9.6m$ 大型自磨机，使传统的三段破碎和两段磨矿流程大为简化。自磨和半自磨工艺与常规碎磨工艺相比较，具有流程简单（只需一段粗碎或者根本不需要破碎）、厂房占地面积小、操作人员少、不受矿石水分的影响、单系列处理能力高，适于大型矿山选厂，衬板和介质钢耗较少等优点。缺点是粉碎效率较低，单位电耗较高。综合来看，自磨和半自磨工艺的优越性是主要的，缺点完全可以由其优点来弥补。

8.1.3.3 新型浮选设备

采用吸浆型充气机械搅拌式浮选机 KYF-8 和 XCF-8 联合机组代替 A 型浮选机，单位容积比用 6A 浮选机节能 21%，操作稳定，节省浮选油 20% 以上。

浮选柱是一种新型节能设备，随着浮选柱在设计、安装、操作和控制系统等方面的技术日趋成熟，其在节能降耗、处理细级别矿物和提高精矿品位方面的优越性得到充分显示。浮选柱在获得相同品位的情况下，可简化精选次数，减少药剂用量，降低能耗。浮选柱安装功率为浮选机的 88%，因无运动部件，节约生产成本；结构和施工简单，当产能相同时，浮选柱占地面积仅为浮选机的 65%，能耗降低 20%，土建费用降低 15%，成本为浮选机的55％。而且浮选柱具有铁精矿品位与含SiO_2低，对微细粒物粒，在反浮选泡沫中损失铁少，铁回收率高的优点。

近年，国外一些大型铁矿反浮选厂普遍采用浮选柱取代浮选机，生产含硅不大于2％的优质球团用铁精矿。国内的长沙矿冶研究院与中国矿业大学合作，将已在选煤行业成功应用的浮选柱引入铁矿反浮选，在鞍钢弓长岭完成了工业试验。该旋流-静态微泡浮选柱采用梯级优化分选，包括柱浮选、旋流分离和管流矿化3部分。柱浮选位于柱体上部，用于预分选，并借助于其选择性得到高质量的精矿；旋流分离位于柱浮选下部，用于柱浮选的进一步分选，并通过高回收率得到合格尾矿；管流矿化是引入气体并形成微泡。采用筛板和蜂窝混合充填浮选柱，以规划流体流动，支撑泡沫层厚度。以细筛筛下铁精矿为原料，使用旋流-静态微泡浮选柱阳离子反浮选工艺实验室研究制取高纯铁精矿，在原矿TFe 63.50％的情况下，获取了TFe 70.00％以上，回收率大于80.00％的高纯铁精矿。

对于磁性铁精矿的脱硅反浮选，泡沫产品中铁主要损失于$-25\mu m$粒级中，磁场的应用可抑制细粒磁铁矿的浮选，提高浮选的选择性，可有效地控制铁的损失。在容积为$1.42 m^3$维姆科浮选机的泡沫堰下方安装磁格栅，可达到这一目的。将磁系安装在浮选柱的上部形成磁浮力场分选装置，抑制反浮选时磁性矿物进入尾矿。磁浮选装置中的磁力场可有效地抑制磁性矿物进入尾矿，提高了铁精矿回收率；同时脉冲磁力场减少了磁团聚引起的非磁性夹杂，提高了铁精矿的质量。在一定的磁场条件和药剂制度下，从磁铁矿中反浮选脉石矿物，一次分选能够使磁铁矿品位从TFe 65.43％提高到TFe 69.00％以上，精矿回收率在95.00％以上，明显优于单一的浮选和常规磁选。

北京矿冶研究总院设计了磁浮选机，其原理是：磁性颗粒在分选区不断地受到"分散—团聚—再分散—再团聚"的反复磁力作用，当磁性颗粒发生团聚时，在重力作用下向下运动，直到被排进精矿区；当磁性颗粒被分散时，脉石矿物脱离磁团（磁链），在药剂的作用下被气泡捕获后上升到溢流槽，作为尾矿排出。试验表明：同等条件下，磁浮选装置与浮选机相比精矿品位提高0.5％～1.0％，尾矿品位降低15％～20％，回收率提高5％～15％；磁浮选装置与磁选管相比，可提高精矿品位，亦可提高回收率，综合分选指标基本相当，但明显高于磁选机的分选指标。

8.1.3.4　高效浓密机

高效浓密机。浓缩脱水设备目前运行费用较低，但效果好的还是浓密机。但是浓密机基建投资大、占地面积大。新发展起来的倾斜板式浓密机，沉降面积成倍增加，脱水效果好。通过生产实践表明，倾斜板浓密机占地面积小、沉降面积大、固液分离效果好，对回水工艺的应用和改造显示出较大优势。

8.1.4　选矿厂节能降耗的实例

（1）武钢程潮铁矿选矿厂。中、细碎采用进口的HP500型圆锥破碎机替代原有的2100mm圆锥破碎机，不仅大大提高了破碎生产能力，降低了破碎生产能耗，而且在满足磨机供矿能力的情况下，实现了入磨粒度由16mm降至10mm以下，大大降低了球磨机处理矿石的单位能耗和钢耗，提高球磨机台时处理量20％以上。

（2）太钢峨口铁矿选矿厂。采用破碎自动化控制系统，通过对国产圆锥破碎机采用恒功率给矿自动控制、进口破碎机（山特维克）采用挤满给矿自动控制，可实现破碎工艺设备的顺序控制、逻辑连锁控制、故障保护控制等功能，降低工人劳动强度，减少设备故障率，提高设备生产效率。单就破碎工艺设备顺序启、停控制一项，因自动控制系统缩短了破碎开车时间和停车时间，就能节约能耗8%，为选矿厂带来显著经济效益。

（3）马钢南山铁矿针对处理高村极贫铁矿石，采用高压辊磨—磁选—阶段磨选流程改造凹山选矿厂，提前抛出产率45%左右3～0mm的粗粒尾矿，大幅度降低磨矿能耗。

（4）鞍钢弓长岭矿业公司选矿厂在磁铁矿精矿阳离子反浮选工艺中采用旋流－静态微泡浮选柱，在实验室、分流工业试验及现场工业试验的基础上，进行了工业生产调试。结果表明，采用一次粗选，二次扫选流程，在平均给矿量70.61t/h、筛下磁精矿品位63.59%、细度－0.074mm占89.30%条件下，获得精矿产率88.11%、精矿品位69.15%、SiO_2含量2.65%、回收率95.81%、总尾矿品位22.37%的指标，浮选柱工业调试指标明显优于浮选机生产指标。在给矿品位基本相同时，精矿产率提高1.27个百分点，回收率提高1.27个百分点，尾矿品位低4个百分点。并具有缩短工艺、简化流程、节能降耗等特点。

（5）中钢集团马鞍山矿山研究院研制的AM-30型大粒度跳汰机用于连城锰矿庙前选矿厂，该设备入选粒度大（≤30mm），入选粒级宽，简化了工艺流程，取得了较好的效果。

（6）PMHIS500mm×1200mm干式中强磁场磁选机。代替人工手选，已在斗南锰矿得到推广应用，入选粒级扩大为30～7mm，产品质量大为改善。

8.2 选矿厂减排技术

在第十届全国人民代表大会第五次会议上温家宝总理强调必须坚定不移地实现节能降耗和污染减排约束性指标。2006年我国万元GDP能耗下降1.23%，没有实现年初确定的GDP降低4%和主要污染物排放减少2%的目标，2007年"两会"的政府工作报告和计划报告都没有提出年度节能减排目标。主要原因是节能减排取决于多种因素，有些节能减排的措施需要长期才能实现，2008年国家发改委将采取加大结构调整力度、推动技术进步、加强节能降耗管理、推进循环经济发展、强化污染防治、健全法规和标准、完善配套政策、强化节能宣传八项措施推动节能减排工作。节能减排将是今后经济结构调整的首要任务和突破口。

矿产资源是人类赖以生存的重要生产资料之一，是我国工业发展的基础，其主要特点是不可再生和短期内不可替代性。目前我国90%以上的能源和80%左右的工业原料都来源于矿产资源。随着我国工业化的迅速发展，矿产资源的需求将日益剧增，但是，随着矿产资源的深度开发，选矿厂排出的大量尾矿和废水，给环境造成了日益严重的污染和危害，并同时带来了资源浪费、安全隐患、运营费用高等诸多问题。目前，富矿逐渐减少，资源日渐枯竭，环境污染日趋严重。因此，综合利用尾矿资源，使之变废为宝，变害为利，已成为环境和矿业可持续发展的必然选择。尾矿综合利用的总趋势是减量化、资源化、无害化，最终目标是建设"无废矿山"，即尾矿零排放。此外，选矿厂回水的循环利用也日益受到人们的重视。

选矿厂减排主要体现在尾矿的循环综合利用、回水的利用及减少污染物的排放。下面就国内选矿厂尾矿的排放、减排技术与设备、减排的途径等情况进行具体剖析，以加快我国矿山企业减排的步伐。

8.2.1　选矿厂尾矿排放的情况

全世界目前发现有 1000 多种具有工业意义的矿物，每年开采各种矿产 150 亿 t 以上，包括废石在内则达 1000 亿 t 以上。我国现有 800 多座国有矿山和 11 万个乡镇企业，发现的矿产有 150 多种，开发建立了 8000 多座矿山，年采集矿石量约 50 亿 t 以上，堆存的固体废物 200 亿 t。我国全部金属矿山堆存的尾矿达到 50 亿 t 以上，而且以每年产出 5 亿 t 尾矿的速度增加，其中铁矿山年排尾矿约 1.3 亿 t，有色矿山年排尾量约 1.4 亿 t，黄金矿山年排尾矿量达 2450 万 t。全国每年各类矿山排放废水 30 亿 t，造成江河的污染。我国因污染而带来的经济损失在 1000 亿元以上，尾矿而对环境的影响和危害十分突出。

随着经济发展对矿产品需求的大幅度增加，矿产资源开发规模随之加大，尾矿的产出量还会不断增加，从而会给人的生存环境和生命财产带来各种危害。

一方面，尾矿长期堆放在尾矿库中，占据大量的农用、林用土地，从而导致尾矿库所在地区的土地资源失衡，产生严重的环境污染，如尾矿中的重金属离子、有毒有害残留药剂等经地表水、地下水搬运对周围环境造成直接或间接影响。据不完全统计，我国因尾矿造成的直接污染土地面积达 6.67 万 km^2，间接污染土地面积 66.7 万 km^2。有些边远地区的乡镇矿山选矿厂甚至直接将尾矿排放到大自然中。例如，山西省的几十座铁矿山，只有 1/10 建有尾矿库，其他尾矿均排入河沟，堆积成灾。由于矿山尾矿多已磨至 $-0.074mm$，储存于尾矿坝中或河道、山谷、低地等地，常渗流溢出，未复垦的尾矿库表面的沙尘可被风吹到库区周围，有时甚至形成矿尘暴，严重恶化周边地区的生活和生产条件。尾矿中的有关成分和残留的选矿药剂也会对大气和水造成严重污染，并导致土壤退化、植被破坏甚至直接危害人畜的生命安全。例如，冶金矿山的 9 个重点选矿厂附近的 14 条河流均被污染，鞍山地区铁矿尾矿坝占地 $15km^2$，白云鄂博地区矿山尾矿坝占地 $11km^2$，金川镍矿尾沙扬尘 $10km^2$，粉尘使周围土地沙化，造成大面积农田减产或绝产。陕西省金堆城钼业公司栗西尾矿库排洪隧洞塌陷，136 万 m^3 尾矿砂和水泄漏，使陕西、河南两省 16 个县市水资源严重污染，直接经济损失 3200 万元。

另一方面，如果对尾矿库管理不善，还可能出现危及库区周边居民及矿山企业自身生命和财产的恶性事故。例如，2008 年 9 月 8 日 8 时许，位于山西省临汾市襄汾县陶寺乡的新塔矿业有限公司塔山铁矿的坝高约 50m、总库容约 30 万 m^3 的尾矿库突然溃坝，就造成了 260 多人死亡和重大财产损失。在这次事故中，尾矿流失量约 20 万 m^3，沿途带出大量泥沙，流经长度达 2km，最大扇面宽度约 300m，过泥面积约 30.2 公顷，危害极大。可见尾矿的综合利用和环境治理已经迫在眉睫。

8.2.2　选矿厂减排技术

8.2.2.1　尾矿的综合利用

对尾矿的综合利用开发研究，国外进行得较早。美国、加拿大、前苏联等国均投入了大量资金，并已取得了明显的经济效益和社会效益。目前尾矿的开发利用主要是二次回收有用组分、深加工和整体利用。目前国内外对尾矿的综合利用技术和方法主要包括尾矿二次回收和尾矿的整体利用两个方面。

A　尾矿二次回收

尾矿中有价金属的二次回收是尾矿综合利用的一个重要方面。我国矿产资源的一个重要特点是单一矿少,共伴生矿多。由于技术、设备及管理等原因,尾矿中含有的多种有价金属和矿物未得到完全回收。在铁尾矿的综合回收方面,我国铁矿尾矿中一般仍含铁8%~12%,如按全国现有铁矿尾矿26亿t估算,铁资源量仍有2.08亿~3.12亿t。如果能回收50%,则可获得1亿~1.5亿t铁,其价值相当可观;在有色金属尾矿的综合回收方面,我国的有色金属矿绝大多数为共伴生型,尾矿中有价金属和有用矿物极其丰富。因此,从有色金属矿尾矿中回收有价金属和矿物具有重要现实意义;在黄金矿山尾矿的综合回收方面,目前我国金矿山尾矿中金品位多数在0.5g/t以上,有的高达4g/t,同时尾矿中还含有Cu、Pb、Zn、S、Fe、Ag、Sb、W等有价金属元素,综合利用价值很高。

B　尾矿的整体利用

要实现矿山无尾矿生产,最终依赖于尾矿的整体利用。但尾矿的整体利用应尽可能避免简单的低层次利用形式,必须在尾矿开发利用有关原则的指导下,根据尾矿资源的具体特点,研究开发不同层次的整体利用产品,实现尾矿资源开发利用最佳综合效益,加强污染机理和综合治理对策研究。目前尾矿利用主要有以下三个方面:

(1) 利用尾矿生产建筑材料:目前国内外已经开发出来的尾矿建筑材料很多,最常见的产品包括微晶玻璃、建筑陶瓷、尾矿水泥、铸石制品、玻璃制品、尾矿肥料和灰砂砖等。

(2) 利用尾矿复垦植被:我国矿山的土地复垦工作起步于20世纪60年代,在80年代后期至90年代进展较快。1988年11月,国务院颁布了《土地复垦规定》,制定了“谁破坏,谁复垦”的原则。这一规定的出台,引起了有关部门的重视,有力地促进了矿山土地复垦工作的步伐。目前,正在开发研制的“冶金矿山土地复垦专家系统”可为不同地区、不同气候条件、不同土壤及矿石特征的矿山提供有关最佳复垦方案等方面的专家咨询。

(3) 利用尾矿建立生态区:目前这方面的研究主要集中在国外,如加拿大纽芬兰省的拉布拉多市确立的“尾矿生态化”(TBI)计划。

8.2.2.2　尾矿浓缩与压滤

A　使用高效浓密机对尾矿进行浓缩

连续的浓缩是依靠重力沉降使悬浮固体颗粒与液体分离,其目的是提高矿浆中的固体浓度。普通浓缩机底流的浓度一般为40%~60%,溢流的含固量可达到10~20g/L;而且由于占地面积大,产生的土建和安装费用也较高。相比之下,高效浓密机占地面积小,底流浓度可达到70%以上,正常情况下溢流水含固量小于500mg/L。另外,高效浓密机自动化程度高,可以减少操作人员和经营费用,其优越性是明显的。因此,目前高效浓密机在市场上很流行。

高效浓密机一般都需要借助絮凝剂的作用,使矿粒迅速凝聚成团并快速沉降。但絮凝剂的作用必须完全控制才能达到预期的浓缩效果。有效的絮凝浓缩要求絮凝剂能快速有效地与矿浆混合,即在药剂的吸附空余位置全部为紧邻的矿粒占据之前,絮凝剂能在悬浮矿浆之间快速分散,从而使机槽内的混合料浆有足够的时间使矿粒絮凝沉降,如果做不到这一点,将造成大量的絮凝剂浪费而得不到满意的效果。因此,使用高效浓密机需注意以下几个问题：给矿、加药量及保持给矿量和底流的平衡。

B　浓缩尾矿的露天"干堆"处理

将矿山尾矿浓缩成膏体，实现其缓坡度的露天堆存（而不是将矿浆沉淀在"湿"的尾矿池中），这种尾矿处理方法有许多优点。虽然这项技术已经应用了二十多年，但全世界仅约有12处应用浓缩尾矿堆存技术的地方，其主要用于精选氧化铝、一些金和碱金属的细粒尾矿。不是所有这些现有的设施都能单独靠浓缩机脱水达到足够的固体浓度，从而获得最优的堆积坡度和尾矿储存效率的。最近，结构紧凑的自动控制深型浓缩机在设计、效果和可用性等方面的发展很快，在不使用过滤机和离心机的情况下，也能生产均一的可堆积的膏体。因此，重新激起了人们对尾矿"干堆"的兴趣。另外，改善尾矿堆存的稳定性，大力保护水资源和减少对环境的影响，也成为世界范围的普遍要求。此外，与传统的湿式处理方法相比，浓缩尾矿堆消除了由渗漏引起堤坝决口和内部磨蚀导致管道系统故障的风险。

C　全尾矿胶结充填采空区

全尾矿高浓度充填也称为膏体尾矿充填，是一种将尾矿稀矿浆经过充分浓缩脱水后形成一种高浓度、类似膏状的固/水混合物的技术。这种混合物具有一定屈服强度均质、膏状固/水混合物。采用全尾胶结充填采空区技术可实现尾矿的零排放。全尾胶结技术包括高浓度尾矿的制备、胶结材料的选择和胶结料浆的输送三个方面。

高浓度尾矿的制备方法包括尾矿过滤、尾矿高效浓缩、尾矿储仓自然沉降浓缩和尾矿分级浓缩。

（1）尾矿过滤技术。稀尾矿浆经过浓缩后，采用过滤的方法首先将稀矿浆制成滤饼，然后再加水调浆制备成具有一定浓度和流动性的膏体。过滤设备包括过滤设备压滤、带式真空过滤等。其特点是尾矿浓度高（78% ~80%），缺点在于过滤设备投资大、生产成本高；而且在胶结过程中，滤饼需要重新加水调浆，与胶结材料混匀活化流程复杂，与后续胶结系统的衔接不利。例如：张马屯铁矿选矿尾矿浓缩采用浓缩—压滤的方法，获得浓度为75% ~80%的滤饼，然后，采用双轴搅拌机和高速搅拌机将滤饼与水、水泥混匀，制成重量浓度约为60% ~65%的膏体充填料浆。金川尾砂膏体泵送充填系统，首先采用一段旋流与高效浓缩机配套使用，将30%左右的尾矿浓缩至50%以上；然后，在膏体制备站采用2台DZG30/80水平带式真空过滤机对尾砂浆再次脱水。将浓度50% ~65%的尾砂浆制成含水率为20%左右的尾砂滤饼，供给制备膏体用。

（2）尾矿高效浓缩技术。尾矿高效浓缩技术就是采用高效重力沉降浓缩，主要借助重力沉降脱水设备，将尾矿浆一次浓缩至60%以上。

（3）储仓自然沉降浓缩。利用砂仓长时间自然沉淀的方法能够制备高浓度尾砂浆，但受颗粒自然沉降速度的限制，生产效率低，适合在小型矿山使用。例如：南京铅锌银矿全尾砂料浆沉降6h后即达到最大沉降浓度，全尾砂在立式砂仓中最大沉降浓度可达71%以上。

（4）分级浓缩工艺。分级浓缩工艺的特点是将水力旋流器作为第一段浓缩设备，旋流器溢流再采用高效浓密机浓缩，其中旋流器底流浓度可达到70%左右，综合浓度可达到60% ~65%。例如：北洛河铁矿尾矿浓缩工业试验表明，尾矿细度 - 0.074mm70%左右，采用分级浓缩工艺综合浓度达到62%。

胶结材料可选择水泥、双浆高水速凝材料、单浆高水材料和水泥代用材料。胶结工艺可以采用两段强力机械搅拌活化或一段搅拌槽搅拌。胶结料浆的输送包括自流输送、高压泵送和自流加泵送三种输送方法。

D 尾矿压滤

通常，压滤机主要用于黏度大、颗粒细的化工产品脱水和选矿厂精矿的脱水、黄金氰化洗涤等作业，在尾矿处理方面应用较少。然而，由于其脱水效果好、适应性强、压滤脱水后尾矿的处理方式灵活，近年来在黄金矿山尾矿处理方面得到了广泛的应用，在冶金矿山尾矿处理中也有应用报道。压滤机在黄金氰化尾矿中的应用还有一些特殊的意义。例如：某金矿采用全泥氰化尾矿压滤、滤饼干式堆存和滤液循环使用的新工艺，该工艺与常规尾矿处理工艺相比，有以下几个特点：（1）滤饼干式堆存，只建干渣堆场不建尾矿库，使尾矿处理工艺大大简化；（2）滤液返回磨矿分级作业代替新水补给，不仅节省了新水，而且大大减少了已溶金在尾矿中的损失，又利用了尾液中的剩余氰化物；（3）通过尾矿压滤和利用滤液，实现了从磨矿分级到尾矿压滤的全程浸出，延长了浸出时间、提高了金的浸出率。目前，采用压滤法处理氰化尾矿已在国内许多金矿得到了成功应用。

压滤机在冶金和有色金属矿山尾矿脱水中应用较少，只是在制备全尾充填料或膏体尾矿的场合有一定的应用。这主要在于压滤机的能耗和处理成本高于常规重力沉降浓缩，另外，单机的处理能力较低，难以在大规模选矿尾矿的浓缩脱水中推广。然而，当尾矿重力脱水困难、而要求尾矿浓度较高时，压滤技术将是一种可行的选择。

8.2.2.3 回水的循环利用

选矿厂废水（包括厂内循环水和尾矿库回水）的利用对减少环境污染、保护生态平衡具有重要作用，也是节约选矿厂新水用量的根本措施。工业发达国家都很重视工业废水的重复利用，不断提高工业废水的复用率。目前国外常用沉淀、氧化及电渗析、离子交换、活性炭吸附、浮选等方法处理选矿厂废水，处理后废水循环回用率可保证在95%以上，从而实现选矿废水的"零排放"。而国内常用自然降解、混凝沉淀、中和、吸附、氧化分解等方法处理选矿废水，废水回用率相对较低，资源化利用程度不高，只有为数不多的几家选厂的回用率可达到95%以上。

国外对选矿废水净化与资源化利用的报道相对较多。日本采用离子（泡沫）浮选法处理重金属废水，然后再将其回用到选矿工艺流程中。方法就是在废水中加入与重金属离子符号相反的捕收剂（界面活性剂），使之成为具有可溶性的络合物，或不溶性的沉淀物附着于气泡上，作为泡沫或浮渣而回收。采用该法处理含镉废水时，将戊基黄原酸钾溶液与 MIBC 起泡剂在搅拌槽中混合后加入浮选机中，形成的泡沫与选矿厂的铜泡沫一起过滤脱水，其溢流水中含镉 $0.01 \sim 0.05 mg/L$，铜 $0.4 \sim 0.8 mg/L$，锌 $4 \sim 6 mg/L$，可以和一般废水混合一起后沉淀回用。如前苏联对稀有金属矿的矿石选矿时，常使用 UM250（一种羟胺酸）和氨化硝基石蜡作捕收剂，一般使用活性炭处理去除浮选药剂，用量为 200mg/L，对废水作相应处理并调整药剂用量后，便可有效地作为选厂循环水使用。

国内对这方面的研究成果较为典型的如混凝斜管沉淀法。来自车间的废水，首先通过沉砂池进行固液分离，沉砂池沉砂通过卸砂门排入尾矿砂场。沉砂池溢流出的上清液，通过投药混合后进入反应器充分混凝反应，然后流入斜管沉淀器，使细粒悬浮物、有害物进一步去除，斜管沉淀器的沉泥，通过阀门排至尾矿砂场。通过此工艺后，废水即达国家允许排放标准。根据环保的要求，斜管沉淀器出水进入清水池，用清水泵打回车间回用，节约用水，并使废水闭路循环，实现零排放。

8.2.3　选矿厂减排设备

8.2.3.1　高效浓密机

高效浓密机，是指单位面积处理能力大的浓密机。该类设备与选矿厂普遍采用的浓密大井相比，在外形上的显著特点在于其高度大、底流排料锥角小、高度和直径比大于1，一般在1.5~2；另一个特点是普遍采用絮凝技术强化微细颗粒的沉降，通常使用聚丙烯酰胺类有机高分子絮凝剂。有代表性的重力脱水设备主要有：国外的 PPSM 型浓密机、Ultrasep 高效浓密机、Bateman—WesTech 深床膏体浓密机、Eimco 公司和 Doll 公司生产的爱姆科高效浓密机、道尔高效浓密机以及拉美拉浓密机、斜板浓密机以及深锥浓密机等，国内马鞍山矿山研究院研制的 GX 系列浓密机、NGS 型高效深锥浓密机、长沙矿冶研究院研制的 HR 系列高效浓密机、HRC 高压浓缩机等。需要注意的是无耙高浓度浓密机（Ultrasep）在膏体尾矿制备中的成功应用表明，如果能够有效提高颗粒沉降速度，传统的耙式浓密机有可能被结构更为简单的无耙高浓度浓密机所取代，其耙架机构不一定是必需的。

PPSM 型浓缩机是一种单段脱水装备，其机壳是一个锅状底的圆槽，上部有絮凝及给料井围绕中心竖轴，轴下部装有螺旋、耙板和萦动杆，槽底有排膏器。絮凝剂的合理加入、搅拌以及精心设计的给料井和澄清区，对 PPSM 的溢流产量和质量至关重要。据介绍，在 PPSM 内几乎看不到浓密中常见的干涉沉降区，澄清是闪速的。该设备用于将稀矿浆快速浓密成膏状排放，并能将膏体延时储存，同时脱出清澈的溢流。

深锥浓缩机主要由深锥、给料装置、搅拌装置、控制箱、给药装置和自动控制系统等组成。矿浆首先进入消气桶处理，然后给入旋流给料箱，经过给料桶絮凝后的矿浆进入浓相沉积层，通过浓相沉积层的再絮凝、过滤、压滤作用，下部锥底排出高浓度的底流。其主要特点是：（1）采用絮凝剂增大颗粒的粒度，从而提高沉降速度；（2）严格控制深锥浓缩机浓相层高度，是提高浓缩效果的决定因素之一；（3）作业条件的自动控制。试验和生产实践表明，该设备对金属矿山尾矿的浓缩，尾矿浓度可以达到40%~70%，溢流中悬浮物含量小于0.05%。

我国南芬选矿厂通过对浓缩机高效化改造来提高浓密机的底流浓度。通过加药系统，加速浓密机中的尾矿沉淀速度，从而提高浓密机的底流浓度，减少尾矿矿浆总量；通过加固耙齿，提高浓密机的耙齿强度，抵抗由于加药后尾矿快速沉淀带来的冲击；通过自动控制系统，来控制浓缩机的底流浓度。实行浓缩机高效化改造后，浓缩机底流浓度提高了，减少了尾矿体积。

8.2.3.2　尾矿泵送设备

泵送充填的关键设备是液压双缸活塞式砂浆泵，通常从德国引进，同时配套引进液压系统和电控设备，以及流量计、压力计、浓度计和分配阀。

金川尾砂膏体泵送充填系统的地面泵站采用 KSP-140KHD 型全液压双缸活塞泵，井下1250 水平接力泵站采用 KOS-2170 型全液压双缸活塞泵。主要参数为：流量 60~80m³/h，瞬间最大流量不超过 100m³/h；泵出口持续工作压力不超过 8MPa，瞬间最大工作压力不超过 10MPa。活塞泵是利用抽吸行程和压送行程交替进行输送的,它能够达到很高的出口压力,所以当输送需要较大压力时,一般被首先选用。实践说明,金川膏体泵送充填系统采用的两台全液压双缸活塞泵,性能良好,便于操作,安全可靠,出口压力大。在使用时要严格按厂家要求操作、维护与保养,并严格注意使用条件及润滑油、液压油的不同型号。

8.2.3.3 旋流器

水力旋流器作为一种利用离心力强化固液分离的设备,由于其具有结构简单、造价低、占地面积小、处理能力大、底流浓度高等特点,其在尾矿筑坝、尾矿预浓缩、尾矿富集回收、尾矿充填作业中有很大作用,常用的有 G-MAX 水力旋流器、Krebs 旋流器等。

8.2.3.4 其他设备

用于尾矿减排的设备还有真空过滤机、卧室连续排渣离心机、机械加速澄清池、流体动力性尾矿高效浓缩脱水设备等。

8.2.4 选矿厂减排实例

8.2.4.1 尾矿零排放

1999 年,国务院《关于 2000 年 12 月 31 日零时前所有排污企业实现零排放的通知》下发后,攀钢集团矿业公司,加快了尾矿零排放的工作步伐,他们成立了协调小组,召开了研究会,要求选矿厂必须在国务院规定的时限内实现尾矿零排放,并把这一工作正式定为"零点行动"。2000 年 12 月 31 日 22 时,随着排放尾矿出入总溜槽入口封堵措施的完成,攀钢集团矿业公司选厂实现了真正意义上的尾矿零排放。从此,矿业公司在正常生产情况下,不再有尾矿排入金沙江,污染江水。尾矿零排放不仅为金沙江去掉了一个污染源,而且堵住了矿产资源流失的一大漏洞,还有效地提高了选矿环水利用率。近年来,攀钢集团矿业公司始终把尾矿零排放作为治理环境污染的一项重要工程来抓,先后投资2000 多万元进行技术、设备攻关,在确保铁精矿生产的同时,改造了环水收集、尾矿浓缩和矿浆输送三大系统,为实现尾矿零排放打下了坚实基础。

8.2.4.2 尾矿用作建筑材料

将尾矿用作建筑材料及采空区填充料也是尾矿减排的一种途径。我国利用尾矿作建筑材料的研究始于 20 世纪 80 年代。马钢姑山铁矿是我国较早利用尾矿作建筑材料的矿山,该矿每年排出的强磁尾矿结构致密坚硬,可作混凝土骨料。强磁尾矿的主要成分是二氧化硅和三氧化二铝,其中粗粒级尾矿质均、洁净,不含云母、硫酸盐和硫化物等有害杂质,用它制作砂浆,其抗折、抗压强度均高于黄沙,从而受到广大用户的欢迎。目前,国内外利用尾矿作混凝土骨料、铁路和公路的筑路碎石以及建筑用沙、砖的成功例子较多,如梅山铁矿、迁安铁矿等,其特点是利用量较大,但附加值较低。其次,可以利用尾矿制作烧结空心砌块,并可制作高档广场砖、成本低廉、市场效益良好。Das 等人利用铁尾矿为原料成功地研制了建筑用地板砖和墙砖,该砖比普通砖具有更高的强度和硬度,并且制作成本低,其前景极其可观。马鞍山矿山研究院利用齐大山选矿厂尾矿加入一定的配料(碎石、砂子、粉煤灰及黏土)及石灰,经一定的处理后作为路面基料,并在沈阳至盘山的12km 路段进行了工业试验,经公路部门的测定表明,已达到了二级公路对路基的强度要求。该院还利用齐大山、歪头山细粒尾矿研制免烧砖、饰面砖。采空区充填是直接利用尾矿的最有效途径之一。此法就地取材，可省去扩建、增建尾矿库的费用。如铜陵有色金属公司实施了尾砂充填，取得了良好的社会效益和经济效益，目前该公司正在开展全尾矿充填研究。又如凡口铅锌矿和焦家金矿利用尾矿作采空区充填料，其尾矿利用率分别达95%、50%以上。

8.2.4.3　废水回用

南京栖霞山锌阳矿业有限公司所属选矿厂处理硫化铅锌铁矿石1300t/d，总用水量为5900m³/d，3种精矿产品及尾矿充填等带走水500m³/d，最终产生5400m³/d的废水。选矿废水由铅精矿溢流水、锌精矿溢流水、硫精矿溢流水、锌尾浓缩水和尾矿水混合而成，其中锌尾浓缩水占52.06%，尾矿水占23.05%，铅精矿溢流水占10.40%，锌精矿溢流水占11.58%，硫精矿溢流水占2.91%。回用目标的废水适度净化处理技术为混凝沉淀活性炭吸附，达标排放目标的废水处理技术为：混凝沉淀→加大量硫酸调节pH值到3→H_2O_2氧化→加碱调节pH值到7。研究中发现，如果将其处理到达标排放，一是处理难度较大，二是处理成本特别高，而选矿生产还需用新鲜水5900m³/d。因此，经过大量的处理试验和选矿对比试验研究，提出了废水优先直接回用，其余适度净化处理再回用，废水100%回用于选矿生产的方案。

根据试验研究结果，设计了废水净化处理与回用工程系统，2001年4月初完成了系统的施工和设备安装，开始进行现场调试，系统一直正常运行到现在，废水全部回用，实现了废水的零排放。

8.2.4.4　尾矿再选

过去受思想认识和技术条件的限制，有的矿山由于选矿回收率不高，矿产综合利用程度不足，现已堆存甚至正在排出的尾矿中含丰富的有用元素。例如，鞍山地区一些磁铁矿尾矿，仍含铁20%，经强磁选机回收可获得品位达60%的铁精矿。马鞍山矿山研究院与本钢歪头山铁矿采用HS-ϕ1600×8磁选机对铁矿石尾矿进行再磨再选后，可获得品位高达65.76%的优质铁精矿，年产铁精矿量达3.92万t，经济效益良好。德兴铜矿与科研单位、大专院校合作，在改进现场生产流程，提高铜、金回收率的同时，增加了从尾矿中回收硫的设施，使该矿每年多回收铜、金、硫精矿的年产值达1200万元。

梅山铁矿完成了尾矿再选、用尾矿制作建筑材料、固化堆放和浓缩脱水等研究工作。重选尾矿再选半工业试验采用流程为：弱磁粗选—弱磁精选—强磁扫选，粗选、精选用ϕ1050×400mm湿式筒式弱磁选机，扫选用SLon-1000立环脉动高梯度磁选机，给矿品位为Fe 19.98%，S 1.46%，P 0.279%，精矿品位为Fe 56.69%，S 0.91%，P 0.149%，铁回收率为54.96%；综合采用弱磁—强磁工艺每年可选出铁精矿7万t；采用高压浓密—絮凝沉降工艺，使尾矿底流浓度达到45%以上，解决了尾矿难沉降的问题；采用压滤工艺，解决了尾矿脱水的问题；用尾矿代替黏土烧制出了水泥、微晶玻璃、广场砖及建筑用砖，取得了巨大的经济效益和环境效益。

太和钛铁矿尾矿采用SLon立环脉动高梯度磁选机取代重选流程，对入选品位TiO_2 12.06%一粗一精获得强磁精矿产率29.75%，品位29.20%，TiO_2回收率71.98%；磁—浮流程可获钛精矿品位TiO_2 47.5%，TiO_2回收率达到45%以上。

江西贵溪炼铜厂的炼铜渣经过选矿作业，回收金属铜，选矿尾矿中含大量磁铁矿，利用SLon-1000脉动高梯度磁选机进行工业试验，结果表明，在给矿浓度为15%~20%，处理矿量 2~2.5t/(台·h)，获得精矿产率为 43%~48%、精矿品位 57%~58%、回收率 50%~52% 的铁精矿；每年可处理渣尾矿 7.5 万 t，生产铁精矿 5.5 万 t。

调军台选厂针对浮选尾矿的性质，在实验室进行了强磁抛尾—强磁精再磨—弱磁反浮选试验，取得入选尾矿品位 15.15%、最终精矿品位 66.70%、产率 4.47%、回收率 19.68% 的指标，采用该工艺每年可从浮选尾矿中选出精矿大约 10 万 t，按每吨售价 500 元计，每年销售收入 5000 万元，利润 3840.30 万元。

8.3 铁矿资源的综合利用

复杂难选铁矿石的选矿成本比较高，如果将其直接综合利用能获得巨大的经济效益。近几年来这方面的研究也取得了一定的进展。

新疆八一钢铁集团公司为解决不加铺底料烧结的弊端，研究了用褐铁矿作烧结铺底料。结果表明：用梧桐沟褐铁矿作烧结铺底料可以取得较好的烧结生产指标，烧结后梧桐沟褐铁矿的烧失降至 0.48%，TFe 提高到 63%，转鼓指数降至 80%，可以利用烧结过程产生的热量使结晶水充分脱除，并使碳酸盐充分分解。

中国地质大学利用水合金属氧化物和氢氧化物矿物表面重金属离子发生吸附作用的原理，进行了天然褐铁矿处理含 Hg(II) 废水的实验。结果表明：试样用量、粒径、废水浓度、pH 值、离子强度、反应时间、振荡器转速等因素对 Hg(II) 的吸附率有一定的影响，其中 pH 值的影响最大；Hg(II) 在天然褐铁矿上的吸附等温曲线不同于 Langmuir 和 Freundlich 等温线，而为台阶形，符合分级离子/配位子交换等温曲线。

昆明冶金研究院详细研究了人工褐铁矿矿泥对菱锌矿浮选行为的影响规律及降低矿泥有害影响的措施，分析了矿泥及调整剂的作用机理，得到如下结论：褐铁矿矿泥对菱锌矿上浮率的影响很大，矿泥通过吸附浮选药剂，在菱锌矿表面的罩盖以及微量溶解影响菱锌矿的上浮；矿泥存在时，有必要增加捕收剂的用量。添加少量六偏磷酸钠和水玻璃以及使用超声波处理可降低矿泥的影响；六偏磷酸钠和水玻璃的主要作用机理是分散矿泥，减少矿泥在菱锌矿表面的吸附，并与金属离子作用，降低金属离子对菱锌矿浮选的影响；超声波处理能使浮选药剂在矿浆中充分弥散，增强药剂的作用效果，并能使菱锌矿表面的矿泥脱落，从而提高菱锌矿的上浮率。

广西某镜铁矿通过选矿提纯、后处理等工艺，制取质量达到或优于国家标准的云母氧化铁颜料。

旬阳镜铁矿对全铁品位在 57% 左右的原矿进行了选矿和综合利用研究，单一强磁选可获得 TFe 65% 以上的铁精矿，回收率大于 85%；用摇床或螺旋溜槽进行重选也能选出品位合格的铁精矿，但回收率显著低于强磁选。浮选可产出高纯镜铁矿，再细磨可制得油漆填料云母氧化铁。

参 考 文 献

[1] 张军，张宗华. 选矿节能降耗途径的思考[J]. 金属矿山，2007，(5)：1~13.

[2] 张淑会，薛向欣，等. 尾矿综合利用现状及其展望[J]. 矿冶工程，2005，25(3)：44~47.

[3] 唐宝彬，张丽霞. 矿山尾矿等二次资源的综合利用与问题讨论[J]. 湿法冶金，2005，24

（2）：69~72.

[4]　程琳琳，朱申红. 国内外尾矿综合利用浅析[J]. 中国资源综合利用，2005，（11）：30~32.

[5]　李毅，谢文兵，等. 尾矿整体利用和环境综合治理对策研究[J]. 矿产与地质，2003，98（4）：27~30.

[6]　David A, Felleson. Iron Ore and Taconite Mine Reclamation and Revegetation Practices on The Mesabi Range in Northeastern Minnesota [J]. Iron Ore and Taconite Mine Reclamation and Revegetation, 2000.

[7]　白时平. 高效浓密机在瓮福基地的应用[J]. 矿产综合利用，2000，（2）：18~21.

[8]　L. S. 布热津斯基（加拿大）. 浓缩尾矿的露天"干堆"处理[J]. 国外金属矿山，2002，（6）：49~57.

[9]　罗洪涛. 会理锌矿选矿废水的利用研究[J]. 矿产保护与利用，1999，（4）：48~50.

[10]　罗仙平，谢明辉. 金属矿山选矿废水净化与资源化利用现状与研究发展方向[J]. 中国矿冶，2006，15（10）：51~56.

[11]　陈述文，陈启文. HRC 高压浓缩机的原理、结构及应用[J]. 金属矿山，2002，（12）：34~37.

[12]　陈述文，马振声等. 高效浓密机现状及其在我国的应用前景[J]. 湖南有色金属，1996，12（5）：15~18.

[13]　季振万，宋悦杰. 高效浓密技术的发展及应用[J]. 铀矿冶，1995，14（2）：89~97.

[14]　刘德印. 循环经济理论在本钢南芬选矿厂的应用[J]. 本钢技术，2007，（1）：2~4.

[15]　肖春开，黄伟东，瞿安辉. 新型 G-MAX 水力旋流器在大山选矿厂的应用[J]. 金属矿山，2007，（3）：66~67.

[16]　张立政，鲍文录. 机械加速澄清池提高出力降低药耗方法的改进[J]. 水处理技术，2001，27（2）：178~179.

[17]　全日安. 攀钢集团矿冶公司选厂实现尾矿"零"排放[J]. 矿冶快报，2001，（2）：6.

[18]　Das S K, Sanjay Kumar, Ramachandraro P. Exploitation of iron ore for the development of ceramic tiles [J]. Waste Management, 2000, （20）：725~729.

[19]　贾清梅，张锦瑞，李凤久. 铁尾矿的资源化利用研究现状[J]. 矿业工程，2006，4（3）：7~9.

[20]　孙水裕，缪建成. 选矿废水净化处理与回用的研究与生产实践[J]. 环境工程，2005，23（1）：7~9.

[21]　衣德强，范庆霞. 梅山铁矿尾矿再选与利用研究[J]. 矿业研究与开发，2005，25（5）：44~45.

[22]　王兆元. 从太和铁矿选铁尾矿中回收钛铁矿的工业试验研究[J]. 江西有色金属，2004，18（3）：16~18.

[23]　毛建秋. 贵冶转炉渣选矿尾矿选铁试验研究及生产实践[J]. 国外金属矿选矿，2000，（9）：17~18.

[24]　于克旭. 调军台选矿厂浮选尾矿再选试验研究[J]. 金属矿山，2005，（5）：53~56.

[25]　臧疆文，张群，刘新娣，等. 用褐铁矿作烧结铺底料的研究[J]. 钢铁，2002，37（5）：1~4.

[26]　陈洁，鲁安怀，赵谨，等. 天然褐铁矿处理含 Hg（Ⅱ）废水的实验研究. 岩石矿物学杂志[J]，2003，22（4）：355~359.

[27]　朱从杰. 微细粒褐铁矿对菱锌矿浮选的影响研究[J]. 有色金属（选矿部分），2003，（5）：18~21.

[28]　王英富. 用镜铁矿生产云母氧化铁的研究[J]. 国外金属矿选矿，1999，（4）：11~16.

[29]　李永聪，王金良. 旬阳镜铁矿选矿与深加工试验研究[J]. 化工矿物与加工，2002，（7）：6~8.

冶金工业出版社部分图书推荐

书　名	定价（元）
泡沫浮选	30.00
浮游选矿技术	36.00
磁电选矿技术	29.00
重力选矿技术	40.00
磁电选矿	35.00
碎矿与磨矿技术	35.00
振动粉碎理论及设备	25.00
选矿知识问答	22.00
选矿厂设计	36.00
选矿设计手册	199.00
选矿试验研究与产业化	138.00
矿山工程设备技术	79.00
矿山事故分析及系统安全管理	28.00
中国冶金百科全书　选矿	140.00
金属矿山尾矿综合利用与资源化	16.00
中国冶金矿山可持续发展战略研究	45.00
矿石及有色金属分析手册	47.80
硫化铜矿的生物冶金	56.00
含砷难处理金矿石的生物氧化工艺及应用	20.00
现代金银分析	118.00
硫化锌精矿加压酸浸技术及产业化	25.00
铁矿石取制样及物理检验	59.00
原地浸出采铀井场工艺	25.80
金属及矿产品深加工	68.00
有色金属矿石及其选冶产品分析	22.00
中国非金属矿开发与应用	49.00
非金属矿深加工	38.00
非金属矿加工技术与应用手册	119.00
矿物资源与西部大开发	38.00
矿业经济学	15.00
工艺矿物学	39.00
中国矿产资源主要矿种开发利用水平与政策建议	90.00
选矿原理与工艺	28.00
选矿厂辅助设备与设施	28.00
生物技术在矿物加工中的应用	22.00
重力选矿技术	40.00
磁电选矿技术	29.00
矿浆电解原理	22.00